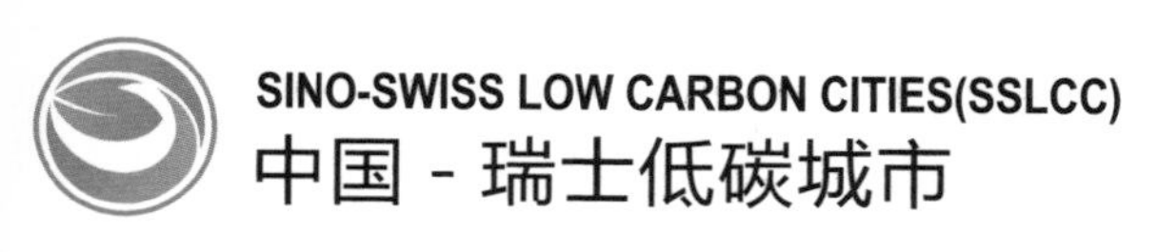

INNOVATIVE STRATEGIC PARTNERSHIP
BETWEEN CHINA AND SWITZERLAND
中国和瑞士创新战略伙伴关系

陈晓兰　周灵・著

瑞士低碳城市发展
实践与经验研究

SWISS
LOW CARBON CITIES
DEVELOPMENT PRACTICES
AND EXPERIENCE RESEARCH

四川大学出版社

项目策划：杨　果
责任编辑：杨　果
责任校对：孙滨蓉
封面设计：璞信文化
责任印制：王　炜

图书在版编目（CIP）数据

瑞士低碳城市发展实践与经验研究 / 陈晓兰，周灵著. — 成都 : 四川大学出版社，2019.10
ISBN 978-7-5690-3113-3

Ⅰ. ①瑞… Ⅱ. ①陈… ②周… Ⅲ. ①节能－生态城市－城市建设－研究－瑞士 Ⅳ. ①X321.522

中国版本图书馆 CIP 数据核字（2019）第 234676 号

书名　瑞士低碳城市发展实践与经验研究
RUISHI DITAN CHENGSHI FAZHAN SHIJIAN YU JINGYAN YANJIU

著　　者　陈晓兰　周　灵
出　　版　四川大学出版社
地　　址　成都市一环路南一段 24 号（610065）
发　　行　四川大学出版社
书　　号　ISBN 978-7-5690-3113-3
印前制作　四川胜翔数码印务设计有限公司
印　　刷　成都市金雅迪彩色印刷有限公司
成品尺寸　185mm×260mm
印　　张　14.5
字　　数　353 千字
版　　次　2020 年 7 月第 1 版
印　　次　2020 年 7 月第 1 次印刷
定　　价　128.00 元

◆ 读者邮购本书，请与本社发行科联系。
电话：(028)85408408/(028)85401670/
(028)86408023　邮政编码：610065
◆ 本社图书如有印装质量问题，请寄回出版社调换。
◆ 网址：http://press.scu.edu.cn

四川大学出版社
微信公众号

序　一

很荣幸能够为《瑞士低碳城市发展实践与经验研究》一书作序。瑞士发展与合作署正在积极开展低碳城市发展方面的工作。这一主题之所以对中国非常重要，有许多原因：首先，中国正在经历一个迅速的城市化进程。其次，快速的城市化给中国带来可持续发展方面的诸多挑战，如气候变化和环境污染问题。再次，中国政府高度重视城市的低碳发展，并做出了很多努力。最后，中国城市的低碳发展将带动其他发展中国家在该领域的进步，进一步贡献于全球的可持续发展。

在过去 30 年里，瑞士在低碳发展特别是低碳住宅及交通领域积累了丰富经验。中国已经制订了具体的计划，并且有强烈的政治意愿来减少排放，瑞士希望与中国分享技术与经验，支持中国的减排事业。瑞士在低碳发展方面取得的积极成果在中国也可能发挥积极作用，尤其是以下方面：

- 促进创新，重视有益于经济及生态发展的技术，使经济增长与碳排放脱钩。
- 加强环保法规的制定与执行。
- 在教育系统中引入环保主题，使青年获得创建更加可持续的世界的技能。

未来几年，瑞士将继续在能源效率、空气污染治理、气候恢复和水管理等方面与中国开展合作并分享经验。

瑞士驻华大使馆国际合作参赞　费振辉

序　二

2016年春，中国和瑞士共同发表了《中华人民共和国和瑞士联邦关于建立创新战略伙伴关系的联合声明》。4月8日，中国国家主席习近平与瑞士联邦主席施奈德-阿曼举行会谈，并共同见证了瑞方与中方合作城市签署《中国—瑞士低碳城市项目合作备忘录》。“中国—瑞士低碳城市项目”把中国实施创新驱动战略同瑞士的创新优势相结合，支持两国搭建创新合作平台，深化在生产和高效使用可再生能源、发展生态农业、构建低碳生活方式等领域互利合作。

我为这项应对气候变化和提高人民生活质量的专项技术合作感到由衷的高兴，并很荣幸为本书——“中国—瑞士低碳城市项目”的成果之一的《瑞士低碳城市发展实践与经验研究》作序。

工业革命之前的瑞士是一个资源贫乏、产业单一的农牧业国家。但是瑞士人发挥开拓创新、追求卓越品质的禀赋，用150年的时间将瑞士建设成为世界上虽小亦大、举足轻重的国家，在政治和经济领域有着重大的国际影响力，同时环境优质、人民富裕，不仅是经济竞争力世界最强的国家之一，也是令人向往的居住国度。

中国在改革开放40多年来创造了无数经济奇迹。随着经济的高速发展和人民生活水平的提高，可持续发展和保护环境资源越来越成为经济社会日益严峻的责任和关注的课题。中国政府和企业界自觉承担更多的责任，努力实现社会经济发展与环境保护治理共赢的可持续发展目标。而瑞士恰恰在经济发展与环境保护上有着科学的平衡发展和示范作用。我本人在就任中国驻瑞士大使期间，对低碳技术的普遍应用和民众对环境保护的接受和执行度等方面体会非常深刻。

感谢瑞士发展合作署（Swiss Agency for Development and Cooperation）发起的“中国—瑞士低碳城市项目”。“中国—瑞士低碳城市项目”致力于通过专业知识和技术的应用，减少中国城市地区的温室气体排放，减缓气候变化，为中国的绿色发展做出贡献。我深信，中瑞两国会继续通过这样的友好合作，建立起更多的桥梁和纽带，共同应对全球气候挑战，维护与建设美好的人类家园。

这本书对瑞士主要城市的低碳政策和技术应用进行了非常具体的介绍：讲解法律调节的重要性，列举实现低碳指标的具体手段，详细介绍应用技术，通过实例展示全民共识、全民实践的低碳生活方式……为经济与环境的和谐发展和低碳且高质量的生活方式的建设提供了丰富和非常有价值的案例和参考。

祝“中国—瑞士低碳城市项目”在中国试点城市中的合作进展顺利，成果丰硕。

中华人民共和国前驻瑞士联邦特命全权大使 董津义

目 录

【第1章】

低碳理论与瑞士低碳建设经验的意义

1.1 低碳概念的产生和发展

1.1.1 低碳概念的产生背景

低碳概念的产生背景是全球气候变化问题。1961 年，美国学者 Charles Keeling 通过对大气层中二氧化碳含量水平连续观测，提出了著名的“基林曲线”。这一曲线表明：大气中的二氧化碳含量一直在稳定地增长。1979 年，第一次世界气候大会指出，如果大气中浓度继续增加，2050 年前后全球平均温度将出现显著升高；1988 年，联合国政府间气候变化专门委员会（Intergovernmental Panel on Climate Change，IPCC）成立，其主要任务是对气候变化科学知识的现状，气候变化对社会、经济的潜在影响，以及如何适应和减缓气候变化的可能对策进行评估，至今已经发布了四次评估报告。

2007 年 IPCC 发表的第 4 份全球气候评估报告指出，全球气候系统变暖已经是毫无争议的事实。研究表明，气候变化，尤其是近 50 年的气候变化，主要是人类活动产生的温室气体的累计排放造成的，而人类活动造成的温室气体中，二氧化碳排放占 77%，而二氧化碳的增温效应占温室气体总效应的六成左右。因此，遏制全球气候暖化、削减二氧化碳排放量，已经成为 21 世纪世界各国的共识。

1.1.2 低碳概念的提出

2003 年 2 月，“低碳经济”首次出现于英国政府发布的能源白皮书中，该报告指出英国温室气体量在 21 世纪中叶将比 1990 年减少五分之三，从根本上使英国实现了低碳发展模式。2006 年，世界银行首席经济学家斯特恩（Stern）发布了《斯特恩报告》，呼吁全球向低碳发展转型。该报告指出：不断加剧的温室效应将会严重影响全球经济发展，其严重程度不亚于世界大战和经济大萧条；每年以 1%的全球 GDP 投入于应对气候变化，可以避免 5%～20%的全球 GDP 损失（Stern，2006）。

英国提出的低碳发展理念得到了欧盟各成员国的认同。2006 年，欧盟公布了《能源效率白皮书》，要求 2020 年前总能源消耗减少 20%；2007 年，欧盟通过了《能源技术战略计划》；2008 年，欧盟委员会制定了在欧洲气候和能源政策方面具有重要里程碑意义的《气候行动和可再生能源一揽子计划》。

作为碳排放大国，美国政府也很关注低碳发展问题。2007 年，美国议会委员会通过了《美国气候安全法案》。2009 年，美国众议院通过的《2009 年美国清洁能源与安全法案》中提出通过发展清洁能源、提高能源效率来实现能源安全和独立。该法案中明确提出了建设“清洁能源经济”的目标。

2007 年，日本环境部提出实现“低碳社会”的草案，倡导通过改变消费理念和生活方式，使用低碳技术和制度来实现温室气体的减少。他们认为实现低碳发展应遵循 3 个原则：减少碳排放，从高消费向高质量社会转变，人与自然和谐相处。

综上，围绕“低碳”为关键词的各种概念逐渐得到了各国政府的重视，并陆续出现在各国的政府法案与相关倡议行动中。迄今为止，学术界并未形成关于“低碳经济”的统一概念。尽管对“低碳经济”概念的阐述不尽相同，但以低消耗、低排放、高产出的增长模式为核心，涵盖了从原料开采、加工、使用和消费的各个过程，特别是低碳技术的开发和应用、低碳产品的生产和消费，以及低碳能源开发和利用的低碳经济内涵被普遍接受（张世秋，2009）。一般认为，低碳经济是一种在不影响社会与经济发展的前提下，实现二氧化碳排放强度单位产出的二氧化碳排放量及二氧化碳排放总量下降的发展模式。

《中国低碳生态城市发展战略》指出，低碳经济发展模式就是以低能耗、低污染、低排放和高效能、高效率、高效益为基础，以低碳发展为发展方向，以节能减排为发展方式，以碳中和技术为发展方法的绿色经济发展模式。

1.2 低碳城市概念的内涵与外延

1.2.1 低碳城市的理论内涵

根据世界自然基金会（World Wide Fund for Nature，WWF）的定义，低碳城市是指城市在经济高速发展的前提下保持能源消耗和二氧化碳排放处于较低水平。气候组织（The Climate Group）对低碳城市的定义是：在城市推行低碳经济，实现城市的低碳排放，甚至零碳排放。在我国，虽然对低碳城市内涵的界定尚未形成定论，但目前的讨论都是围绕城市与低碳经济、低碳社会的关系展开，其本质都是在倡导城市在低碳化和可持续发展的目标下发展经济。其中，最为流行的并被许多低碳试点城市运用于实践的版本，是中国能源与碳排放研究课题组（2009）对低碳城市的定义：低碳城市是以低碳经济为发展模式及方向、市民以低碳生活为理念和行为特征、政府公务管理层以低碳社会为建设标本和蓝图的城市。

具体来说，低碳城市的建设包括以下几个层面（辛章平等，2008）：建设低碳城市的基本保证是开发低碳能源，建设低碳城市的关键环节是清洁生产，建设低碳城市的有效方法是循环利用，建设低碳城市的根本方向是持续发展。

1.2.2　低碳城市的特征

建设低碳城市要求实现发展经济、提高人民生活质量及减少碳排放三者之间的均衡，是一个多目标的问题。因此，低碳城市应符合以下特征：经济性、安全性、系统性、动态性、区域性（中国科学院可持续发展战略研究组，2009）。

经济性是指城市在发展低碳经济的过程中能产生相应的经济效益。低碳发展并不意味着不发展、低发展；相反，低碳目标的实现需要以一定的经济发展速度为基础，盲目地压制经济发展以求实现城市低碳发展的做法是不可取的。在城市建设中实现低碳化是一个挑战与机遇并存的过程。低碳的目标会要求城市不断优化产业结构，进一步提高资源利用效率，促进生产工艺的改进和技术的创新。因此，低碳城市的发展一定会伴随着产业的高度优化和经济效益的提高。

安全性意味着发展消耗低、污染低的低碳产业，对人和环境具有安全性。低碳城市是为了应对经济发展和城市化过程中所产生的气候变化、环境污染等问题而产生的概念。发展低碳城市所倡导的清洁生产、绿色能源和低碳产业是改善生态环境、保障人类生存安全的有效手段。因此，低碳城市具有保障生态安全、社会安全和经济安全的优良特征。

系统性是指在发展低碳城市的过程中，需要政府、企业、金融机构、消费者等各部门、主体的参与。低碳城市是一个是由经济、社会、人口、科技、资源和环境等子系统组成的、时空尺度高度耦合的复杂动态开放巨系统（付允等，2010）。作为一个完整的体系，低碳城市的建设需要来自各个层面的支持，缺少任何一个环节都不能良好运转。从社会层面上看，人们要转变生活方式和消费习惯，在生活的方方面面将低碳理念贯彻到底；从经济层面上看，低碳目标的实现需要城市改变经济发展方式，以产业优化和技术创新带动经济的绿色发展；从制度层面上看，国家需要通过法律等手段规范企业和居民的行为，引导社会走向低碳生产和低碳消费；从城市建设层面看，地方政府需要以低碳理念主导城市规划，实现城市的可持续发展。各部门分工合作，相互影响，才能不断持续推进低碳城市建设的进程。

动态性特征意味着低碳城市建设体系是一个动态的过程，其建设目标和模式不是固定不变的，而是随着城市的发展而不断调整，不断适应各种变化。城市在不同的发展阶段有不同的特点，面临着不同的机遇和挑战，低碳发展的目标和路径也应随之改变，以满足城市在不同发展阶段的诉求。

区域性是指低碳城市建设受到城市所处地理位置、拥有的自然资源与文化背景等固有属性的影响，具有明显的区域性特征。低碳城市的建设没有固定的路径，更不存在所谓的万能模板。要实现低碳发展，就要分析城市所处区域的固有属性，充分发挥城市在地理、资源等方面的优势，与周边城市达成合作，取长补短，建设具有区域特色的低碳城市。

1.3 中国的低碳体系和低碳城市建设发展

中国于2016年9月3日加入《巴黎气候变化协定》(以下简称《巴黎协定》),成为第23个完成批准协定的缔约方。《巴黎协定》明确了全球共同追求的"硬指标"。该协定指出,各方将加强对气候变化威胁的全球应对,把全球平均气温较工业化前水平升高控制在2℃之内,并为把升温控制在1.5℃之内努力。只有尽快使全球温室气体排放达到峰值,于21世纪下半叶实现温室气体"净零排放",才能降低气候变化给地球带来的生态风险以及给人类带来的生存危机。

当前,发展低碳城市的现实需求不仅体现在国际上应对气候变化的需要,也是来自中国自身发展特点的需要。城市历来是人类生产和活动的中心,是地区经济发展和社会发展的主要载体,中国的情况并无特别之处。以2016年为例,中国全国城镇人口79298万人,占全部人口的57.3%。不仅如此,中国的城市化进程不断加快,未来越来越多的人将居住在城市,城市的人口数量、能源消耗和产业结构等也将不可避免地对资源、环境和气候产生重要的影响,发展低碳城市的重要性不言而喻。

不同国家的发展阶段不同,低碳城市建设的主要内容也会存在一定的差异。一般来说,交通和建筑领域的排放是发达国家城市的主要排放源,这两项甚至占整个城市排放的70%~80%,而垃圾处理和工业排放的碳排放约占20%。相比其他国家而言,中国正处于工业化、城镇化加快发展的阶段,工业排放是主要的排放源。根据中国统计局官方数据,2016年,我国能源消耗总量436000万吨煤,比2015年增长1.42%。其中煤炭、石油、天然气占比分别为62%、18.3%和6.4%。值得一提的是,近年来,电力及其他能源消耗占比呈现逐年上升的趋势,由2000年的7.3%上升到2016年的13.3%。工业是能源消耗的主体,2015年工业消耗能源292276万吨,约占同年能源消耗总量的68%。2016年,工业增加值占GDP比重约为33.3%。虽然近年来工业增加值比重呈现下降趋势,但是工业仍然是拉动我国经济增长的重要力量。重工业是工业中的重要组成部分,具有资源消耗高、污染大的特征。在长期工业化进程中,我国资源供需矛盾、生态环境破坏等问题逐渐突出,危及我国经济的可持续发展。如何处理好工业发展需求与碳排放降低之间的矛盾是我国实现可持续发展的关键,由于工业多集中于城市,中国城市的碳排放量远远高于以农业为主的农村,因此发展工业领域的低碳排放是建设我国低碳城市的首要任务。当然,随着城市化的加速,城市交通和基础设施的建设和发展也会消耗大量的能源,加重温室气体排放和环境污染,从而使得低碳城市建设的内容发生变化。

总体而言,构建低碳城市是中国建设资源节约型、环境友好型社会的重要途径,是实现全面建成小康社会的重要战略选择(曲晓禹,2014)。建立低碳城市发展道路有利于解决城市发展和环境污染之间的关系,对我国调整产业结构、推动低碳技术、引领低碳生活风尚、构建生态文明具有积极的意义。2009年,《中国可持续发展战略报告》提出了低碳城市的基本支撑体系:产业结构、基础设施、消费支撑、政策制度(中国科学院可持续发展战略研究组,2009)。在产业结构体系上,实现工业向服务业的转变和重工业化向轻工业的转变，有利于我国减少能源消费、发展低碳经济；在基础设施体系上，预先做好城市基础设施的总体规划，保证城市基础设施设计的低碳化；在消费支撑体系上，为实现城市的低碳发展，改变人们以往高消费、高浪费的生活方式，通过发展公共交通和绿色建筑，推行紧凑型的城市布局；在政策制度体系上，制定合理、正确的制度和政策，依托和整合现有政策体系及手段，确定低碳城市发展的长期目标，向社会大众表明政府联合全社会一起实现二氧化碳低排放或零排放的决心。

2008年，我国国家建设部和世界自然基金会在上海和保定两市率先开展低碳城市试点工作。低碳城市行动重点包含低碳能源、清洁生产和循环利用等，根本方向是实现城市可持续发展。之后，随着低碳试点城市建设工作的推进，不同城市以上述低碳城市的基本支撑体系为基础，结合自身的实际情况，因地制宜地推出了适合自身发展的低碳城市体系。杭州市作为全国首批低碳试点城市，于2010年率先提出了打造低碳经济、低碳交通、低碳建筑、低碳生活、低碳环境、低碳社会“六位一体”的低碳示范城市①。北京市通过《绿色北京行动计划（2010—2012）》，提出要构建生产、消费与环境三大绿色体系，将北京建设成为绿色现代化世界城市②。成都市为建设国家低碳城市，在2017年7月印发了《成都市低碳城市试点实施方案》，提出了要构建绿色低碳的制度、产业、城市、能源、消费和碳汇“六大体系”③。

目前，低碳试点城市已经扩展到全国42个城市，各城市需要按照国家发改委要求编制低碳发展规划，制定支持低碳绿色发展的配套政策，探索适合本地区的低碳绿色发展模式，构建以“低碳、绿色、环保、循环”为特征的低碳产业体系，建立温室气体排放数据统计和管理体系，确立控制温室气体排放目标责任制，积极倡导低碳绿色生活方式和消费模式，并进一步强化温室气体排放总量控制和峰值目标倒逼机制。④

从本质上看，这些适应各城市低碳发展的低碳城市体系都是以产业结构、基础设施、消费支撑、政策制度四个方面为基础，从不同角度对其进行细化和延伸产生的。它们既是对低碳城市的基本支撑体系的理论补充，又是对低碳城市的基本支撑体系的初步实践。

为了响应和支持我国低碳城市建设的积极探索，学界围绕着低碳城市建设进行了充分的研究，提供了理论方面的支撑。例如，袁贺、杨犇（2011）认为，我国低碳城市规划处于战略层面，缺少理论的支撑，当前构建低碳城市的理论框架尤其重要，要确定合适的城市空间布局紧凑度，减少居民出行，降低交通拥堵，进而减少城市碳排放。苏美蓉等（2012）指出，中国已经成为世界上最大的碳排放国，建设低碳城市是我国的必然选择。低碳是城市实现资源有效利用和降低环境影响的一种模式，但是不能只谈低碳，而放弃城市发展的其他目标。刘伟等（2013）指出，低碳城市建设是一项长期、系统的工程，但是一些城市往往只关注一个或者少数几个方面，盲目发展新兴产业，忽视了工

---

① 中国共产党杭州市第十届委员会：《关于建设低碳城市的决定》。

② 北京市发展改革委员会：《绿色北京行动计划（2010—2012）》。

③ 成都市发展改革委员会：《成都市低碳城市试点实施方案》。

④ 资料来源：中国碳排放交易网，我国开展低碳省区和低碳城市试点有哪些？http://www.tanpaifang.com/ditanhuanbao/2017/0227/58598.html 2019年11月1日。

业发展，导致传统工业的节能降耗、污染物削减潜能没能得到有效发挥。王雪、徐天祥（2015）指出，低碳城市建设必须秉承统筹发展，因地、因时制宜的基本原理，各城市应根据自身条件建立适应自身发展的低碳模式。吴健生（2016）从空间格局的视角对低碳城市进行了剖析，指出当前我国粗放式经济发展方式消耗了大量的能源，在城镇化建设过程中，要科学管理城市增长，将城市规模界定在一个合理的范围内。盛广耀（2016）指出，我国低碳城市的建设离不开政策的推动和支持，但是目前存在政策实施力度不足的问题，主要体现在没有建立评价和考核机制，低碳城市建设缺乏制度性保障；管理体系不健全；低碳发展投入激励不足；财政投入领域和环节单一几个方面。这些研究为我国低碳体系建立和低碳城市建设的进一步发展提供了宝贵的意见。

1.4 瑞士低碳建设研究的意义

1.4.1 低碳建设研究的意义再强调

1.4.1.1 国际层面

以第二次工业革命为起点的后工业时代给人类社会带来了生产力的飞跃和生活方式的变革，但也给人类赖以生存的地球带来了不可逆转的损害。自 1850 年起，每隔 30 年，地球表面的温度都比上个阶段显著高一些。多项研究及数据表明，1983 年至 2012 年有可能是北半球过去 1400 年间温度最高的 30 年。全球气候变暖给我们带来的影响包括海平面上升、极端气候增多、生物多样性减少和冰川融化等。而据政府间气候变化专门委员会指出，人类活动产生的温室气体是全球变暖的重要原因。在这样的背景下，许多国家开始转变发展模式，以达到在减少温室气体排放的前提下取得社会、经济和环境的长足发展。

1992 年 6 月，在联合国环境与发展会议期间，世界各国政府首脑签署了《联合国气候变化框架公约》，这被视作是全球共同应对气候变化的第一步。公约提出："本公约以及缔约方会议可能通过的任何相关法律文书的最终目标是：根据本公约的各项有关规定，将大气中温室气体的浓度稳定在防止气候系统受到危险的人为干扰的水平上。这一水平应当在足以使生态系统能够自然地适应气候变化、确保粮食生产免受威胁并使经济发展能够可持续地进行的时间范围内实现。"此后，《京都协定书》《哥本哈根协议》《巴黎协定》等使得温室气体控制或减排成为各缔约国的法律义务。这都意味着经济低碳化的时代已经来临。在全球应对气候变化的发展进程中，欧洲一直是世界范围内的领军人物，但随着中韩等国的发展，亚洲国家也渐渐成为这个领域不可或缺的中坚力量。

1.4.1.2 国内层面

改革开放以来，中国的经济取得了举世瞩目的成就，但中国传统粗放的经济发展模式导致中国面临着日益严峻的资源短缺和环境问题。中国是目前世界上最大的能源消费国和碳排放国，过去 10 多年来中国的能源消费增量和碳排放增量分别占全球的 50%和 60%以上。当前，中国消费的煤炭超过全球总量的 50%，人均能源碳排放已增长到 6 吨以上，比全球平均水平高出三分之一左右，这造成了严重的区域环境污染问题。因此，结合自身特色，向发达国家学习低碳发展的经验，是我国当前突破经济可持续发展瓶颈的当务之急。

基于此，中国政府也在不断加大环境保护方面的政策力度。1992 年，《中国环境与发展十大对策》中首次提出中国要实施可持续发展战略。2007 年，国务院发布《中国应对气候变化国家方案》，这是中国第一部应对气候变化的政策性文件，也是发展中国家在该领域的第一部国家方案。2008 年，《中华人民共和国循环经济促进法》颁布，第一次将发展循环经济上升到国家战略的高度。2012 年，《中华人民共和国清洁生产促进法（修改）》颁布，进一步提高了清洁生产工作的地位，加大了对违法行为的惩治力度。而在 2017 年召开的党的十九大开幕式上，习近平同志又一次强调“加快生态文明体制改革，建设美丽中国”。发展低碳经济现已设定为我国未来发展战略，并且上升为国家战略高度。

更为重要的是，金融危机后，世界经济带来一轮产业的洗牌，以新能源为代表的低碳经济将顺应世界的发展规律、顺应产业结构的规律，当前中国必须抓住全球产业洗牌的机遇，通过自主创新和引进国外先进技术，大力推动科技进步，推动产业升级，调整经济结构，转变发展方式，抢占国际低碳经济的制高点。因此，发展低碳经济完全符合中国的国家利益，及早推动社会经济朝着低碳方向转型，已经不再是可有可无的选择，而是客观的需要，也是必然趋势。

1.4.2　学习瑞士低碳建设经验的意义

1.4.2.1　充分借鉴、吸收长处

瑞士拥有世界上最为出色的环保发展举措，是世界上发展低碳经济、建设低碳城市最早也是最成功的，同时经验最为丰富的国家之一。早在 1988 年，瑞士就通过设立“欧洲能源奖”，奖励在低碳环保、能源改进方面做出突出贡献的城市，以此推动低碳城市建设。尽管在进行低碳城市建设的过程当中，瑞士从低碳环保的角度出发，颁布了一系列政令对重工业企业进行整顿，但是瑞士的经济并没有受到显著的影响。自 20 世纪 70 年代以来，瑞士的二氧化碳排放量显著下降，同时其 GDP 并没有受到太大影响，目前瑞士仍是世界上最富裕的国家之一。这充分显示了低碳城市建设的重要意义：在对环境的影响最小化的同时，经济还能得到发展，人民的生活质量依然可以进一步提高。

总体而言，瑞士的人口较少，地理位置不临海，并且没有丰富的自然资源，属于多山地区。从所处地形环境上看，瑞士是位于欧洲中南部的多山内陆国，全国地形高峻，全境分中南部的阿尔卑斯山脉（占总面积的 60%）、西北部的汝拉山脉（占 10%）、中部高原（占 30%）三个自然地形区，平均海拔约 1350 米，水域面积占国土面积的 4.2%。瑞士的矿产资源匮乏，仅有少量盐矿、煤矿、铁矿和锰矿，生产生活所需能源、工业原料主要依赖进口。从所经历的发展历程上来看，历史上的瑞士是个资源劣势明

显、经济欠发达的农牧业地区。工业发展时期，其工业化进程比英、德、法晚 80 多年，但得益于其独特的“绿色山地经济发展模式”，瑞士成功地克服了地理区位、资源禀赋等经济发展劣势，到 20 世纪初期已经成为欧洲工业化成就较高的国家之一，第二次世界大战之后更是成为《2009—2010 年全球竞争力报告》中“全球最具竞争力国家排名第一位”。

可以说，瑞士的成功转型来自其转型的决心、先进的理念和有效支持的政策。瑞士与中国的许多城市，尤其是内陆城市，在许多方面有相似之处，甚至具备比中国大部分城市更差的自然资源禀赋与区位。以瑞士作为中国城市经济转型过程中的对标样本，具有实际的、可借鉴的操作意义。根据中国目前大部分城市所在的历史发展阶段，瑞士在其工业化背景下的低碳化发展能够为中国城市的转型提供有效的建议举措。我们有必要就瑞士在此方面的先进经验、管理组织办法、创新举措等进行借鉴学习，吸收其中能为我国所用的部分，助力中国实现低碳发展。

1.4.2.2 深化合作、共谋发展

“中国—瑞士低碳城市项目”是瑞士全球气候变化项目在中国的合作项目之一。该项目由瑞士联邦政府发展合作署发起，旨在推动中国城市低碳发展转型，促进绿色增长，推动可持续发展，最终目标是减少中国城市地区的温室气体排放和加强地区经济发展对于气候变化的适应性。项目将通过技术合作推动环境标准的提升，并为政府、专家和企业搭建沟通交流平台。目前，中国与瑞士多个城市达成低碳城市建设的合作意向，瑞士也对标中国十个城市签署合作备忘录，包括重庆、广州、上海、烟台、成都等。以成都为例，瑞士与成都的合作项目落地，其间经历了近三年时间。2013 年 5 月，国家发展改革委与瑞士发展与合作署签署《中瑞应对气候变化谅解备忘录》。2016 年 4 月 8 日，瑞士发展与合作署中国办公室与成都市政府签署了合作备忘录。目前，瑞士与成都合作的项目有“中国－瑞士（成都）低碳医学产业园”“中国－瑞士先进技术转移中心”。二者均坐落于成都市温江区，通过搭建平台、项目建设等方式，共同推进中国和瑞士的医学、医药、医疗机构和企业在生物医学和生态环保等方面开展广泛合作，从而为双方进一步拓展多领域、多层次的低碳合作奠定基础。通过与瑞士开展的合作，成都市将世界先进的技术和工艺流程与自身的发展有机结合起来，降低经济发展过程中对环境造成的影响，提高产业能效，缩小成都与其他世界大都市之间的发展差距，在促进城市发展的同时，将成都树立为中国低碳城市的典范，放大低碳城市效应。

近些年虽然我国大力发展低碳经济，在全国范围内选取多处城市进行低碳城市建设试点，但是与国外先进国家相比，无论是理论还是实践都尚有差距。与瑞士的对口合作，学习瑞士在低碳城市建设方面的创新和成功的管理经验、知识与技术，可以在中国城市低碳城市建设尚未成熟、急需低碳改革计划的时候，提供成熟可行的先进经验，为中国城市抢占先机、在今后长期可持续发展中走得更快更远提供了宝贵的机遇与经验。

1.5　本书的内容安排

本书共分为6章，从第2章开始，总结瑞士在低碳城市建设方面所取得的成绩和值得借鉴的经验。第2章为瑞士低碳城市建设的经验，选取了三个典型的瑞士城市，介绍其如何利用自身的特点和优势，成长蜕变为今天的低碳城市的经验。第3章为瑞士的清洁能源，介绍了瑞士的能源情况，回顾了瑞士低碳发展的历程。第3章同时还介绍了瑞士的重要能源政策——“2050能源战略”，以及以洛桑联邦理工学院为典型代表的瑞士低碳能源案例。第4章为瑞士的绿色建筑，着重介绍了瑞士的绿色建筑历史和现状，著名的绿色建筑评价体系——“微能耗”（Minergie）以及GEAK等相关措施，并选取了五个具有代表性的案例进行介绍。第5章为瑞士的低碳交通，总结梳理了瑞士相应的交通体系，分析为什么瑞士的交通是低碳绿色的交通；选取了苏黎世与日内瓦这两个交通典范城市，仔细介绍了这两个城市的交通构建，并总结了可以借鉴的交通经验。第6章为瑞士低碳发展的其他案例，总结了前几章没有涉及的几个重要概念和案例，一个是以气候智慧型农业为代表的低碳农业，一个是非常具有特色的瑞士绿色山地经济模式，一个是“人造山城”（Hillcity）案例。

【第2章】

瑞士低碳城市建设的经验

瑞士的低碳城市建设进展与现状同一个被称为“能源城市”的项目息息相关。为了更好地帮助理解瑞士低碳城市建设所取得的经验，本章先介绍瑞士“能源城市”项目的相关内容，并选取了日内瓦（Geneva）、沙夫豪森（Schaffhausen）和圣莫里茨（St. Moritz）三个各具特色同时又有典型性、代表性的低碳城市来介绍瑞士低碳城市建设的经验。

2.1 瑞士“能源城市”项目

2.1.1 什么是“能源城市”项目

“能源城市”（Energiestadt）项目，又称“欧洲能源奖”项目，起源于瑞士，但影响力远超出了瑞士的国土。其宗旨是致力于发展可持续能源战略、支持可再生能源使用、鼓励使用环境友好型机动车、有效使用资源。该项目鼓励创新，并为可持续发展的城市环境创造就业机会。1988年，瑞士发起“能源城市”项目，该项目致力于表彰改进能源的城市；1991年，沙夫豪森成为第一个获得“能源城市”称号的城市，即现在的金牌称号；1996年，“能源城市”协会在瑞士正式成立。

“欧洲能源奖”项目的标志如图2-1所示。如没有特殊说明，下文中“能源城市”与“欧洲能源奖”视为等价。

图2-1 “欧洲能源奖”项目标志①

① 图片来源：http://www.energiestadt.ch。

“能源城市”协会成立之后，“能源城市”项目逐渐在欧洲传播开来，基于这一项目发展出奥地利的“E5－节能城市”项目和德国的“行动计划 2000＋”项目，“能源城市”概念逐渐适用于多数欧洲国家。2003 年，“欧洲能源奖论坛”在柏林成立，以加强对于生态能源的构建。之后，该项目系统地在发起国瑞士及其他欧盟和非欧盟国家进行传播。当前，项目的成员国包括瑞士、德国、意大利、法国、奥地利、列支敦士登，同时也包括一些试点国家，如卢森堡、斯洛文尼亚、匈牙利、罗马尼亚、乌克兰、西班牙、葡萄牙、希腊、塞浦路斯、摩洛哥和马耳他。其中，摩洛哥是第一个参与该项目的非洲国家，智利是第一个参与该项目的南美洲国家，罗马尼亚和乌克兰是执行该项目的两个东欧国家。

在瑞士，参与“能源城市”项目的城市遍布各地（如图 2－2 所示），共有 400 多个城市获得“能源城市”项目表彰。目前，全世界共有 16 个国家的 1500 多个城市正在参加“欧洲能源奖”项目。截至 2018 年 2 月 20 日，已有 1397 个市共 46 万人获得“欧洲能源奖”的荣誉。这些城市的名称可以在相应网站上找到。

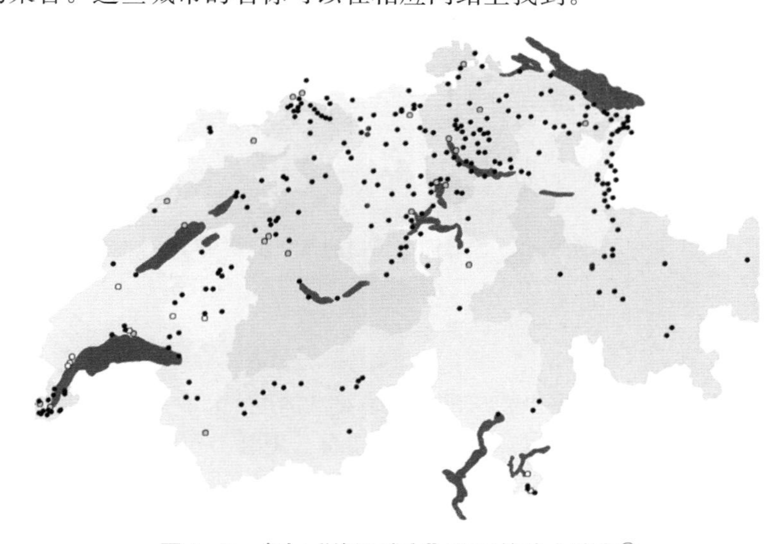

图 2－2 参与“能源城市”项目的瑞士城市①

2.1.2 涉及领域及执行步骤

要达到“能源城市”的标准，必须要坚持可持续能源政策，支持可再生资源使用，鼓励环保交通，推行资源的高效使用行为等。其主要涉及 6 个领域的活动、79 个实施措施，达到 490 点要求的 50％即可获得称号，达到 75％即可获得金牌称号。在这六大领域中，受市政当局影响的 3 个主要能源消耗领域有：市政建设和设施——包括库存、翻修、能源信箱、维修费用；供给和处理——包括电、区域供热、可再生能源、水、废水、垃圾；交通——公共交通、停车场、步行、自行车交通。目前有 848 个活跃城市参

① 图片来源：http://www.energiestadt.ch。

与竞选，授予称号的城市有417个。该奖项使得不同的欧洲国家执行相同的指标体系，最佳践行的城市获得欧洲能源城市金奖，获得金牌称号。

“能源城市”项目一共包含5个步骤（如图2—3所示）和79种方法。第一步和第二步分别是分析和计划，在此阶段会评估计划或者行动计划。具体包括：对本市的能源供应和能源消费进行鉴定，确定能源效率和可再生能源供应潜能，对提高环境质量的措施进行改进和完善。第三步是实施，也就是在六个领域，根据短期和中期实施相应措施。第四步是检查，包括按照行动计划对措施进行评估，考查各项措施是否有效和相应的得分，以及对改进空间进行识别。第五步是认证和奖励，通过“能源城市”的表彰，以沟通的方式进一步获得公众支持，并执行相应的改进措施。

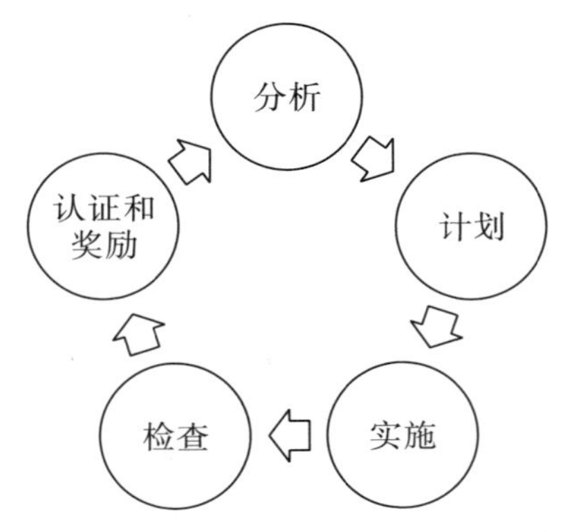

图2—3 能源城市项目的五个步骤[①]

2.1.3 评价标准

“欧洲能源奖”项目的认证和奖励机制（也称为评价标准）的相关规定如下：第一，全面实施各种可能的措施将获得500分的最高得分。其中，500分的总得分中还包括10分的奖励分。第二，基于理论最大值[②]来计算得分，譬如沙夫豪森获得了490分的最高得分。第三，会根据不同国家或者州/省的情况来校准得分。第四，达到至少50％的目标成就是获得“能源城市”称号所必需的分数，从而可以成为“有特色的合作伙伴”；而达到得分75％或者更多的就可以获得“能源城市”金牌称号，成为“金奖合作伙伴”。

2.1.4 组织架构与合作方式

“能源城市”项目的组织架构如图2—4所示。

① 图片来源：https://www. local－energy. swiss/dam/jcr：0b72fbeb－4b5f－4369－b884－d5b6a3c0d6b2/Einfuehrung _ Label _ Energiestadt _ August _ 2016 _ . pdf。

② 理论最大值是在不受市政府控制的政策环境下可实现的最大潜能。

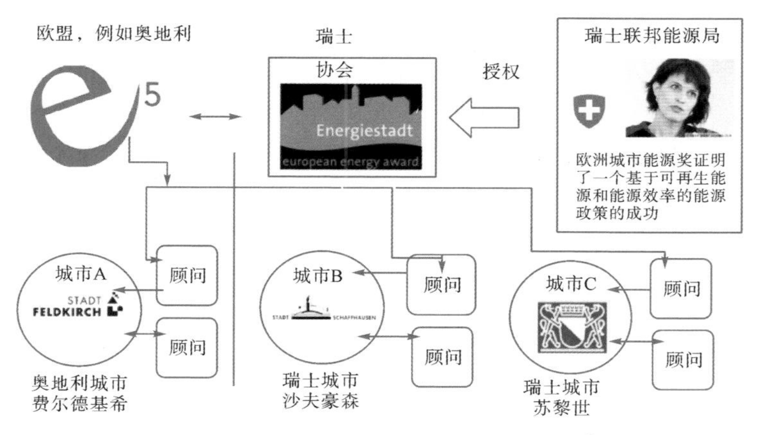

图 2—4　“能源城市”项目的组织架构①

根据瑞士和德国法律，“能源城市”和“欧洲能源奖”项目以协会的形式组织起来。“能源城市”在瑞士联邦能源办公室的授权下运行，其董事是“欧洲能源奖”协会的主席。“欧洲能源奖”协会负责对 79 种举措方法、管理工具和奖项标准进行完善和调节；与奥地利的 E5 等其他国家组织合作，协调“欧洲能源奖”标准；对由各城市挑选出的私人公司的顾问进行培训；作为审计，检查合作城市提交的文件。

2.1.5　加入“能源城市”项目的好处

针对不同城市和地区，“欧洲能源奖”项目设置了一套完善的质量管理和认证体系。“欧洲能源奖”支持各地方政府建立实施跨学科的规划方案，实施有效的能源和气候政策措施。具体说来，“欧洲能源奖”的成功主要体现在四个方面。第一，“欧洲能源奖”是国家能源战略的加速器。“欧洲能源奖”将国家的目标转化成具体的地方政府的政策建议，从而为地方政府合理配置资源、实现效率最大化提供指导。第二，从 1988 年开始，各地方政府及专家在地方一级不断推动和发展“欧洲能源奖”，因此，区域层面是该计划的重要组成部分。第三，“欧洲能源奖”从长远的角度制订、实施个性化的活动计划，并且这些计划每四年会由专家重新评估和调整。第四，各地区基于自身的情况执行相应的政策措施，同时，“欧洲能源奖”也会对各地区进行比较，从而建立国际基准。

参与的城市和地区可以获得以下好处：第一，“欧洲能源奖”采取效果导向的管理手段，有利于引导各地方政府改进其能源和气候政策，促进能源目标的更快实现。第二，在政策执行过程中，会有相应的能源专家协助市政当局，提供技术或组织支持。“欧洲能源奖”机构也会指定相应的审核员审查各个市政府的活动并进行相应评级。第三，各国“欧洲能源奖”的组织机构都制定了针对本国特点的工具和清单来保障政策的执行，这些工具构成“欧洲能源奖”的重要部分。第四，“欧洲能源奖”用以表彰在能源政策上起模范或开创性作用的城市。“欧洲能源奖”的认证增强了各个城市开展低碳能

① 图片来源：http://www.energiestadt.ch。

源措施的动力，为定位营销打下了坚实的基础。第五，不同国家可以分享好的案例，发现常见的缺陷或问题[①]。

2.2 瑞士典型低碳城市

本节选取了瑞士三个低碳建设比较有特色和代表性的城市进行案例介绍，分别是国际化大都市——日内瓦，中型能源城市——沙夫豪森，以旅游业为特色的小城市——圣莫里茨。其中，日内瓦作为国际大都市，通过低碳发展化解城市稠密人口和有限资源与经济发展的矛盾，以工业生态学打造低碳项目，从而推动城市、社会和经济的发展；沙夫豪森，曾是以重工业为主的工业化城市，在发展过程中受经济结构制约，经济一度十分低迷，通过低碳发展实现城市战略转变，成为第一个获得“能源城市”称号的城市，重新进入绿色发展；拥有得天独厚自然条件优势的小城市圣莫里茨，长期以低碳项目发展特色旅游业，使得城市、经济和社会的发展进入可持续状态。

日内瓦的资料由瑞士索菲（Sofies）公司的专家欧丽儿·斯丹（Aurélie Stamm）和本诺·夏利亚（Benoît Charrière）提供，课题组成员翻译整理而成。Sofies 是一家从事可持续咨询及项目管理的公司，共拥有位于班加罗尔、日内瓦、巴黎、苏黎世和伦敦的 5 个办公室，团队共包括超过 30 名国际咨询顾问，还拥有广泛的专家网络，面向企业、公众及国际组织提供咨询服务。欧丽儿·斯丹为索菲公司的顾问与合作伙伴，在挪威攻读硕士学位期间，专门研究工业生态及其主要分析工具，从事各种评估工作，如挪威饮食的碳足迹评估、挪威农业的氮循环评估，以及建筑公司斯堪卡（Skanska）建筑公司的企业社会责任分析等。2015 年回到瑞士后，欧丽儿·斯丹参与了一个研究建筑行业的废料再利用及道路噪声污染的影响评估的项目。2016 年，欧丽儿·斯丹加入了索菲公司，主要致力于可持续管理和生态工业园区的项目，包括对流程进行量化分析，以识别协同效应和加强当地的工业组织为目的举办协作研讨会。贝尔尼斯·吉蓬（Bérénice Guiboud）是索菲公司顾问兼合伙人，她于 2016 年毕业于洛桑联邦理工学院，专攻水、土壤和生态系统工程。此后，她在环境影响评估和地理信息系统（GIS）领域积累了丰富的知识。目前贝尔尼斯·吉蓬正致力于索菲公司的工业生态相关项目，在企业和公共机构的 GIS（数据分析、地图创建、数据库管理）、领土规划和战略环境评估方面拥有核心能力。

沙夫豪森和圣莫里茨两个城市的主要内容翻译自瑞士专家马瑞（Marco Rhyner）提供的材料。马瑞先生拥有工商管理硕士学位，他的专长是区域发展和环境规划，包括城市低碳发展规划、旅游规划、敏感性模型、可持续性和环境规划、生态工业园区发展、经济产出计算等。马瑞先生是联合国人居署于 2018 年 8 月举办的第二届可持续城市发展高级别国际论坛的专题讨论组发言人，并在全球生态论坛、中瑞经济论坛、东京光伏博览会上发表了与低碳发展相关的演讲。

---

① 资料来源：http://www.bfe.admin.ch/themen/00544/00549/index.html?lang=en。

2.2.1　工业生态学的先锋——日内瓦

工业生态学，又称为产业生态学，最早是由通用汽车研究实验室的罗伯特·弗罗斯彻（Robert Frosch）和尼古拉斯·格罗皮乌斯（Nicholas Gallopoulous）在 1989 年的《科学美国人》（*Scientific American*）杂志上发表的题为《可持续工业发展战略》的文章中提出的，是一门研究人类工业系统和自然环境之间相互作用、相互关系的学科。工业生态学方法寻求的目标是按自然生态系统的方式来构造工业基础，将开放系统变成循环的封闭系统，使废物转为新的资源并加入新一轮的系统运行过程中，维持工业系统高效率和可持续的物质和能量循环。

2.2.1.1　日内瓦：工作和生活的地方

在介绍日内瓦在工业生态学方面所做的尝试和取得的成绩之前，先简单从几个方面介绍日内瓦的基本情况。

日内瓦州位于瑞士最西部，95%的边界与法国共有。日内瓦州通常被认为是瑞士最国际化的地区之一。值得注意的是，日内瓦市与日内瓦州（也被称为日内瓦共和国）是有区别的，日内瓦市只是日内瓦州所辖的 45 个市中的一个。如无特殊说明，日内瓦代表日内瓦市。

日内瓦的人口数量仅次于苏黎世，瑞士城市中排名第二。作为一个多元文化的城市，日内瓦有大约 40%的人口是外国人，来自约 189 个不同的民族。美世咨询公司（Mercer Consulting）的一项调查显示[①]，日内瓦地区的生活质量非常高，被评为“世界生活质量最好的城市”之一。同时，它也被称为“世界上消费水平最高的城市”之一。

日内瓦地处欧洲的心脏地带，交通便利（拥有日内瓦国际机场、优良的铁路和公路网）。作为著名的国际中心，它既是重要的金融中心，又是全球国际合作中心。在外交上，日内瓦也具有很重要的地位。目前，日内瓦是世界上拥有最多国际组织的城市，有包括联合国的总部、国际红十字会、世界贸易组织（WTO）、世界卫生组织（WHO）以及欧洲核子研究组织（CERN）在内的超过 30 个国际组织和将近 400 个非政府组织位于此处。凭借其在外交事务上的显赫位置，日内瓦经常被称为是“和平之都”。日内瓦还是公认的瑞士第二大金融中心（仅次于苏黎世），并在 2018 年被评为世界上最具竞争力的金融中心之一（在欧洲排名第五）[②]，也被认为是全球私人银行（国际私人财富管理）聚集地。

日内瓦的经济基本上以服务业为主（见图 2−5），有 85.5%的雇员从事第三产业[③]。

---

① 资料来源：https://www.ge.ch/statistique/tel/publications/2012/informations _ statistiques/autres _ themes/is _ localisation _ emplois _ 08 _ 2012.pdf。

② 资料来源：http://www.longfinance.net/Publications/GFCI23.pdf。

③ 资料来源：https://www.ge.ch/statistique/tel/publications/2012/informations _ statistiques/autres _ themes/is _ localisation _ emplois _ 08 _ 2012.pdf。

城市的周边区域还有一些农业活动（主要是小麦和葡萄酒）。

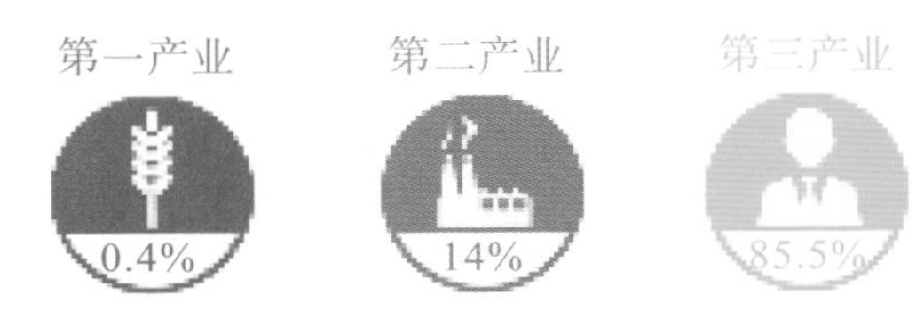

图 2－5　日内瓦各经济领域的全职人力工时（FTE）百分比①

图 2－6 显示了部分在日内瓦设立公司的跨国公司。

图 2－6　日内瓦企业举例

日内瓦还以手表行业、奢侈品，以及其他高精密机械和仪器闻名世界。2017 年，制表业占日内瓦总出口额的 41％；其次是珠宝业和化学业，分别占到了 38％和 12％②。诸如百达翡丽（Patek Philippe）、劳力士（Rolex）、伯爵（Piaget）、名士表（Baume & Mercier）、康斯登（Frederique Constant）、阿尔宾娜（Alpina）和江诗丹顿（Vacheron Constantin）都在这里设立了制造部门。日内瓦的奢侈品行业也很闻名，世界上最大的奢侈品集团之一——历峰集团（Richemont）的总部就设在这里。

虽然日内瓦人口稠密，经济发达，其拥有的资源却相对稀缺。日内瓦的经济“代谢”活动反映了现代工业经济的情况：它消耗的资源超过了环境所能提供和更新的量，而它产生的废物也比环境所能容纳的量多。除此之外，日内瓦的经济还有着特有的缺陷，那就是它的经济“代谢”活动非常依赖来自外界的资源。

在日内瓦，基本不存在需要消耗大量原材料的工业企业。其经济结构主要是由大量包括家庭和分属于第一、第二和第三产业的众多企业的小型经济体组成。所以，要改善日内瓦的经济“代谢”活动并不能仅仅源于对少数成员所采取的相应措施，而是要依靠大量的个体和局部的行为的改变。通过研究日内瓦经济“代谢”压力来源，可以发现家庭和第三产业部门这两大经济主体是日内瓦主要的资源消耗者，也是需要重点改变的对象。

---

① 资料来源：由本书作者制作，从以下来源整理 https://www.ge.ch/statistique/tel/publications/2012/informations_statistiques/autres_themes/is_localisation_emplois_08_2012.pdf，2019 年 10 月 28 日。

② 资料来源：https://www.ge.ch/statistique/domaines/apercu.asp?dom=06_05。

2.2.1.2　工业生态学——对日内瓦意义非凡的概念

1. 工业生态学更详细的定义[①]

工业生态学旨在改变经济系统，使其从不可持续的形式转变为与自然生态系统功能相容的、长期可行的发展模式，提高资源利用效率。工业生态学的概念很宽泛。“工业”一词是指现代技术社会的一切经济活动。家庭消费、卫生服务、电信、信息技术、金融、旅游、休闲等都被视为工业活动，农业、原材料提取和产品制造也被视为工业活动。工业生态学这个概念有时以不同的名称出现，比如绿色经济、循环经济等，但基本概念大致相同。

经济活动的“代谢”（也被称为“工业代谢”）是指系统地研究经济运转所必需的水、空气、砾石、沙土、石油、天然气、金属、木材、食物等资源的流动与储存。新陈代谢可以在不同的规模上被研究：一户家庭、一幢建筑、一个公司、一个社区、一座城市（城市“代谢”）乃至一片区域（区域“代谢”），都可以用于研究新陈代谢。对于“代谢”的研究采用物质流分析方法（MFA），就是评估提取、转化、消耗、储存并最终释放到环境中的资源数量。

工业与地域共生是工业生态学的特殊应用，就像在自然生态系统中观察到的某些物种之间的相互作用一样，工业共生（industrial symbiosis）旨在促进一个地区不同的经济体之间形成新的合作，从而同时实现环境和经济效益。工业共生还促进了合作交换网络的发展，以及自然资源和废物的共同管理，倡导在地方和区域重新利用原材料、产品和废物，并提出了在区域内组织经济活动的新方法。

2.“工业生态学”理念在日内瓦的历史

自然资源的日益短缺，加上日内瓦对资源的依赖带来持续的挑战，经济系统难以在原有的模式下继续发展，必须重新考虑新的发展模式。2001年5月19日，《可持续发展公共行动法》正式生效，为执行《21世纪议程》奠定了法律基础，其中第12条中的“生态园”这个概念便是由工业生态概念引发而来。第12条规定强调，日内瓦“将推进对经济与生态之间的协调效应的考虑，以尽可能地降低经济对环境的影响”。就此，日内瓦政府成为第一个为这种开创性做法提供法律基础的政府机构。

为了实施上述条款，日内瓦州议会于2002年底批准成立了生态园工作组(Ecosite)，这是一个供部门间反馈和讨论的机构，由地质、土壤和废物部(GESDEC)、州能源办公室（OCEN）、可持续发展部（SCDD）、日内瓦经济发展部(SPEG)、建筑理事会和工业土地基金会（FTI）的代表组成，由洛桑大学和索菲公司提供咨询支持。

各种资源是经济活动的基础。生态园工作组第一阶段的任务就是要在日内瓦研究各种资源的流动。这一最初阶段的目标是更好地了解日内瓦的工业生态系统如何运作，查

---

① 这一节以 www. genie. ch 网站（索菲公司推动的工业生态平台）和日内瓦在工业生态学上推出的一些说明文件为基础，由索菲公司撰写，日内瓦政府编辑。

明首要解决的问题，在充分掌握事实的基础上分析并采取应对措施。

3. 日内瓦的“远景”目标

（1）更多创新。

合作经济和清洁技术所带来的创新潜力相当可观。工业共生，或者企业间更广泛的合作，是推动未来经济发展的杠杆，在提高生产力的同时，对日内瓦的环境影响更小。

（2）更少的空间。

在小范围内改善生活和生产环境是一项重大的挑战，也是新的挑战。人们要重新考虑生产选址，更多地将住房和商业活动及第二、三产业部门结合起来，将基础设施和服务结合起来。日内瓦之后修订的《土地开发法》和《2030年州总体规划》朝着这一方向迈出重要的一步。

（3）鼓励人们参与。

积极的制度和法律框架促进了工业生态项目的产生。基于这些发展，日内瓦的经济结构可以获得主要公共机构的支持，例如工业土地基金会、州能源局、工业和技术促进办事处和日内瓦的工业服务。特别是目前由工业土地基金会实施的生态工业公园（EcoParc）战略，促进了企业之间的合作，也促进了工业园区的创新项目。

（4）有限的资源。

能源、建筑材料等有限的关键资源需要进行高效的管理。例如，在能源方面，可以通过回收工业废热来挖掘一部分能源潜能，同时需要提高能源利用效率，发展可再生能源等。在建筑材料方面，依照现有的开采速率，建筑材料部门预计日内瓦的砾石储量将在30年左右被耗尽，而与此同时，日内瓦的垃圾场却正在堆积垃圾和碎石。因此，如何回收利用废物，是提高建筑材料利用效率需要解决的问题之一。

（5）日内瓦与“能源城市”称号。

为了与在工业生态学上的工作相配套，日内瓦州与日内瓦市设立了“在2050年达到100%采用可再生能源及零二氧化碳排放”的目标。到目前为止，日内瓦州所辖45个市中已经有19个获得了“能源城市”的称号，另外还有3个是“能源城市”协会的会员。这一切要归功于日内瓦州的创新精神和密集的参与网络，正是这些参与者促成了能源转型。城市能源政策的重点项目有：

• 通过新的城市列车创造软移动杆；

• 在整修工程与新社区中大力推广可再生能源的发展与应用；

• 在管理和系统实施中以废木为能源；

• 对路灯进行翻新；

• 鼓励在城市规划软交通，如降低汽车行驶速度限制，在道路表面覆盖吸音材料，增加可循环道路等。

在日内瓦州，新能源法尤其鼓励发展热能与太阳能。从2018年1月起，人们可以以个人或者群体（自动消费）的形式生产和消费能源，这为太阳能开辟了新的前景和市场，每个市政府制订能源计划和小规模确定能源战略。在地热能（GEothermie）2020项目中，也鼓励使用地热能。

2.2.1.3　日内瓦落实工业生态学的亮点

1. 对城市中可持续工业区与棕色区改造的规划

（1）维立区域（Vernets），从一个军事地区到一个可持续的社区。

维立区域是一个坐落在城市中心的军事基地，即将搬离市中心，搬离后会留下42公顷的空地。索菲公司的愿景是建设一个创新社区，并在其中实现他们雄心勃勃的低碳目标。一个主要由建筑师与城市规划师组成的团队——罗新革－马立奇（Losinger Marazzi）公司，提出了一个包含地热能、太阳能板、免费冷却，并遵循2个能源标准的可持续建筑建造方案，以及一个可移动的、平均为每个家庭提供0.5个停车位和2个自行车停车位的区域发展理念。

这一可持续社区是瑞士一个被称为PAV项目的杰作之一。PAV项目位于日内瓦和兰溪等城市，涉及超过1000家企业的搬迁，最终将把日内瓦最大、最古老的工业和手工区（约230公顷）改造成一个拥有高质生活和工作环境的城区（见图2－7）。未来，维立区域将举办各种各样的活动，也将成为日内瓦住宅潜力最大的地区。由于在设计时充分考虑了软交通、能源转换和可持续建筑，整个项目将满足超过5个生态标准。

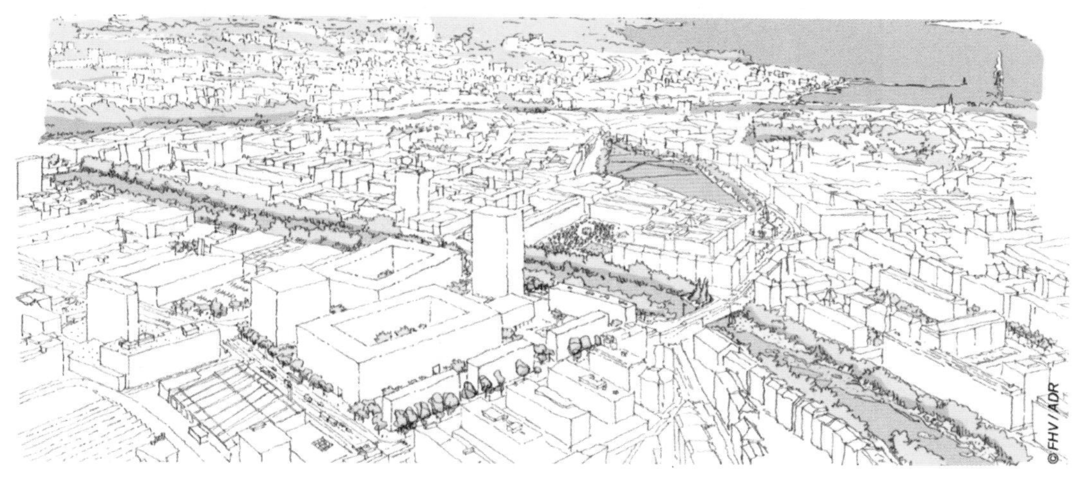

图2－7　维立区域示意图①

（2）生态工业公园策略。

日内瓦工业土地基金会（FTI）是管理工业用地的一个州属机构，这些土地可能由国家、市政府或基金会本身所有。它管理现有和新工业区的规划，并支持日内瓦企业设立。

基金会通过生态工业公园战略，引导工业区向可持续发展转型。正如生态工业公园战略所确立的，生态工业公园是一个本身具有治理力的可持续创新领域，其目标是将促进经济活动、尊重环境、优化资源和提高生活质量相结合。这一举措符合企业、使用者

① 图片来源：https://www.ge.ch/document/depliant－vernets/telecharger。

及社区三者各自的利益。

日内瓦工业土地基金会为每一个生态工业公园成立了由企业代表与社区代表所组成的监管委员会。通过建立参与式研讨会（见图 2—8），各种行动得以顺利开展，也将工业利益相关者团结在一起。这种积极的和参与性的管理活动旨在发展协同作用并促进公司间项目的实施，比如多设施共享。对企业来说，好处在于：①企业可以参与到其生活环境的建设中来；②与同行业的参与者发展协同合作，找到具体的解决方案；③通过共用设备或场地，比如共用一个锅炉或一片停车场，创造节流的可能性。对区域来说，同样具备多种好处：①使其活动区域更具备吸引力，并提供可供使用的工具；②识别出新的公司间潜在的合作可能性；③所有的利益相关方都可以就问题和需要采取的行动分享看法。

图 2—8 企业代表与社区代表交流[①]

（3）法布格（Faubourg）1227 区域，从被污染的土地到可持续的社区。

法布格 1227 区域是曾经的斯米兰水龙头工厂（占地 8800 平方米），被认为是一片已经走到尽头的工业区，拥有着巨大的改造潜力。其现场的整治工作是与房地产项目的开发与实施同步进行的，并由市政府与州政府的公共主管部门密切配合参与（见图 2—9）。

① 图片来源：马旭丽（Julie Masson）摄影师。

图 2—9　法布格地区厂址改造①

罗新革一马立奇公司根据城市指导计划所提出的建筑概念完全与城市环境相适应。在项目的初始阶段，设计团队通过咨询的方式开展社区中的居民调研。住宅复合体促进了社区社会性和功能性的融合，除 1200 平方米的活动区域外，大约有 100 套住宅可以通过特定的方式开放给所有社会阶层租赁或者购买。所有的建筑都经由“微能耗”（Minergie）－ECO② 认证，其中太阳能热板为热水和排风的热泵提供额外的热源。

法布格 1227 区域对可持续性和生物多样性的需求高，环境逐渐改善，居民能从中受益。术语“Nature en Ville”（意为城市的自然）强调了在城市环境中为保持生物多样性做出贡献：种植花卉、草场的屋顶和花园，以及为鸟雀安装的巢箱。

2. 寻找可替代的能源

（1）将湖水作为能源。

“GeniLac”项目是一种以日内瓦湖水作为冷却介质的区域冷却系统，用可再生的资源代替了通常建筑里的独立锅炉房或制冷机组，系统中的低温热交换网进一步拓展了原有的区域供热或区域供冷方案。如图 2—10，系统所使用的水从湖底 45 米深处汲取出来并送入到在若干个建筑中流动的管网中。在夏天，由于湖水自然温度低，因而能够带来清凉；在冬天的时候，热泵将水加热，然后将其补充到加热系统之中。最后，当确定水温接近自然温度时（冬季为 3℃，夏季为 15℃），可将水排到湖中。

“GeniLac”项目的管道网络贯穿于整个社区的大多数国际组织，如联合国难民署（UNHCR）、生物科技园区、联合国主要办事处、世界知识产权组织（WIPO）、国际红十字委员会（ICRC）、国际劳工局（ILO）、住房与学校、洲际大酒店等，并将很快扩展到机场。

2017 年，该管网的能源发电量为 20 兆瓦，预计 2022 年将达到 140 兆瓦。与一般的供热供冷方案比，“GeniLac”项目主要可以提供四个好处：①降低 80％的二氧化碳

① 图片来源：罗新革－马立奇（Losinger－Marazzi）公司。

② 关于这种认证的相关说明见第 4 章“瑞士的绿色建筑”。

排放；②降低 80％的电耗；③在夏季降低 10％的水资源消耗；④通过对“新型制冷剂”——水的使用，避免了温室气体的排放。

图 2-10 日内瓦湖中用于冷管网的设备[①]

（2）地下水与太阳能相结合满足能源需求。

“伟社”（des Vergers）的生态区共有 30 座建筑，其中包含 3 座楼塔、2 所学校、1 个运动中心，是瑞士第一个完全获得高要求的节能建筑标志认证“微能耗”（Minergie）A 认证[②]的地方（见图 2-11）。这些建筑使用以可再生能源为基础的自产系统，以满足居民供暖、热水、通风及一切供能的能源需求。

图 2-11 伟社生态区的建设[③]

为了达到能源自给这一目标，“伟社”生态区的建设者创立了一个创新性的理念。建设者将地下水与更广阔的地表水——罗纳河水一起收集起来，并输送到以前用于打井的旧设施和现有的水源储存设施中等待加热。在加热之前，这些水将被引到工业区用来

① 图片来源：日内瓦工业服务公司【Services Industriels de Genève（SIG）】。

② 关于这种认证的相关说明见第 4 章“瑞士的绿色建筑”。

③ 图片来源：瑞士梅兰市（Commune de Meyrin）。

冷却设备，因此这些水在流经工业设施时会被预热。被预热之后，水就会流向住宅小区，热泵的性能系数（COP）提高，从而满足附近社区的供暖和生活热水需求。安装在屋顶和建筑物正面的太阳能光伏板则完全补偿了水泵的电力消耗，从而可以达到能耗的平衡。在被冷却之后，这些水通过附近的湖的渗透作用又重新回到地下水位。整个过程是完全循环的。这个环路连接了生态区中的30座建筑物，每年提供11千瓦时的电力，减少了80%～100%的温室气体排放以及80%的电能消耗。

这一能源理念成功实施的关键就在于巧妙地利用了现有的基础设施和周围的自然资源。

（3）地热能与“地热计划2020”。

2017年6月3日，一项关于地下能源的新州立法案[①]生效。法案为地热能的发展使用奠定了理想的法律基础，并规定了地热资源的控制条件和可持续的开发利用条件。

“地热计划2020”[②]是由日内瓦州政府在2012年开展的项目（见图2-12），由一家主营水、煤气、电能、热能等能源服务的日内瓦工业服务公司（Services Industriels de Genève，SIG）运营。

图2-12　日内瓦“地热计划2020”项目进行的地热勘探[③]

该计划的主要目标包括：深入了解日内瓦地下能源；完善制度框架和大力可持续发展地热能，特别是进行试验项目，比如协和项目（“Concorde” Project）和支持地热能项目，获得经验和专门知识。

“地热计划2020”的第一阶段是收集和整合来自不同地质研究中的数据，利用地震反射进行地热勘探。这一步从2014年持续至2016年，成功证实了日内瓦具有发展地热

① 资料来源：https://www.ge.ch/legislation/rsg/f/s/rsg_L3_05.html。

② 资料来源：https://www.geothermie2020.ch/。

③ 图片来源：https://www.geothermie2020.ch/uploads/downloads/79ff7fba42b44afb165b65b0f71009ca.jpeg，2019年10月28日。

能的巨大潜力，并勘探出了地热能源最有潜力的地区。目前，更为详细的第二阶段正在进行，已经实现了若干个勘探钻孔。总的来说，在开展“地热计划 2020”的时候跨学科的研究方法起到了很大的作用。其他地质与技术领域也正在研究中，包括城市与能源规划、数据管理（以及共享）、通信、法律层面、跨国合作、市场发展等。

这个计划的试点工程之一就是协和项目地区工程。其目的是利用地热能、生活垃圾焚烧热能、浅层地下水和天然气相结合的方式实现区域供暖网络。最终，协和项目地区工程将会提供大约 65%的可再生能源，供应 600 户家庭用能，每年约产生 2200 万千瓦时的电量，且比传统煤气和燃油加热方式减少 610 吨二氧化碳排放。除可再生、本土化和环保等优势以外，地热能最大的好处之一就是它能保证提供一个恒定的能源，而天然气只用于满足高峰时期的需求。

3. 寻找替代能源：废物定价和工业共生

（1）建筑业的循环利用。

如今，日内瓦的建筑业面临两大挑战。首先是应对当地砾石资源的枯竭问题；其次是建筑过程中的垃圾处理问题，建筑过程中产生了大量的拆挖和爆破垃圾，这些垃圾的处理变得越来越棘手。在许多情况下，回收再利用这些二次材料并用以替代砾石在技术上是可行的，对环境也是有好处的。为了保证这种回收砾石的质量，日内瓦州召集了由各种专业人士组成的工作组应对这一挑战，并依此成立了日内瓦材料循环使用（ECOMATGE）项目。如今，这一项目已经为所有的建筑从业人员拟定了一个推荐指南。同时，日内瓦州还发布了一个指令，号召优先使用回收材料。

此外，开采砾石资源的企业也付出了不懈的努力。比如，总部设在日内瓦州的埃比塞斯采石场扩大其生产设施，以便能够回收土方材料（如图 2－13）。创新的工艺能够分离土质馏分并洗涤所收集到的矿物质，同时用于粉碎、分类以便能重新使用所拆除或挖掘材料中的部分材料。类似的移动设备已被安置在建筑工地上投入使用。

图 2－13　能够回收土方材料的日内瓦州埃比塞斯采石场①

① 图片来源：天梭及迈恩费（tissot&mayenfisch）摄影公司。

（2）普朗莱乌特（ZIPLO）工业区的能量环。

日内瓦的普朗莱乌特工业区是著名的钟表制造业、数据中心和办公室的所在地。根据生态园工作组对生态系统的研究成果，在工业区内存在着重要的热排放物，因此，如果兴建区域供热网络，可以回收部分工业的低温余热作为邻近公司的热源。目前，热能主要来源于数据中心的“安全主机”的冷却排放。之前热能被排放到空气中而白白散失，目前这些热能通过供热系统支持该地区三所办公楼的供暖。在2030年供热系统扩建后，它将为更多的工业体提供能源来源，并将在未来为住宅区内3000幢建筑物供暖。当前参与其中的企业包括了安道立-谢公司（Induni & Cie SA）、日内瓦工业服务公司（SIG）、日内瓦数据安全公司（Safe Host）、天空实验室（Skylab）、阿匹因特洛曼地公司（ALPIC InTec Romandie SA）。

如图2-14，这套回收热能的区域供热网络最大输出功率为4.5兆瓦，每年能产生约69亿瓦时的热能。总体而言，回收的热废物为该区域提供了所需热量的75%。

这样的系统能够成功运转，主要源于以下的关键条件：

- 通过建立股份公司，分担了合伙人之间的财务风险；
- 采取包括州贷款在内的公私合作伙伴关系；
- 日内瓦工业区基金会作为调节器和项目催化剂；
- 在股份公司股东之间签订服务合同，以鼓励精益求精；
- 与客户签订期限为15～30年的合同，涵盖客户投资安装变电站的投资时期。

图2-14　普朗莱乌特工业区的余热回收供热系统管网①

除了能量循环，普朗莱乌特工业区也依赖于共同的低碳措施，比如采用共享交通计划。共享交通计划旨在为员工提供利用私人汽车进行通勤的替代方案，采取的手段包括共享汽车、穿梭巴士、电动自行车和公共交通。为了协调整个员工群体的利益，工业区还建立了一个可供参与的公司员工共享的交通站点，参与的公司包括娇韵诗、百达翡丽、皮亚杰、皮亚索、拉夫·劳伦、劳力士、江诗丹顿等。

---

① 图片来源：日内瓦论坛报的摄影师，乔治卡布雷拉（Georges Cabrera，Tribune de Genève）。

(3) 在厨余垃圾上的努力。

废物管理公司赫尔维蒂亚环境公司(Helvetia Environnement)创造了“Leman MealEngIGe”分离方法,为餐厅废物提供了废物利用创造价值的方法(见图 2-15)。该方法将从日内瓦湖周围的餐厅中搜集来的、使用过的植物油转化成为生物燃料和生物油,然后重新输送至当地的配送点进行再利用。与化石燃料柴油相比,生产和消费每升生物燃料会减少 66%的二氧化碳排放量。由于生物燃料有低碳优势,比化石燃料的税率更低,因此最终价格比进口柴油便宜。为了鼓励生物燃料的使用,瑞士政府颁布了一个法律,强制要求所有的加油站至少将 7%的生物燃料加入燃料混合物中。包括公共交通工具、拖车到船只在内的所有的柴油车辆都可以使用这种与化石燃料柴油混合的生物柴油。日内瓦湖周围的这一“厨余垃圾变燃料”的项目,每年生产能力为 400 万升,可以减少 3900 吨二氧化碳的排放。

图 2-15 使用厨余垃圾生产生物燃料[①]

2.2.1.4 总结

自 20 世纪 90 年代末以来,日内瓦一直是工业生态学领域的先驱。更重要的是,它一直以来都在不断地追求进步和创新,将这一理念付诸实践的同时还经常引入新的概念。日内瓦的低碳项目众多,在交通、能源、废弃物利用及自然资源管理等诸多领域积累了丰富的知识和诀窍。

日内瓦给予我们的最宝贵的经验是技术知识和专业经验并不足以保证工业生态工程的成功运作,成功的关键在于合作和沟通,以便使企业和各利益相关者都能理解相关概念。大多数项目都是跨学科的,涉及大量来自不同背景的参与者,将这些参与者聚集在一起,共享信息,是非常有用的。这种方法可以了解不同参与者的需求和限制,从而找到最佳的解决方案。工业生态学的项目大多包括对项目治理的反思。因此除了技术层面的收获,日内瓦也收获了不少管理上的诀窍。

① 图片来源:赫尔维蒂亚环境(Helvetia Environnement)公司。

推动工业生态学落实的途径是日内瓦工业网络平台（www. genie. ch）。日内瓦工业网络平台是一个合作平台，致力于促进和创造工业生态项目，由环境管理局（环境总局）联合州能源理事会（Office cantonal de l'énergie，OCEN）、日内瓦工业用地基金会（Fondation pour les terrains industriels de Genève，FTI）、日内瓦工业服务部（Services Industriels de Genève，GIS）及工业和技术促进办公室（Office pour la promotion des industries et des technologies，OPI）共同开发，其网络标识见图 2－16。该平台的创建者囊括了日内瓦经济组织的代表及“伞形组织”，即法语瑞士企业联盟（Fédération des Entreprises Romandes，FE）和日内瓦商会，还有工业与服务相关部门（商务部、工业部）。如今，网站拥有超过 450 家公司和 670 名个人会员。

图 2－16　日内瓦工业生态学网络标识①

日内瓦工业网络平台希望在满足其经济业绩目标的同时，为更加注重对环境的保护的日内瓦企业家提供具体的答案。该平台提供案例研究、新闻及运行工业生态项目相关的和必要的信息。同时，每年至少召集会员进行两次主题研讨。研讨会的主题由其运营委员会确定，但是必须与公司相关。这些活动以参与的方式举行，是经济组织将问题带到政治家面前的绝佳机会。

日内瓦工业网络平台同时还是一个供各种参与者彼此联系、分享信息与经验交流的平台。网站未来的目标之一包括在参与者之间实现各种流动交换及共享，如通过使用虚拟货币实现共享与交换。未来的最大挑战之一是对大数据和金融资产等无形资源的管理，而诸如区域链和绿色市场机制（如绿色债券）这样的数字技术可能是管理这些资源并将其用于服务工业生态学的合适工具。

2.2.2　经济发展与环境治理的积极影响——沙夫豪森

沙夫豪森市是欧洲第一个能源城市。本节关于沙夫豪森市的主要介绍内容翻译自瑞士专家马瑞（Marco Rhyner）提供的材料。为了帮助人们更好地理解沙夫豪森市所取得的成就，额外补充了沙夫豪森州城市战略转变的部分内容，并结合“欧洲能源奖”解释沙夫豪森市取得的绿色发展成效。

2.2.2.1　简述

沙夫豪森市是瑞士的一个典型的中型城市，是沙夫豪森州（相当于中国的行政区划省）的州首府城市。沙夫豪森州共有 27 个市级行政区。通常，沙夫豪森州指由州府沙夫豪森市及周边大范围内的一些直辖市共同组成的城市化中心区。

本节将以沙夫豪森市为例，展现在一个面积和人口规模都相对小的地区，“经济发

① 图片来源：https://www. genie. ch。

展”与“打造低碳社会”这两个密切相关的行为和目标之间如何彼此产生积极影响：民众在日常生活中以身作则的先锋行为、政府的榜样行为与政策的提倡发挥了重要的作用。同样重要的因素还有政治与经济界的密切合作，如私人经济界的创新理论和成果被政府吸收并作为标准来制定，抑或是政府和公共事业单位先行实施，用来自实践活动的经验来影响和说服经济界与民众。

2.2.2.2 地理和气候

沙夫豪森州位于瑞士的最北方，与瑞士其他两个联邦州——苏黎世州和图尔高州以及德国毗邻，有 82%的州界同时也是瑞士与邻国德国之间的国界。沙夫豪森州占地面积 298 平方公里，其中森林面积占 43.4%，农业用地面积占 43.9%，居住区面积占 11.4%。全州人口约 8 万，其中一半以上人口聚居在首府和直辖市等城区。

沙夫豪森地区气候温和，全年平均降雨量 900 毫米，各月降雨量也相对平均，因此植被丰富，四季常青。由于四季中太阳辐射角度的不同，四季中的日照时间差距很大，夏季平均每天 6~7 小时，冬季每天 1~2 小时，全年日照时间大约 1460 小时。

2.2.2.3 经济和财政

沙夫豪森州的工业占比高于瑞士平均水平。经济绩效中第一产业仅占 1%，第二产业占 30%（瑞士平均水平为 22.5%），第三产业也就是服务行业占 69%。其中，重工业、食品和钟表产业是沙夫豪森州的主导产业，以乔治费歇尔（Georg Fischer AG）、瑞士工业公司（Swiss Industry Group，SIG）和瑞士铝业公司/加铝集团（Alusuisse/Alcan）为代表的重工业产业，曾解决了高达 1.4 万人的就业问题。同时，包括家乐/联合利华（Knorr/Unilever）、万国表（International Watch Company，IWC）和慕时表（H. Moser & Cie）在内的知名企业，也在沙夫豪森州落户。

衡量经济发展的重要指标是财政表现。沙夫豪森州 2017 年的财政总收入为 722 百万瑞士法郎（约 50 亿人民币）。

健康的国家财政的最重要的前提是来自企业与个人的税收收入。在瑞士，社区和州政府都通过各自的财政收入来平衡财政支出。各级地方政府在财政收支问题上都非常的小心翼翼，尽可能降低企业和个人的税负，从而提高本地对外来企业和个人的吸引力。在各个联邦州和各级行政社区之间都存在着税收竞争。税收收入占国家财政收入的大约 50%，这部分财政收入具有不同于其他手续费等财政收入来源的灵活性，可以被用作完成政府或国家某项任务的资金。

2.2.2.4 交通

工业化的另外一个重要支柱是交通。沙夫豪森州的交通系统被嵌入国家和国际的重要交通道路网络中。中世纪时代，沙夫豪森州的水路运输收入占据主导地位。莱茵河从博登湖到荷兰入海口之间的河道中有一段船只无法穿行的水域，这段河道便在沙夫豪森州境内，为位于沙夫豪森流域的急流河段和莱茵瀑布。船载物资必须在这里卸载，通过陆路被转运到瀑布下面的船只上。

1852年瑞士通过了铁路法之后，通过莱茵河进行的水路运输的重要性迅速下降。之后，瑞士铁路网建设高速发展：沙夫豪森市至苏黎世州温特图尔市（Winterthur）的铁路于1857年建成；1866年，德国的瓦尔特胡特（Waldshut）与康斯坦茨（Konstanz）之间的铁路建成，沙夫豪森市因此成为德国铁路网的一个站点；1895年，施泰茵（Stein am Rhein）和可奥兹林根（Kreuzlingen）的铁路建成；1897年，埃格利早（Eglisau）与苏黎世市之间也通了铁路。沙夫豪森市与外界的铁路交通网络迅速得到完善。

汽车交通和瑞士道路交通网络的建立始于20世纪之初，第二次世界大战之后汽车交通逐渐上升为主流交通工具。沙夫豪森州人均机动车拥有率高达80%。

2.2.2.5　结构调整和全球化

全球化开始后，瑞士面临着巨大的挑战，重工业占主导地位的沙夫豪森地区在全球化进程中尤其面临巨大的挑战和压力。全球化导致的边界的开放降低了公司搬迁的关税成本，使得拥有相对高昂的劳动力成本的瑞士更加处于劣势。在这样的背景下，瑞士就业率从1985—1991年的持续增长转变为连续四年下滑，并在1995年达到历史最高的失业率。而对于沙夫豪森州，20世纪80—90年代，曾出现了3年减少12%工作岗位的情况。

这次彻底的结构突变对沙夫豪森州产生了巨大的影响。政治、经济、社会各层面都意识到了变革的必要性和紧迫性，只有变革转型才能突破消极的发展怪圈和重新走向经济增长道路。

2.2.2.6　具有历史意义的政治与经济联手项目

经济危机之后，沙夫豪森州政府发起了一个为期两年的研究项目“沙夫豪森区域发展研究”（Wirtschaftsentwicklung Region Schaffhausen，WERS）。来自经济、政治和社会各行各业的150位专家和代表共同参与研究，提出了共150个经济转型项目和措施，旨在实现沙夫豪森州的新定位和战略目标。

在当时东欧经济开放伊始、生产成本相对低廉、某些行业的工资在国际上竞争激烈的前提下，沙夫豪森州作为企业和生活驻地需要提高对公司及个人和家庭的吸引力，必须通过一个明确的战略和定位才能联合各方的力量，在这场区位竞争中取得成功；同时需采取一系列适当的措施，在提升区域优势方面做出持续努力。

2.2.2.7　低碳先锋项目：“能源城市”

高工资水平只有通过创造高质量的工作岗位、降低人工成本和提高自动化水平才能得到保持和提高。一个地区要想留住高质量的劳动力，生活质量必须等同或高于其他地区。而生活质量在很大程度上取决于人们的健康状况和优越的环境条件。

工业化和重工业的历史使沙夫豪森州的环境条件（土壤、水资源和空气质量）严重恶化。改善环境的对策最早从启动污水处理政策开始，以提高莱茵河水质为目标。

真正的开创性成就发生在20世纪90年代初，当时城市中心地区、沙夫豪森市和项目发起人开发了一个谨慎使用资源的计划。这就是后来的“能源城市”的雏形。该计划由于其他城市和市镇的积极参与得到迅速推广，并促成了随之而来的“能源城市”协会的成立。

政治措施里通常会包含一些财政上的激励政策，可能会带来一味追求经济增长而忽视了对环境和生态的重视的结果。在落实沙夫豪森市这项谨慎使用资源计划的同时，人们对节约自然资源的意识得到明显提高，该计划得以彻底地贯彻落实并取得惊人成果。

沙夫豪森州从 1992 到 2012 年，人均国内生产总值增长实现翻番，但是能源消耗总量保持基本不变。各项空气污染因素的指标（见图 2－17）也在同时期内得到显著降低，耗水量减少，垃圾废物量稳定。

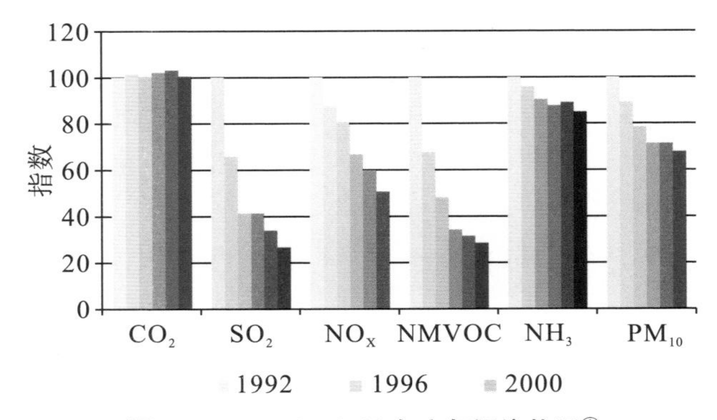

图 2－17　1992—2012 年空气污染状况①

政府在计划的执行过程中起到了榜样性的关键作用。在城市区域内，政府将公共事业建筑——其中很多是数百年的需要特别保护的建筑，改造成为节能建筑，能源消耗总量降低了 50%（图 2－18）。

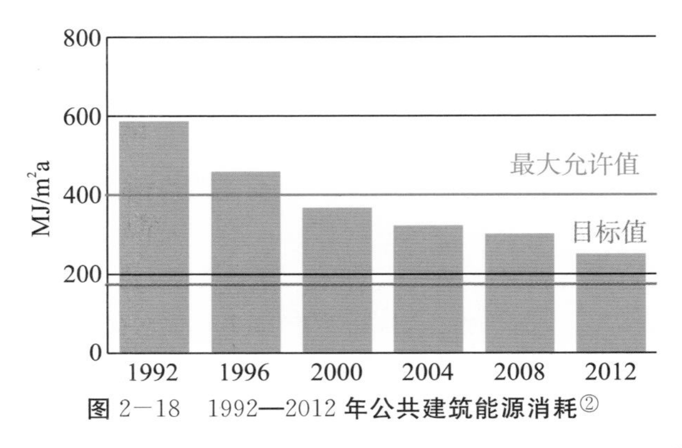

图 2－18　1992—2012 年公共建筑能源消耗②

这些令人折服的统计结果是通过各种措施的实施来实现的：

（1）国家立法。

（2）州立法。

① 资料来源：瑞士统计局（数据），图标设计：瑞士格尼斯公司。

② 资料来源：瑞士州能源主任会议全体会议（EnDK）。

（3）与低碳和资源节约有关的奖惩措施。

（4）资助和鼓励计划。

（5）私人发起的项目。

（6）政府与企业间的密切合作。

（7）对革新技术的促进计划。

（8）与社会和民众的沟通和宣传。

根据城市节能环保的项目状况和州政府的支持力度，瑞士对能源城市进行了评分和排名（见图 2-19），沙夫豪森市位列第三。沙夫豪森市至今仍是瑞士三个拥有最佳能源城市计划的城市之一，并且能够定期实施新措施，在改善人与自然生活条件的行动中发挥着积极的作用。

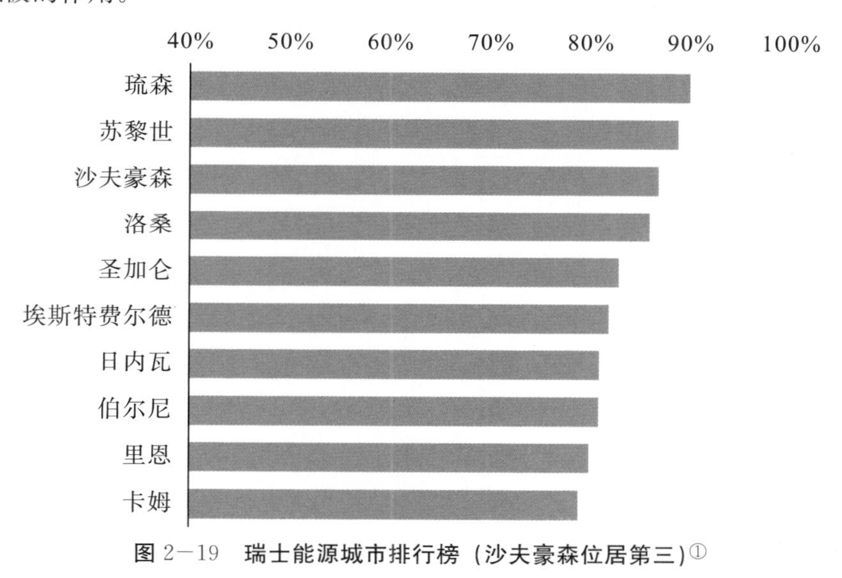

图 2-19　瑞士能源城市排行榜（沙夫豪森位居第三）①

2.2.2.8　沙夫豪森低碳城市建设成功案例

1. 来自废水的能源

只有越来越多地利用可再生能源，才能实现能源转型。热源结构的转型同样具有重要作用。加热网络的建立是建筑物单体取暖系统的一个具有生态意义的合理的替代方案：在住宅小区内建设中央供暖和热水系统取代每个单体建筑物内的供暖和热水设施。沙夫豪森州的纽豪森市就有这样的一个能源网络联盟，该能源联盟成立于 2017 年，为 240 座建筑物提供节能环保型能源。

该联盟将所在地区污水处理厂的作业过程中产生的热量和由此产生的低温都进行回收：废水通过三个热泵被传送到锅炉房，此过程同时会产生低的温度，热量和低温从锅炉房通过管道被传送和分配到小区内。在寒冷的冬季会有两座燃气锅炉提供热能上的支持。

① 资料来源：http://www.energiestadt.ch/de/die-energiestaedte/staedte-im-vergleich，2018 年 6 月 6 日。

对使用来自可再生能源的电力感兴趣的私人房产业主、商店和工厂主等，可以与该城市的能源网络联盟联系，获得便宜的能源使用价格，使用该联盟供给的电力，并且享受额外的优惠，如进行 24 小时监测的运行功能、更低的维护成本（不用自行维护）和暖气、空调硬件的空间节省。

这个能源网络项目得到民众的极大支持和配合。环境和能源的清洁和节约不仅是政府提倡的理念，更是每个公民都关注和重视的话题。能源网络联盟实现了可再生能源取代化石燃料的飞跃，将在其 30 年的生命周期内预计减少 13.8 万吨二氧化碳的排放。

2. 电动交通工具在公共交通中的先锋角色

沙夫豪森州交通局在公共交通网络中运用了最新科技成果。比如，沙夫豪森州使用快速充电系统的电动公交车，不仅降低噪音，而且更环保和经济，这个已进入实施阶段的计划在瑞士是独一无二的。

沙夫豪森州交通局对市场上电动车现有的牵引类型和 10 种不同系统进行了全面分析，在牵引力比较中同时兼顾经济和环境效益进行评价，最终，使用快速充电系统的电动公交车脱颖而出成为胜者。具有快速充电系统的电动公交车从安装在车顶上的电池中汲取能量，该电池可在车库或个别车站以最短时间充电。这种电动公交车既环保又能提供与无轨电车相同的高质量的乘坐舒适性。尽管配套的充电站需要必要的初始投资，但是电动公交车在运营五年之后即可显现出比柴油公交车更好的经济效益。在未来几年之内沙夫豪森州的整个公交系统中的柴油公交车将全部由电动公交车取代。

沙夫豪森州交通局发起的瑞士交通实验室（Swiss Transit Lab）平台，联合多方政府和企业在自动驾驶智能交通工具方面密切合作，为自动驾驶公交车与城市公交系统的沟通研究解决方案。瑞士交通实验室平台的工作重点是：

• 让城市规划和交通规划者了解和体验无人驾驶交通工具。

• 公交车生产厂家可以将其产品与控制系统整合，展示安全功能。

• 让政策和技术等批准部门可以了解到所有的技术进步情况。

• 公交站点与景点和与住户之间的最后一段距离的载客任务将由此类无人驾驶公交车完成。

• 研究者可以就自动驾驶过程中出现的新问题随时进行技术研究和问题解决。

瑞士交通实验室推出的自动驾驶公交车（图 2−20）已经投入试运营阶段，试运营阶段旨在积累经验，将运营经验和新课题直接带入无人驾驶交通工具的研究和开发过程。一辆自动驾驶车辆只有运用了控制系统之后才能演变为一辆自动驾驶汽车，而控制系统的运用才能使一个安全的运行得到实现。瑞士交通实验室首先推出了名为“12 路”的实验项目——环莱茵瀑布电动公交车。该车辆是制造者 Amotech 有限公司和控制系统开发者瑞士交通实验室的合作产品，线路环绕纽豪森市中心路段，并连接旅游热点莱茵瀑布。该项目实现了自动驾驶车辆与城市公共交通网络的联结。它使用公共交通无轨电车的停车站点（无轨电车具有先行权），由自动驾驶控制系统保证两种交通工具在时间上的沟通和控制。

公交系统由于包含不同交通工具而变得越来越复杂，在两种交通工具的汇合和换乘站点上，只有精准的行车时刻表才能保证乘客在最短的时间内实现换乘。精准的行车时刻表和换乘地点及时间设计不仅能够极大地提高公交系统对公众的吸引力，还能促进经济的发展和环境、资源的优化。自动驾驶公交车进入公交系统也由于公交车司机的消失而成为对乘客来说更经济的交通工具。

图 2－20　瑞士交通实验室的实验项目和产品——自动驾驶公交车"Trapizio"①

3. 经济增长和环境保护可以同时实现

沙夫豪森州打造"新能源城市"并且能够保持此荣誉，说明环境保护、技术应用和经济增长不是彼此背道而驰，而是可以产生对彼此的积极影响，共同实现经济增长和低碳环保目标。20 世纪 90 年代中期开始实施的经济促进和区域营销战略为沙夫豪森州带来了近 600 家外国公司的入驻，其所创造的高质量的劳动岗位和税收收入为沙夫豪森州的健康财政状况和区位的可持续发展做出了巨大贡献。

2.2.2.9　沙夫豪森州战略转变及成效

1. 沙夫豪森州战略变化

第二次世界大战后，瑞士先后参加了欧洲经济合作组织、欧洲自由贸易联盟、经济合作与发展组织等许多国际性或地区性的经济组织。1992 年 12 月 6 日，瑞士公民对欧洲经济区协议进行投票表决，结果未能通过公民投票，从而使瑞士处于欧洲经济区之外。在战后经济发展过程中，既有 20 世纪五六十年代的迅速增长阶段，也有 70 年代初期以来的停滞阶段。虽然在此期间，瑞士爆发过两次主产过剩的经济危机，经济增长率有 3 年绝对下降，其中 1975 年甚至下降了 1.3%，然而从总体上看，战后至今，瑞士经济的增长还是比较迅速的。从 1950 年到 1986 年，瑞士的国内生产总值增长 2.1 倍，每年平均增长 3.2%。1990 年以来，瑞士经济受西方经济衰退的影响，1991 和 1992 年

① 图片来源：https://www.swisstransitlab.com/images/pressefotos/Trapizio－Bus－am－Rheinfall.jpg，2019 年 10 月 28 日。

连续两年出现负增长，1992 年国内生产总值比 1990 年下降了 0.8%。

在这样的发展历程中，因为俄罗斯、东欧及远东的部分市场在不断减少，沙夫豪森州在 20 世纪 90 年代的时候面临着非常严重的经济衰退的挑战。根据《申根协定》，瑞士于 2007 年向其他协定签字国开放边界，同时瑞士公民也享有在大多数欧洲国家自由出入的便利。由于开放边界的协定，沙夫豪森州越来越多的因为公司变迁导致关税减少。瑞士的劳动成本偏高，相比于东南亚地区相对低的劳动成本，处于劣势。沙夫豪森三年之内减少的就业机会高达 12%，这导致其政治的不稳定，也产生了诸多的社会问题。[①]

基于以上问题，沙夫豪森州确定开展整形城市计划并制定了一些政策。考虑到城市及行业出现的问题，沙夫豪森州对区域的战略进行了重新的规划及定位。通过 S（strengths，优势）、W（weaknesses 劣势）、O（opportunities 机会）、T（threats 威胁）分析，沙夫豪森州政府对国内及国外情况进行分析，并且确定了沙夫豪森州战略转型的三个主要方向：从重工业转型到高科技工业，建立服务行业的重点项目，提高和加强城市的生活质量、当地家庭及旅客的旅游质量。为了进一步保障转型目标的顺利实现，政府在整个区域总共设计了大约 150 个项目。

2. 欧洲能源奖及绿色发展成效

（1）欧洲能源奖。

在提高生活质量方面，沙夫豪森州在多个方面进行了改善，其中在生态方面，沙夫豪森市与“欧洲能源奖”（European Energy Award，EEA）紧密相连。

“欧洲能源奖”设立于 1988 年，最初瑞士成立此荣誉称号主要是为了奖励市政能源改进，鼓励创新，并为可持续的城市发展创造就业。“欧洲能源奖”是质量管理和认证系统，支持各城市和地方使用跨学科方法和规划理念，执行有效能源和气候政策的措施。第一个获得“能源城市”称号的正是沙夫豪森市。

1991 年，沙夫豪森市成为第一个获得“能源城市”称号的城市。随后在 1996 年，瑞士成立了“能源城市”协会。2003 年，柏林成立了“欧洲能源奖论坛”以加强对于生态能源的构建。可以说，沙夫豪森市是“能源城市”的先驱和引领者。

（2）欧洲绿色发展成效。

沙夫豪森市以 367.5 的高分获得“欧洲能源城市奖金奖”，主要通过以下活动和措施来实现：制订“2000 瓦社会”实现计划，进行公共建筑能源记录，成立能源服务公司基金会，制订和实施可再生能源激励计划，建设生物质能厂，奖励公共交通系统。

沙夫豪森市作为欧洲第一个“能源城市”展现了它在生态设计方面的独特性，以此作为城市亮点和名片，成功实现城市的形象营销，增强本地的商业优势，吸引世界各地的投资人前来本地进行投资。就能源方面而言，沙夫豪森市减少了能源消耗及成本，加强了能源管理系统和控制机制。“欧洲能源城市奖”帮助沙夫豪森市构建了能力建设培训机制，顺利打通了不同方面利益相关者的联络网，并为城市生态节能方面做出最佳贡

① 资料来源：https://zhidao.baidu.com/question/1366610226347285059.html。

献和实践的部门设置奖项，为城市的可持续发展助力。举例来说，柯丽雅公司（Cliag AG）是沙夫豪森州重要的出口产品生产商及瑞士药业的主要生产商。沙夫豪森市能源部门和柯丽雅公司之间签订有《供热联盟》协议，其目的在于使用柯丽雅公司在工业生产过程中产生的余热为工厂周边的居民区提供热水和暖气，从而减少该住宅区域对于化石燃料的需求。

①能源消耗与GDP增长。

1992—2008年，沙夫豪森州的能源消耗基本稳定。就能源结构而言，虽然人均对于电力的消耗量增加，但是对燃料油的需求逐年减少。就GDP增长而言，同期人均GDP的增长率达到了50%，增长至80000美元。通过1992年到2012年的能源消耗与GDP变化的比较可以看见，沙夫豪森州用实践证明了：经济的增长不一定要以增加能源消耗为基础。

②空气污染。

在GDP翻番的情况下，沙夫豪森州的空气污染情况在同期也得到了很好的控制。与1992年相比，空气污染指数降低8%～80%，二氧化碳指数稳定，二氧化硫、PM_{10}和其他几种空气污染物显著下降，其中二氧化硫改善了大约70%。尽管二氧化碳的指数稳定，但是二氧化碳排放目标已经很高，保持稳定的指数说明二氧化碳的排放量仍有可能保持稳定或略微下降。唯一例外的是同期由于燃气的供热使得大气中的甲烷增加。虽然天然气不属于可再生能源，但是城市由原来的石油加热变成天然气加热仍然有一定低碳效益。

③垃圾情况。

1992—2012年沙夫豪森州人均垃圾量变化如图2-21所示。沙夫豪森州的垃圾量在2000年达到峰值，之后逐渐有所下降。沙夫豪森州垃圾量的监控显示出城市垃圾产生量及市政固体垃圾的大量减少。其主要原因在于沙夫豪森州实施了垃圾的征费体系，任何一个居民都必须按照他们所生产的垃圾量来支付垃圾收集处理费，这在很大程度上提升了每个公民在日常生活中尽量减少垃圾产出的意识；同时鼓励市民进行垃圾循环再利用。目前，瑞士每一个家庭都至少有4个不同的垃圾箱来对垃圾进行分类。垃圾由市政部门回收之后，会被集中运到一些专业垃圾处理厂或者焚烧中心，使其得到循环和再利用。

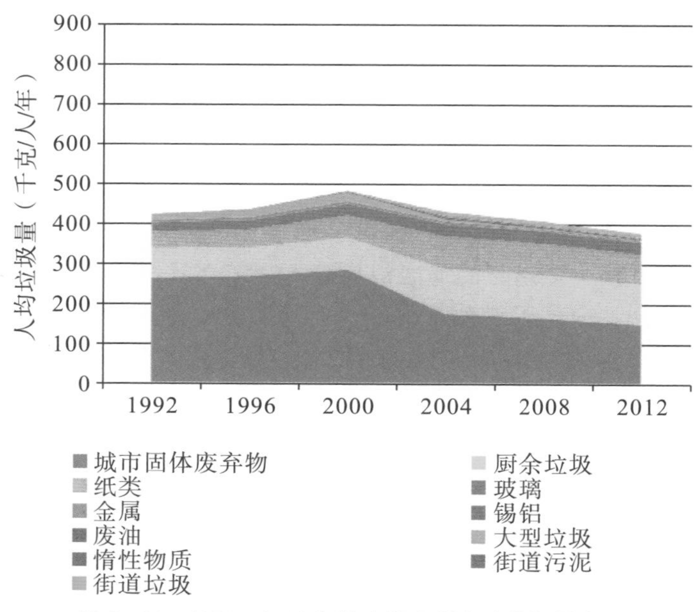

图 2—21　1992—2012 年沙夫豪森州人均垃圾量变化

在沙夫豪森州，垃圾日益被视为一种有价值的资源，城市固体垃圾的回填被严令禁止，垃圾分类、回收和再利用等内容进入小学课程作为一个教育项目得以实施。

④水资源。

自 1989 年起，沙夫豪森州的人口总数增加了 3%，但是用水量却减少了 30%。1992—2012 年，沙夫豪森州的用水总量呈现逐年递减趋势，尽管用水量净值仍然很高，但是总体而言用水总量下降了 40%（如图 2—22 所示）。这样大幅度的水资源的下降主要得益于工厂用水效率的提升，一级公共水消耗量的减少，政府节水工作意识的提高，对工厂、公园和其他区域的绿地面积用水的重视。以上举措在减少水资源消耗的同时还可以降低绿色生态的建设成本，保护环境。

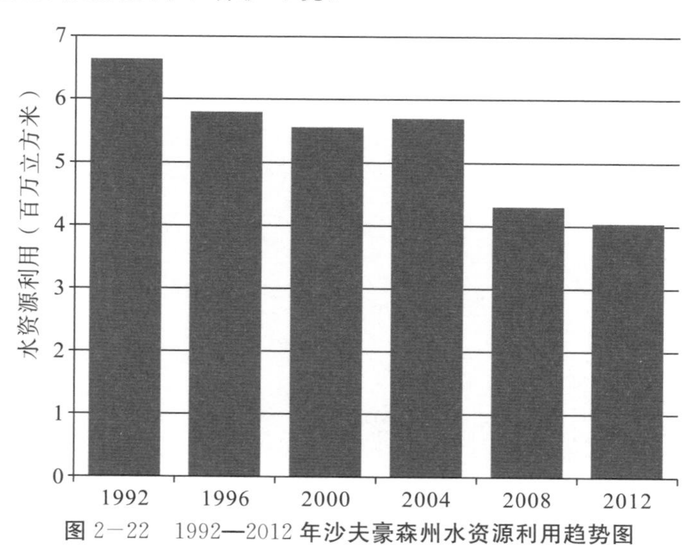

图 2—22　1992—2012 年沙夫豪森州水资源利用趋势图

⑤公共建筑。

沙夫豪森市拥有大量需要保护的历史建筑，部分建筑历史高达 800 年，城市建筑的节能改造是沙夫豪森市节能举措中的重点实施项目。

从 1992 年到 2012 年，沙夫豪森市的公共建筑节约能耗 60%，取得这个成绩的关键因素是对老旧建筑的节能改造和绿色建筑标准的实施。目前，每个新建建筑物都达到了绿色建筑的要求。2014 年，沙夫豪森市的建筑已经达到最低能耗目标，但是政府为公共建筑设定了更高的节能目标，并在该领域持续不断地努力：要达到沙夫豪森政府未来十年的目标值，仍然需要大幅改进。

目前全世界有许多绿色建筑标准，大部分仅适用于本国范围，如中国实行的绿色建筑三星标准。瑞士绿色建筑标准“微能耗”（Minergie）[①] 是当今世界上要求最高的标准，被国内建筑行业普遍认知的美国 LEED 能效标准——LEED 白金认证，都无法满足瑞士对建筑节能的要求。如果以 LEED 白金认证强制作为建筑的建设标准，美国目前的建筑物需要降低能源消耗 60%，按照瑞士的强制性节能标准要求建筑物减低能源消耗 70%，而以瑞士“微能耗”（Minergie）节能建筑标准进行规范则对节能的要求是减少 85%甚至部分建筑的能源消耗需要减少达 100%[②]。在严厉的法律环境、持久有效的执行力和绿色发展教育的联合作用下，沙夫豪森市所有的新建筑全部符合绿色建筑的建筑要求。

⑥经济成果。

沙夫豪森市在 1990 年时曾经遭受严重的经济衰退，但是在可持续城市项目的建设过程中，当地经济得到了快速的增长。目前，沙夫豪森市的居民们享受着舒适高质的生活质量。城市里不仅拥有清澈的河水、健康的森林、纯净的空气，还有国际性的本地企业和跨国公司，无论就业还是生活，沙夫豪森市都为居民提供了最佳的质量，并且不断吸引着新的企业与市民进入城市，1997—2015 年市民数量增长 10%，有 484 家企业在此落户。从 2000 年到 2015 年，私人投资（包括房地产、厂房建设等）达 100 亿人民币。此外，沙夫豪森市作为营商驻地的国际竞争力也得到了极大的增强。从 1997 年起，新入驻外国公司创造的税收占全部税收收入的 30%，约计 70 亿人民币。

2.2.3　将旅游业与环境治理结合——圣莫里茨

圣莫里茨位于瑞士东南部的格劳宾登州，库尔（Chur）东南、因河（Inn）河谷上游、阿尔卑斯山系以南，南边与意大利接壤。圣莫里茨交通便利，有著名的雷蒂亚铁路（Rhätische Bahn）通过，同时也是重要的国际航空枢纽。旅游业是这座城市的支柱产业，冬季旅游尤其受到世界各地政商界名流和皇室成员的喜爱。

圣莫里茨景色优美（如图 2-23），是世界上最令人神往的度假胜地。作为瑞士阿尔卑斯山的度假胜地之一，这座小城自古以来就享有得天独厚的气候条件，以拥有瑞士

---

① 将在第 4 章对此进行详细介绍。

② 正能量建筑物可以实现建筑物自身能源消耗的自给自足，即自己生产自己所需的能源，甚至还可以生产超过自己建筑物所需的能源。

海拔最高的医疗泉水而闻名遐迩。圣莫里茨一年中拥有 320 天的充足日照，每逢气候适宜的季节，干燥的空气和闪耀的阳光交相呼应，空气会似香槟气泡般闪闪发亮，当地人称这种气候为“香槟气候”[①]。平均 1800 米以上的海拔、干燥的大陆性气候造就了圣莫里茨丰富多样的四季景观，这里冬季湖水会结冰，夏季七八月可能下雪。

图 2−23　圣莫里茨景色

悠久的历史和文化沉淀让这座城市散发着奢华而低调的魅力。尼采（Nietzsche）、塞冈蒂尼（Segantini）等大师们都曾与这座城市有过不解之缘，让这座城市的文化艺术烙印分外鲜明。圣莫里茨人的首创精神也让这里不断上演着传奇。150 年前，冬季旅游诞生于此。瑞士第一盏电灯、第一部轻轨电车、第一个高山高尔夫球赛、第一家阿尔卑斯正能量酒店等都源于圣莫里茨。由于成功地开发了“清洁能源游”，圣莫里茨获得了“能源城市”的殊荣。太阳能缆车、沼气发电站、恐龙足迹博物馆、药用植物园和替代性供热系统的宾馆等让游客大开眼界（李忠东，2011）。游客可以乘坐部分使用太阳能的缆车，途经风车景观，前去参观多家使用替代性供热系统的宾馆，很多宾馆充分利用当地日照时间长的优势，使用太阳能作为酒店的供热和电力系统能源（一叶，2014）。

低碳旅游发展较好的城市在瑞士当然还有很多，比如位于瑞士南部的城市阿罗萨（Arosa）及瑞士的著名旅游城市卢塞恩（Luzern）。阿罗萨为游客建立起了“碳消费清单”，记录包括游客到达阿罗萨所使用的交通工具和停留的地点等在内的信息；还为游客安排不开汽车的低碳假期，参加者将获得一份证书，证明其假期没有加剧气候变化。另外，阿罗萨还拿出当地旅游税征收的部分资金，用来向一家德国沼气厂购买部分碳信用额，这种“碳中和”丝毫不会增加游客的负担。而卢塞恩不但是瑞士著名的旅游城市，而且还是世界享有盛誉的绿色旅游目的地。生活在阿尔卑斯山脚下的这个“生态保护区”的居民富有远见卓识，制定了一系列可再生能源的规划和项目，以维护持久的共同利益。他们利用独特的自然环境，开发了“活动能量”徒步步道（一条有关能量的信息步道）、山地自行车道、远足步道、文化步道、河中淘金、高尔夫球、新颖的“克奈

① 资料来源：https://baike.baidu.com/item/%E5%9C%A3%E8%8E%AB%E9%87%8C%E8%8C%A8/995174?fr=aladdin。

普”（Kneipp）水疗设施、导游陪同游览、木工中心等众多颇具吸引力的项目。自然美景、多姿多彩的文化和丰富多彩的活动组成了有益健康的生态环境，使得这片面积达 400 平方公里的风景区成为瑞士乃至于全球最令人神往、最迷人的地区之一。它是绝佳的旅游目的地，为游客提供了一流的生活和旅行品质，能让游客身心得到彻底的放松（李忠东，2011）。

相比于阿罗萨或卢塞恩，本节选择了规模相当小的圣莫里茨——这个位于瑞士阿尔卑斯山的恩加丁山谷的偏远城镇——作为低碳参考案例。之所以这样做，主要是为了与前面的日内瓦和沙夫豪森做出区分，呈现一个完全依赖于旅游业的经济区域的低碳成功案例。比如，沙夫豪森作为历史上以重工业为主的地区成功转型为低碳、宜居和经济发达的地区，在打造低碳城市方面有相当高的参考价值，而圣莫里茨是一个以旅游业为主要经济支柱的地区，二者形成了鲜明的对比。旅游业发展如何与低碳发展相匹配？在高原山谷地带发展旅游业并同时实现低碳发展，需要采取的与之相关的具体措施和行动是什么？此类问题将在本节中得到解答。

2.2.3.1　地理环境与气候简介

恩加丁山谷和圣莫里茨位于瑞士东南部的阿尔卑斯山系以南，南边与意大利接壤，属于瑞士的格劳宾登州。该地区面积约 1000 平方公里，其中的圣莫里茨小镇行政区域面积为 30 平方公里。

如前所述，圣莫里茨的平均海拔约为 1800 米，仅次于高山/极地的亚北极气候，冬季凉爽，雪量适中，夏季多雨。因此，干燥和寒冷的气候带来了对可持续能源的需求，以期为居民和游客提供舒适的室内环境（暖气和适宜的室内湿度）。

圣莫里茨的平均日照值为 1733 小时，远超过其他地区总体平均值，因此其利用光伏发电装置的资质比沙夫豪森和苏黎世好。但是，圣莫里茨的日照资源时间分布不均，日照最长月份（7 月：200 小时）和最短月份（12 月：103 小时）的日照时间相很多。

2.2.3.2　经济

整个恩加丁山谷的经济以旅游业为主，建筑、交通、住宿、餐饮、室内外运动、文化活动和产业是主要经济收入来源。尽管圣莫里茨的地理位置偏远，但凭借风景如画的自然美景及 19 世纪以来的不间断开拓进取，如今的圣莫里茨已经发展成为一个全球高端奢华度假品牌。事实上，圣莫里茨不仅是瑞士最富有的地区之一，也是世界上最富有的地区之一。

2.2.3.3　历史

圣莫里茨起源于距今已有 3500 年历史的自然温泉的发现。然而，该地区的真正发展始于 19 世纪欧洲工业化时期，主要源自英国的游客在夏季时来到这里游玩。有趣的是，开创性的创业行为及随之而来的冬季旅游起源于一个赌注：1864 年夏末，在旅游季（夏季）即将结束的时候，圣莫里茨一家旅馆的老板约翰尼斯·巴德鲁特（Johannes Badrutt）先生在对其即将返回英国的游客进行挽留时，声称阿尔卑斯山的冬季比英国更阳光、更宜人。他邀请游客在冬天到来时返回圣莫里茨，亲自体验他的描述。如果英国游客认为事实与宣称不符，他可以支付这些游客的全部旅行费用。在英国，尤其是伦敦，冬天极其潮湿和寒冷，英国人无法想象瑞士阿尔卑斯山的冬天会与英国的冬天有何不同。因此，他们回到恩加丁过圣诞节并且从圣诞节一直待到了第二年春天的复活节。当最终离开的时候，他们被晒得很黑但却开心，充满活力。作为山地冬季旅游的第一批游客，这些英国人在圣莫里茨开辟了冬季旅游度假——冬季冰雪运动和白色假期的先河。英国人在圣莫里茨留下了自己的烙印，他们将自己熟悉的运动项目带到了冰上和雪上，创造了许多户外冰雪运动项目，如冰壶和冰上板球、冰上赛马、冰上马球、冰橇等。

巴德鲁特先生不仅仅是冬季旅游产业的先驱，在能源领域也是实践者和先锋。早在1878年时，他在库尔姆酒店（Kulm Hotel）附近安装了瑞士第一个水力发电机，为住店客人提供电灯照明。于是，在遥远的阿尔卑斯山系中，在圣莫里茨高原山谷间，当地居民和外来游客先于苏黎世、日内瓦或伯尔尼的居民率先享用到了电灯。正是这种开创精神和面向世界的开放理念造就了“阿尔卑斯山地旅游胜地”圣莫里茨的传奇，开创了一个至今依然繁荣发展的经济体，成为其他旅游目的地的榜样。图2－24为位于圣莫里茨的巴德鲁特纪念碑，以纪念他的先锋精神和瑞士第一个水电站的建设。

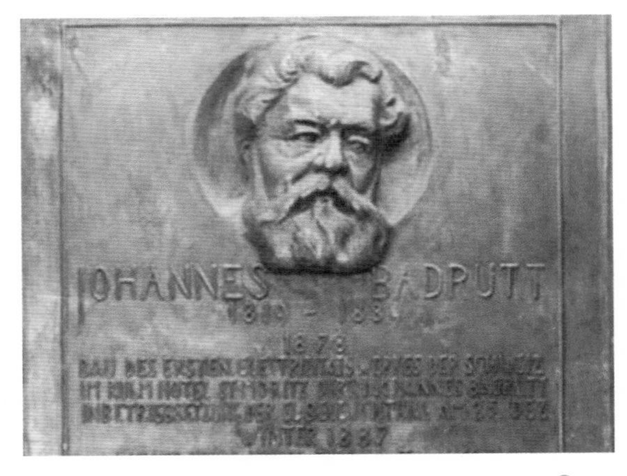

图2－24 位于圣莫里茨的巴德鲁特纪念碑[①]

随后，圣莫里茨成为众多冰雪赛事的举办地（图2－25），这些赛事至今一直吸引着游客和上流社会的人来到圣莫里茨。

① 图片来源：https://www.stmoritz-energie.ch/typo3temp/_processed_/csm_Tafel_Badrutt_cut_02_eaffeb1662.jpg，2019年10月28日。

图2－25　1928年冬季奥林匹克运动会在圣莫里茨举办时的招贴画[①]

2.2.3.4　低碳发展

旅游业的发展需要能源提供保障。人们需要用能源享用温暖的洗澡水、电灯、舒适的火车和汽车。如今，能源相对便宜，人们需要转换思维，通过实现必要的能源过渡方式来支持生态趋势调整。在恩加丁山谷，无污染的自然环境和极美的山地风光是天然旅游资源，利用能源发展旅游业的同时保护这些自然资源是保持可持续发展旅游产业的重要前提和任务。因此，圣莫里茨决定发展二氧化碳中性旅游[②]。

恩加丁山谷地带发展经济与保护自然环境之间的冲突远不是低碳发展中唯一的矛盾。发展旅游业带来的住房和基础设施的开发建设与保护自然栖息地之间的矛盾和与此相关的政治争论也一直持续进行，并且影响到瑞士全国。这些争论的积极结果是一些开创性成果被纳入区域及国家层面的农村或者城市规划立法中。此外，这些争论也促进了瑞士几个重要的自然保护机构的成立。

今天，圣莫里茨拥有一系列世界著名的奢华酒店，这些酒店为当地创造了4500个工作岗位。为了进一步保护自然资源和提高对游客的吸引力，该市参加了“欧洲能源城市”计划，并于2004年首次获得“欧洲能源城市”的称号，如图2－26为欧洲能源城市协会为表彰圣莫里茨为低碳发展做出的贡献而颁发的能源城市徽标。

---

① 图片来源：https://upload.wikimedia.org/wikipedia/en/c/c5/1928_Winter_Olympics_poster.jpg，2019年10月28日。

② 资料来源：http://www.gemeinde-stmoritz.ch/st-moritz/energiestadt/。

图 2-26 欧洲能源城市协会为表彰圣莫里茨为低碳发展做出的贡献而颁发的能源城市徽标①

为了获得“能源城市”称呼，圣莫里茨所采取的能源措施包括：

（1）关注与能源相关方面的规章制度，使用可再生能源，提高能源使用效率。根据总体资源效率对建设项目进行评价。这项措施促进了“当地采购”原则的使用，从而带动了各种业务发展。

（2）公共交通和低速交通不断得以实施和完善，节水措施及节能采购和配送也被重点关注。

（3）电力供应更加体现可持续理念，电力结构趋于低碳化。圣莫里茨能源电力结构见图2-27。自 2010 以来，当地能源企业中的光伏企业逐渐发展；酒店和餐馆的厨房垃圾被系统收集，以供附近的沼气厂生产当地需要的热能和电能。

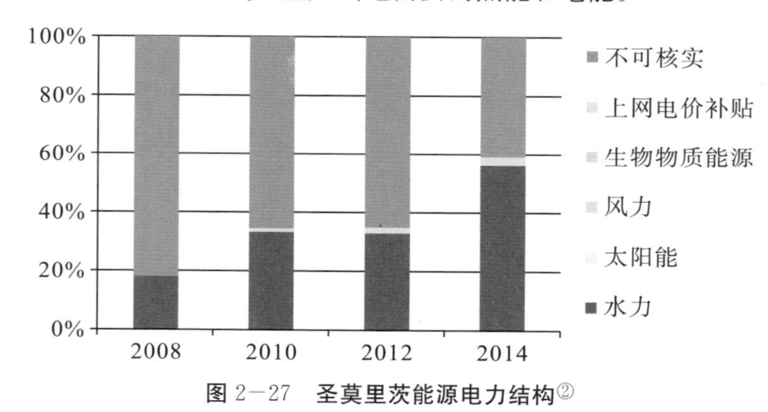

图 2-27 圣莫里茨能源电力结构②

（4）通过使用湖水和热泵供暖，建立区域集中供暖站。2005—2014 年圣莫里茨地区热力热泵装机容量见图 2-28。这一措施可持续地代替石油燃烧能量，从而每年节约 50 万升油。2015 年，圣莫里茨因此获得“瑞士太阳能奖”。

① 图片来源：https://www.gemeinde-stmoritz.ch/fileadmin/user_upload/dokumente/pdf/Kanzlei/St_Moritz_Energiestadtportrait.pdf，2019 年 10 月 28 日。

② 图片来源：https://www.gemeinde-stmoritz.ch/fileadmin/user_upload/dokumente/pdf/Kanzlei/St_Moritz_Energiestadtportrait.pdf，2019 年 10 月 28 日。

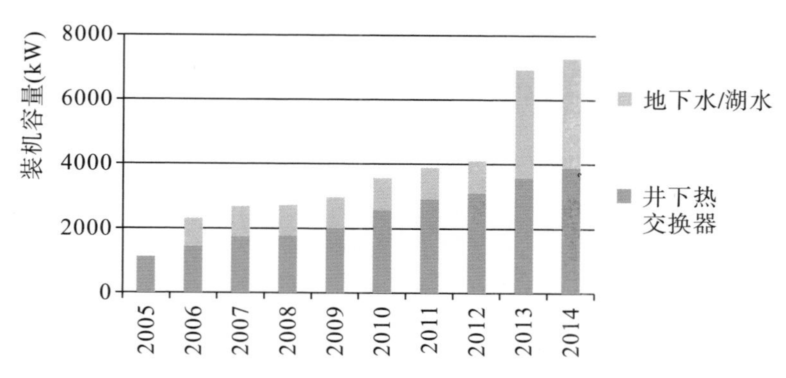

图 2—28　2005—2014 年圣莫里茨地区热力热泵装机容量[①]

这些主要措施和一系列其他的措施、政策和激励方案支持着圣莫里茨逐步实现发展二氧化碳中性旅游业的目标。

2.2.3.5　圣莫里茨低碳项目举例

本节列举了圣莫里茨几项具有代表性的低碳项目，包括奥瓦维拉（Ovaverva）室内游泳健身馆、魔塔拉山（Muottas Muragl）酒店和清洁能源步道。其中，奥瓦维拉室内游泳健身馆案例整理自莫格义·戴得礼（Morger Dettli）建筑事务所的阿格·贝尔思&德配兹建筑（ARGE BEARTH & DEPLAZES）于2014年所整理的圣莫里茨能源和房屋技术的文章中关于奥瓦维拉室内游泳健身馆的信息[②]。

1. 能源和公共事业管理：室内游泳馆、水疗所、运动中心

奥瓦维拉是一个室内游泳健身馆，同时也是水疗所与运动中心，是恩加丁山谷的一个低碳项目。奥瓦维拉室内游泳健身馆采用了最新技术，以优化游泳池、水疗中心（图2—29）和运动中心的能源消耗。

图 2—29　奥瓦维拉水疗中心[③]

① 资料来源：https://www.gemeinde-stmoritz.ch/fileadmin/user_upload/dokumente/pdf/Kanzlei/St_Moritz_Energiestadtportrait.pdf，2019年10月28日。

② 资料来源：http://www.ovaverva.ch/fileadmin/user_upload/Bilder/Energie_Haustechnik_OVAVERVA.pdf。

③ 图片来源：https://www.ovaverva.ch/typo3temp/pics/1af4cf7f8c.jpg，2019年10月28日。

（1）规划的基础。

由于圣莫里茨市荣获了“欧洲能源城市”的荣誉，发展智能和可持续能源、使用可再生资源成为公共事业管理的重点，如何减少二氧化碳排放和促进可再生能源使用也成了重中之重。圣莫里茨市政府坚守“欧洲能源城市”理念，使用由圣莫里茨电厂提供的水力能源，排放量远低于格劳宾登州能源法案中的所有规定限量。整个公共事业管理体系均遵照瑞士“微能耗”（Minergie）标准进行规划和实施。奥瓦维拉的基本热源来自建筑物热泵和内部余热回收系统，用热高峰期时，如圣诞节期间，可以使用湖水供热系统直接供热。

（2）热能生产。

奥瓦维拉的热能生产包括以下几个环节：热源（包括地下水、湖水和废热回收）和供热方案。

地下水：两个电动地下水热泵可以满足建筑物总热量需求的59%。尽管地下水的热源温度低，但这些热泵工作中被使用过的电能却能产生3.5倍的供热效果。地下水被两个新建的泵轴（每个泵容量最大为900升/分钟）抽取出来，通过隔热良好的两条地下管道被输送到游泳馆建筑物中，地下水的热量在那里被提取和使用。多余的地下水被冷却到1℃后从两个回井排出。

湖水：总热能需求的27%由湖水供热系统来提供。湖水中的热能提取自湖面以下15米的地方，并被输送到新建的区域供热系统中。将区域供热网络与需要大量热量的室内游泳馆相连接是建立新的区域供热网络的初始想法。

废热回收：总热量需求中还有14%由一个高效的内部废热回收系统来满足。游泳馆本身的废水热能被回收利用：游泳馆建筑物附近的竖井中集中储存来自建筑物中的废水，废水中的能量通过热交换器被再次传递到热泵中。

另外，建筑物内部所使用的内部制冷和工业冷却所产生的废热首先被用来加热地下水，然后才被提取和储存。所有通风系统都配备了与负载相关的转速控制、节能电机及余热回收。根据设计，通过板式换热器的废热即可实现75%的空气热量输出。此外，游泳池级别的通风系统中还装备有空气除湿机，并具备综合余热回收功能。

供热方案：建筑设计中的空间元素和楼层平面图也被考虑在供热方案中。游泳池楼层的供热是通过向环绕四周的玻璃幕墙中注入热空气进行的，同时，泳池楼层的地板也不需要额外供热，因为在泳池层的下方刚好是整个建筑物的技术服务层，层内各种各样的不间断运行的机器所产生的热量即可用作上面泳池层的地板供暖。泳池层的上面一层是温泉水疗所，该层面的大部分地区也无须特别的地暖设施，因为下层的游泳池区域的热空气已将上层的地板进行了加热。

（3）电能。

生产和使用：一个公共游泳馆需要大量的电力来进行维护，热泵本身的运营也需要大量的电力，但是由于节能电机和流量控制器的使用，加热和通风的用电量得到有效的控制。当前由于业主反对平台屋顶安装光伏发电设施的设想，因此光伏发电这一设施没有实现，但是在未来规划中已经对将来必要的结构改造措施进行了考虑和安排。

电气安装：由于普通电气设备具有连接到配电的控制功能，因此难以实现后续的电路修改。借助游泳馆建筑中使用的一种名为 KNX 的新技术，可以轻松、及时地为各种电力负荷提供服务。通过重新编程，每个端口都可以被重新定义。因此，诸如照明、加热、通风等设备可以整体互连。这在运营阶段后期产生了高度的灵活性和可持续性。

照明：为了尽量减少照明用电消耗，游泳馆在馆内尽可能多的房间里都安装了移动探测器。光照较多的地方由日光控制器调控照明时间，以减少室内能量消耗。在长期需要照明的地方则安装 LED 照明灯，以尽量减少运营成本并将其保持在最低水平上。建筑物外部设计上有意识地控制室外照明，只在营业时间内的晚上在顾客经过和停留地区（游泳馆入口处和客人可以自由活动的露台）安装照明设备。

负载管理：一天之中不同时间段的电量消耗差距很大，电费和月服务费是根据峰值计算的。降低峰值也可以减少用电成本。通过引入负载管理系统，实现低峰时段某些设备的自动短时关闭。这些措施使运营成本比预估成本减少了 20%。

技术设备：建筑物内的技术装备都是最先进的，比如公共区域的视频监控系统、安装在天花板上的多功能音响设备、可以进行访客数量统计的无现金入口系统、访客行李物品等的入口安全检测系统、水下视频监控设备和游泳池报警、检测设备等。

（4）游泳池技术配置。

水处理：水处理的目标是保证无可挑剔的洗浴水的质量。水处理循环的次数取决于水温和泳池开放时间。为了保持能源成本的最低水平，不同的水池根据水温和客流量的不同配置不同的过滤区域。为保障用水高峰时段水处理任务的完成，水处理使用以下程序：絮凝—臭氧—多层过滤—氯化。

在第一个工艺阶段，胶体溶解污染物不稳定，正磷酸盐通过与铝盐絮凝得到去除；在第二个工艺阶段，沐浴水用臭氧处理，水中的化学物质被氧化，微生物和病毒被杀死和消灭；第三个工艺阶段是多层过滤，其中碳过滤器将阻断臭氧污染物、氯反应的副产品及剩余的臭氧；第四个工艺阶段被过滤的水中富含氯气，并随之被排放入泳池内。水处理过程中的所有设备都按照能源标签认证的最优程序来安装、编程和操作。氯由盐电解直接就地生产，用于稳定 pH 值水平的酸被储存在化学双容器内，以保证在交换过程中的继续使用。

户外泳池：户外泳池所需要的特殊条件也通过节能计划和措施得到满足：整个泳池的水在夜间都被抽取并存放在一个室内泳池内，以减少水温的下降。

2. 魔塔拉山酒店

位于海拔 2456 米高的魔塔拉山酒店是瑞士阿尔卑斯山区内的第一个实现能源自给的酒店，如图 2－30 所示。该酒店花费 10 个月进行改造，改造项目总成本 2000 万瑞士法郎，在改造和装修过程中大胆采用了先进的能源措施，从而将一个普通山顶酒店改造成为一个具有极高吸引力的现代化高级酒店。过剩的太阳能被储存在一个地下储热场里，根据需要通过热泵来提取和使用。酒店的能源需求量 100%由太阳能源来满足，从而实现太阳能对化石能源的完全替代，每年能减少 144 吨二氧化碳排放。

酒店热能来源具体包括：

（1）来自缆车机房、酒店厨房与储藏室的冷却单元的余热（20～40℃）；

（2）通过在山顶建筑物外墙上安装 84 平方米平板太阳能集热器和 56 平方米太阳能

收集器所收集的太阳能；

（3）通过热泵收集的来自热环路场（包括16个热回路，每个200米长）的地热能（25～50℃）；

（4）来自上山索道沿线的455平方米光伏板的电力。

图2—30 魔塔拉山酒店（来源：圣莫里茨旅游局）

3. 清洁能源主题步道

阿尔卑斯上的气候变化具有多变性。全球气候变暖也为山地旅游业带来了新的困难和挑战：融化了的冰川不仅改变了景观，也为山地居民带来了山体滑坡和落石等高风险。冬季里减少的降雪已经对冬季冰雪运动带来影响，人造雪车被越来越多地使用。冬季滑雪胜地的重新定位等解决方案将成为冬季旅游地区的新课题。

在恩加丁山谷，一系列主题徒步旅行路线让游客和家庭在徒步旅行的同时收获科学知识来丰富他们的旅游体验。一个有代表性的例子是清洁能源主题步道：徒步旅行者在徒步穿越瑞士最美山谷的同时，还可从沿途放置的信息板上了解关于可再生能源领域的知识。例如，爬山旅行2.5小时身体需要0.34千瓦时或295大卡——大约4个苹果或1板巧克力的能量，如何将牛粪转化为可再生能源，电力如何走进千家万户，为什么说水力是太阳能的另一种形态，等等。①

① 资料来源：https://www.engadin.stmoritz.ch/sommer/de/gps/detail/oekostrompfad，June 1，2018。

【第3章】

瑞士的清洁能源

本章就与低碳发展关系最紧密的能源问题进行介绍。一个国家的能源政策和采取的行动与其国情密切相关，因此，本章首先简单介绍了瑞士的基本国情，包括资源禀赋与能源开发利用问题等；其次简单回顾了瑞士低碳发展的历程并选取了以交通、废弃物管理为代表性的低碳政策进行介绍，介绍了瑞士目前最重要的能源政策《能源战略2050》；最后给出了几个瑞士低碳能源案例，其中，重点介绍了洛桑联邦理工学院/洛桑大学所建立的基于日内瓦湖水进行的零碳排放供暖冷却系统。

3.1 瑞士能源概况

3.1.1 瑞士能源基本情况

3.1.1.1 瑞士能源资源禀赋及开发概况[①]

瑞士的化石能源缺乏，以天然气为例，全部天然气都是依靠进口，其中约四分之三来自欧盟国家和挪威[②]，其他生产生活所需能源也主要依赖进口。但是，瑞士的水力资源非常丰富。瑞士是欧洲大陆三大河流发源地[③]，有“欧洲水堡”之称。瑞士年平均降水量为601亿立方米，其中535亿立方米为径流（不包括从邻国流入的水量404亿立方米），境内河湖面积达1726平方千米，占瑞士总国土面积的4.2%。得益于自身优越的地形和充沛的雨量，瑞士水电开发条件得天独厚。全国共有大约638座水电站，理论年水电总蕴藏量为100～150太瓦时，技术可开发量为41太瓦时（贾金生、郝巨涛，2010）。可以说，瑞士的水力发电系统是其能源体系的支柱之一，建有大量的水力发电设施。瑞士最大的水坝是瓦莱州的大迪克桑斯（Grande－Dixence）坝，高达285米，是全世界第三高的重力坝。

为了弥补化石能源的不足，瑞士对核能资源也进行了充分的开发。瑞士是最早使用核电的国家之一，目前拥有5座核反应堆：位于阿尔高州的贝兹瑙核电站一号机组（Beznau Ⅰ），二号机组（Beznau Ⅱ），伯尔尼州米勒贝格（Mühleberg）核电站，索洛

① 本节大部分内容整理自 http://ch.mofcom.gov.cn/article/ztdy/201712/20171202688634.shtml。

② 资料来源：http://ch.mofcom.gov.cn/article/zwjingji/201412/20141200839128.shtml。

③ 欧洲三条主要的河流：莱茵河、罗纳河（法国主要河流）和因河（多瑙河的支流）。

图恩州的戈斯根（Gösgen）核电站，阿尔高州的莱布施塔特（Leibstadt）核电站。其中，贝兹瑙一号核电站于1969年开始投入使用，是世界上迄今为止服役时间最长的核电站。这五座核电站总装机3200兆瓦，年发电率约为90%，担负着大约17%的全国电力生产（贾金生、郝巨涛，2010）。

可再生能源包括太阳能、木能（wood）、生物质能（biomass）、风能、地热能（geothermal）和环境热能（ambient heat），这些能源近年来在瑞士也得以发展迅速，在瑞士的能源结构中的作用正逐步提高，占总能耗的比重也一路提升。

3.1.1.2 瑞士国内能源需求

总体来说，近年来，瑞士的总体能源需求呈现逐年下降的趋势。

从发电量来看，2017年，瑞士全年发电量63.2太瓦时（即632亿千瓦时），全年净电力消耗为585太瓦时，相比2016年，发电量降幅为6.23%，是2007—2017年发电量降幅最大的一年。虽然2017年的瑞士具有特殊情况，采暖日数较往年下降1.5%，而有利的天气条件对减少电力消耗起到了一定作用。但是，从2007—2017年的发电量趋势看，瑞士发电量一直在−6.23%~8.16%的增长率区间内波动，2014年后，发电量逐年减少，且变化率也表现出浮动下滑的趋势（见图3−1）。因此，从发电量可以间接判断，近年来，瑞士总电能需求呈下降趋势。

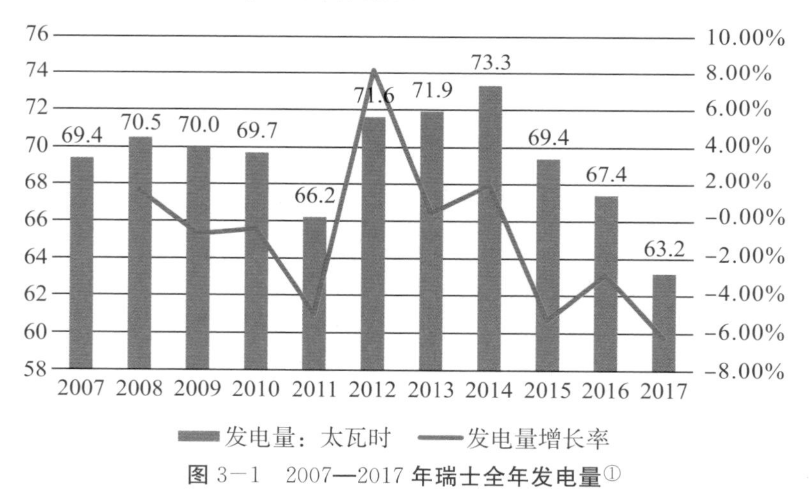

图3−1　2007—2017年瑞士全年发电量[①]

与瑞士国内电能消费类似，近年来，瑞士一次能源消费量也呈现出逐年下降的趋势（图3−2）。自2014年起，瑞士一次能源消费量逐年递减：2017年，瑞士一次能源消费总量2640万吨油当量，比2016年减少了90万吨油当量，下降率为3.3%，比2007年减少了250万吨油当量，下降率为8.7%，与世界平均的一次能源（年均增长率2.2%）变化完全相反。

① 数据来源：《世界能源统计年鉴（第67版）》。

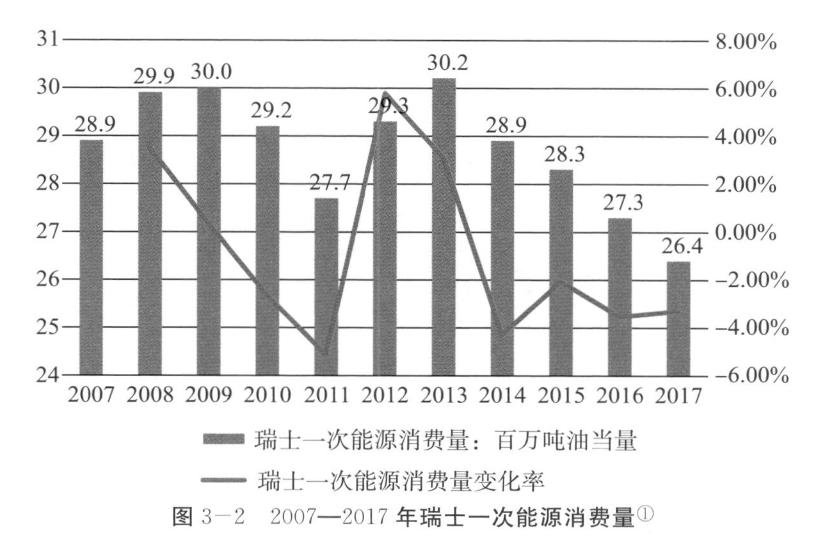

图 3－2　2007—2017 年瑞士一次能源消费量①

从瑞士发电量和一次能源消费量数据可以判断，近年来，瑞士国内的能源需求逐年降低。能源是经济社会发展的保障，但是从近年来瑞士的经济社会发展情况中并没有看到明显的经济下滑迹象。总体看来，瑞士经济增长情况一直较为平稳，2012 年来，GDP 增速在±5%的小区间内变化。其中，2017 年，瑞士 GDP 总量为 6788.9 亿美元，相比 2016 年（6687.5 亿美元）增长 1.52%（见图 3－3）。不难看出，作为一个富裕的发达国家，瑞士已经开始平稳地进行经济增长，并通过一定的措施在以逐步提高能效等方式降低整体经济对能源的依赖性。

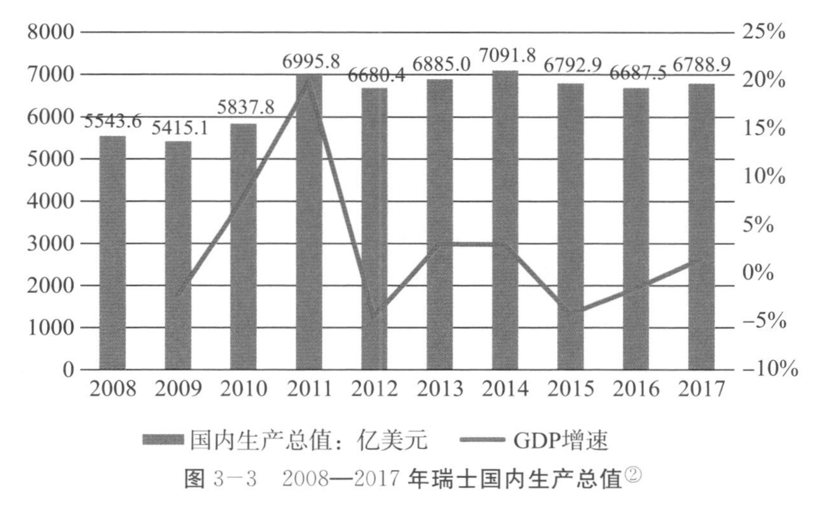

图 3－3　2008—2017 年瑞士国内生产总值②

人均能源消耗量的年度变化也佐证了关于瑞士能效提高的推测。十年以来，瑞士人口呈现出平稳而明显的逐年增长趋势，增长率均高于 1%。2017 年瑞士人口总量为 84.2 万人，相比 2016 年（83.3 万人）增长 1.08%（图 3－4）。人口增长的同时，瑞士

① 数据来源：《世界能源统计年鉴（第 67 版）》。

② 数据来源：https://zh.tradingeconomics.com/。

实现了能源消费量的总体下降，也从侧面说明了瑞士的能耗效率一直在提高。

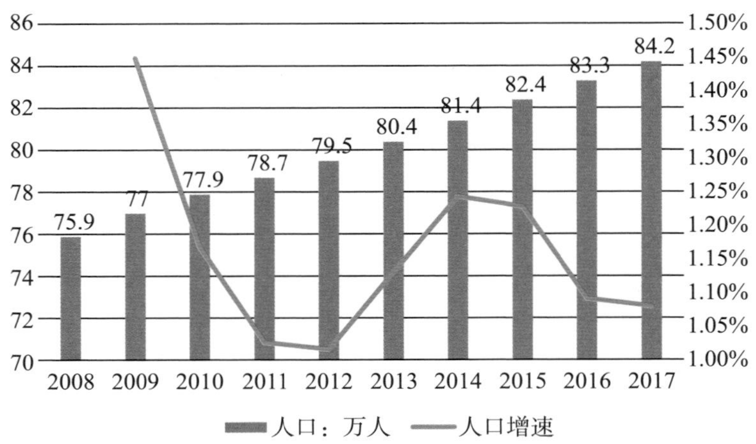

图 3-4　2008—2017 年瑞士人口总量趋势图[①]

3.1.2　瑞士能源使用的具体情况

3.1.2.1　瑞士电能结构组成

瑞士的电能结构包括水电、核电、化石能源发电及其他可再生能源发电。如前文所述，由于瑞士特殊的国情，相对清洁的水电是瑞士重要的能源支撑，而石油、天然气、煤炭的发电量占比则较小。由于数据可得性的限制，我们仅仅整理了瑞士 1990—2015 年各能源发电量比例（图 3-5）。一直以来，瑞士水力发电量占比在电能结构中最高，超过总发电量的 50%，核能发电量紧随其后。另外，可以明显看出的是，瑞士不包括水电在内的可再生能源发电量占比逐年递增。2017 年，瑞士水力发电占电力总产量近五分之三（为 59.6%），核电站发电量占电力总产量的 31.7%，可再生能源的发电份额达到 8.7%[②]。

① 数据来源：https://zh.tradingeconomics.com/switzerland/population。

② 数据来源：根据联邦能源办公室（SFOE）公布数据整理。

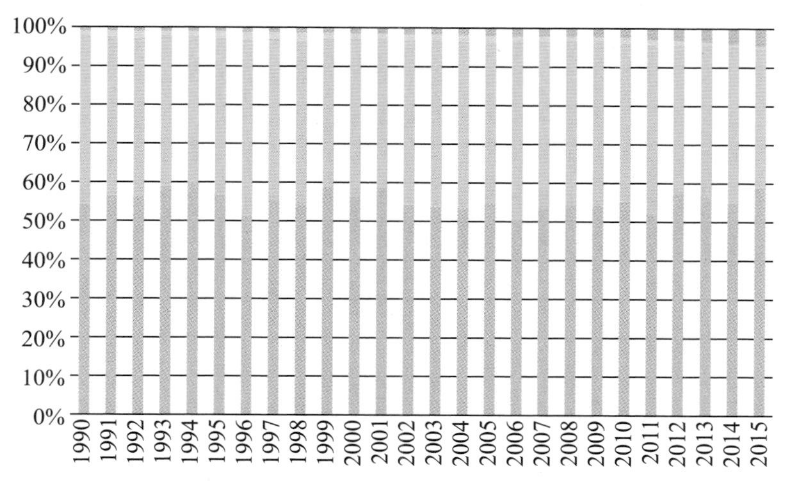

图 3－5　1990—2015 年瑞士各能源发电量比例图①

3.1.2.2　瑞士能源消费情况

由于经济和人口体量问题，瑞士的能源消费量和其他国家相比并不是很高。选取 2017 年中美两国及瑞士的四个邻国（德国、法国、意大利和奥地利）与瑞士的能源消费情况②相对比（见图 3－6），可以看出瑞士的一次能源消费总量显著低于所选取的国家，全国的消费量只占全球总消费量的 0.2%，相比之下，中国、美国则分别占全球消费量的 23.20%和 16.50%。

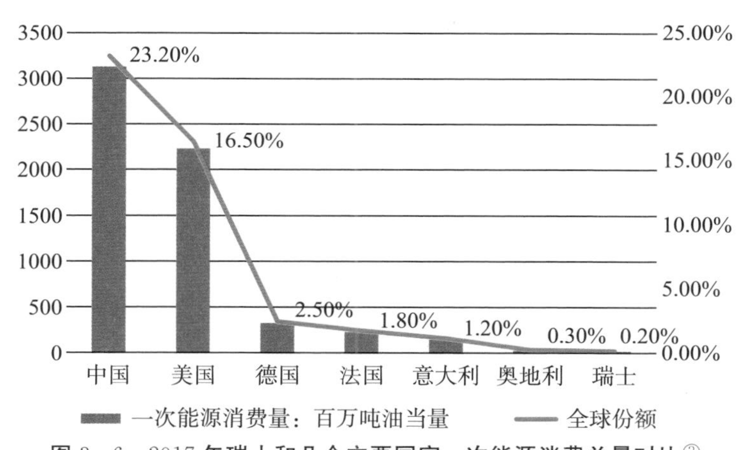

图 3－6　2017 年瑞士和几个主要国家一次能源消费总量对比③

① 数据来源：整理自世界银行公开数据库 https://data.worldbank.org.cn/country/瑞士?name_desc=false。
② 一次能源包括石油、天然气、煤炭、核能、水电、可再生能源等燃料。
③ 数据来源：《世界能源统计年鉴（第 67 版）》。

目前，瑞士的总体能源消费结构由石油、水电、核能、天然气、其他类型可再生能源和煤炭构成，其中，其他类型可再生能源主要包括风能、热能、太阳能、生物质能和垃圾发电。瑞士能源消费结构总体来说一直比较稳定。如图 3－7 所示，一直以来，瑞士使用的最重要的能源类型是石油（2017 年占能源使用量的 41.44％），另外核能、水电和天然气也是主要能源（2017 年分别占比 17.49％、27.38％和 10.27％）。在能源总耗费中，不可再生的化石能源（包括石油、天然气、煤炭）占比最大（52.09％），且大部分依靠进口。

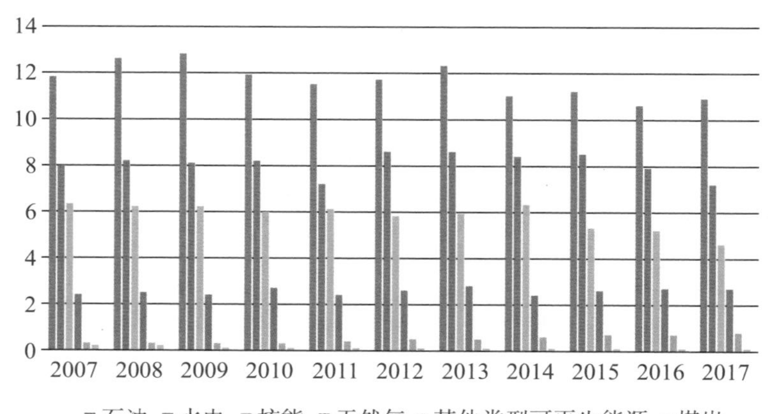

图 3－7　2007—2017 年瑞士能源消费结构（单位：百万吨油当量）[①]

进一步对 2017 年瑞士、世界平均和中国的能源消费结构进行对比发现（见图 3－8），在各自的能源消费结构中，瑞士石油消费比重（42％）超过世界平均水平的 34％和中国石油消费比例的 19％；瑞士核能消费比重（占比 18％）也远远高于世界平均水平（占比 4％）及中国的核能消费比重（占比 2％）。相比而言，占瑞士一次能源消费比重第二高的是水电消费（占比 27％），而在全世界平均水平和中国的一次能源消费中水电仅居第四位（占比 7％）和第三位（占比 8％）；从其他类型可再生能源消费占各自一次能源消费总量的比重看，瑞士和全世界平均水平及中国的情况并没有很大的区别。

① 数据来源：《世界能源统计年鉴（第 67 版）》。其中，天然气不包括转化成液体燃料的天然气，煤炭仅指商用固态燃料，核能、水电、其他类型可再生能源均不包含跨国电力供应。

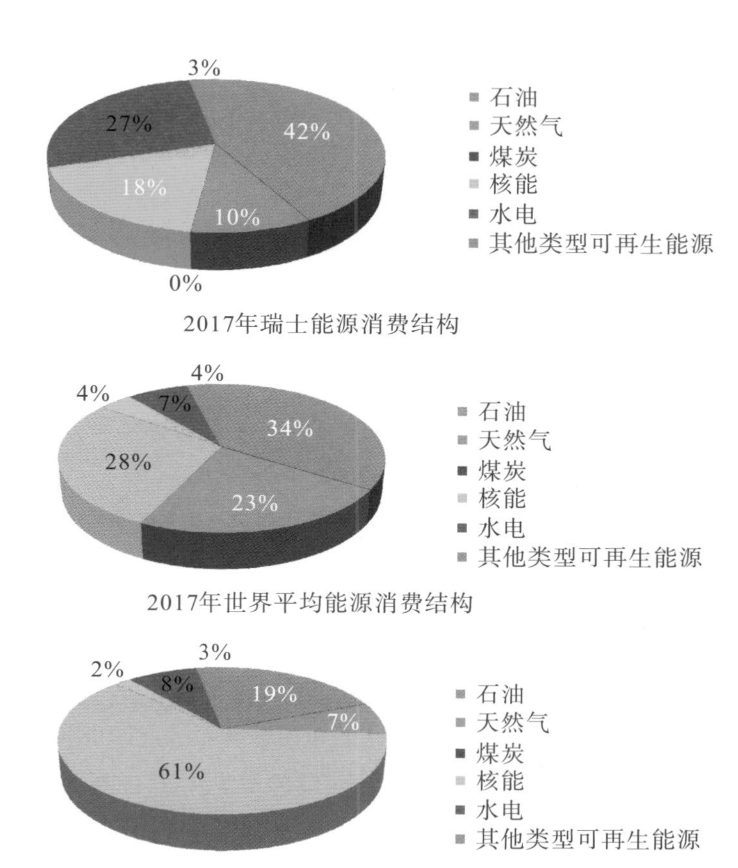

图3—8　瑞士、世界、中国能源消费结构对比[①]

3.1.2.3　瑞士能源效率情况

基于可得数据，本章整理了瑞士2005—2014年的人均耗电量及增长率（见图3—9）。由图可知，在2010年之前，瑞士人均耗电量每年上下波动，且均处于略高于8000千瓦时的范围内，变化趋势并不明显；在2010年之后，瑞士人均耗电量则连年下降，降低幅度也越来越大。2014年，瑞士人均耗电量7520千瓦时，达到十年间的最低数值[②]。结合能源需求量的情况，可以推测2014年至今及未来瑞士人均用电量将继续呈现下行的趋势。

① 资料来源：由本书作者制作，从《世界能源统计年鉴（第67版）》资料整理所得。
② 从增长率来看也是历史最低：－3.67％。

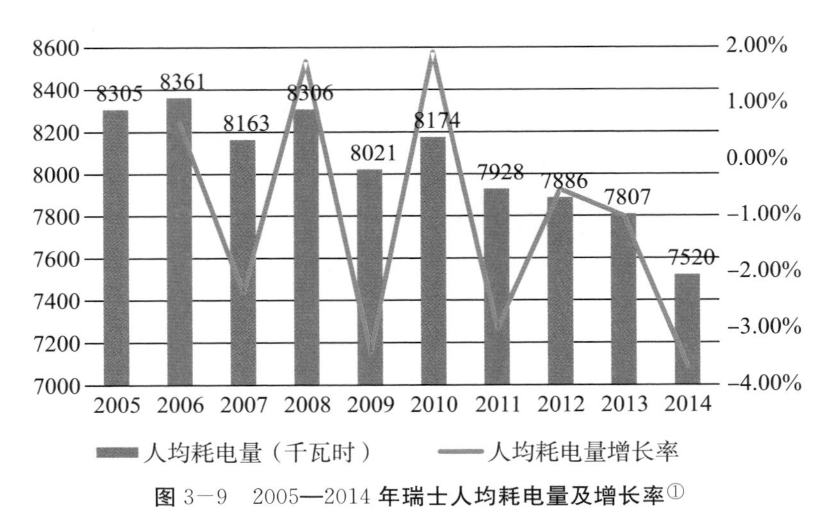

图 3—9　2005—2014 年瑞士人均耗电量及增长率①

图 3—10 提供了中国和瑞士两国 2004—2014 年每 1000 美元 GDP 能耗量的数据对比。这个指标是一次能源使用总量和国内生产总值（GDP）的比率，通常被用于反映一国或地区的能耗情况。每单位 GDP 背后的能耗越低，经济发展对能源的利用程度越高，能源使用效率越高。单独考察瑞士的情况发现，11 年来，瑞士大多数年份的单位 GDP 能耗表现为负的增长率。自 2013 年以来，单位能耗增长率更是由正转负，并一直维持负向增长。尽管中国的单位能耗也呈现出持续下降的趋势，但 11 年内瑞士的单位 GDP 能耗量均不足中国的三分之一。在能耗方面，瑞士远远超过了中国的发展水平。

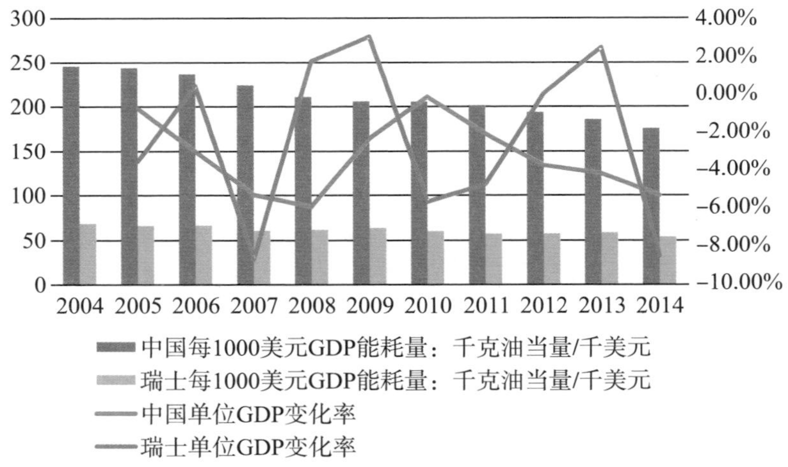

图 3—10　2004—2014 年中国、瑞士每 1000 美元 GDP 能耗量（GDP 按 2011 年购买力平价计）②

① 资料来源：由本书作者制作，从以下来源整理：瑞士联邦能源局。https://www.bfe.admin.ch/bfe/de/home/versorgung/statistik-und-geodaten/energiestatistiken/energieverbrauch-nach-bestimmungsfaktoren.html，2019 年 10 月 30 日。

② 数据来源：整理自世界银行公开数据库 https://data.worldbank.org/indicator/EG.USE.COMM.GD.PP.KD?end=2015&locations=CH&name_desc=true&start=2004。

不仅如此，瑞士由于能源使用产生的二氧化碳量也在同步下降（图 3－11）。从瑞士二氧化碳强度[①]逐年下降的趋势可以看出，瑞士能源使用正走向越来越低碳的发展方向。

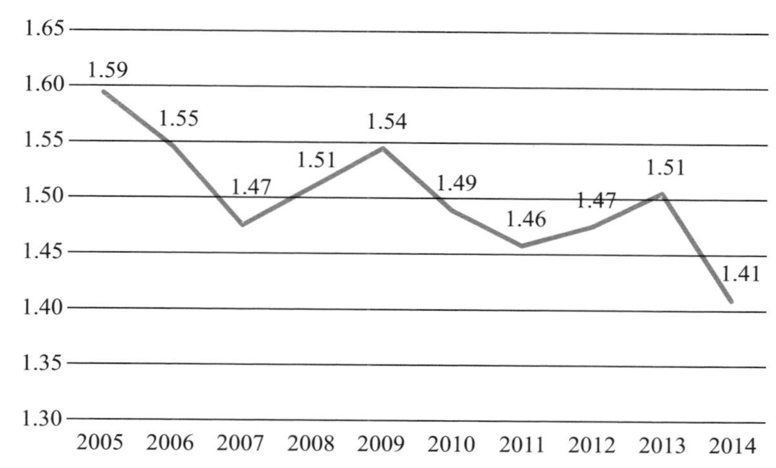

图 3－11 2005—2014 年瑞士二氧化碳排放强度（千克/石油当量能源使用千克数）[②]

3.2 瑞士低碳发展历程

本节内容由瑞士施旺科地球之友公司（Schwank Earthpartner Ltd）的专家奥特玛·施万克（Othmar Schwank）博士提供，课题组成员翻译整理。奥特玛·施万克博士获得了瑞士苏黎世联邦理工学院植物学硕士学位，并于 1979 年取得了苏黎世联邦理工学院国际发展研究生证书，于 1983 年取得了苏黎世联邦理工学院农业科学博士学位。他是区域和国际发展（能源、垃圾、循环经济、城市化、土地使用规划）专家。作为 2011—2012 年联合国气候变化框架公约非附件一缔约方国家交流专家咨询组成员，他因在 2007 年因对政府间气候变化委员会技术转让特别报告做出重要贡献而获得诺贝尔奖证书。他是中瑞低碳城市项目（Sino－Suiss Low Carbon City Project）成都温江区低碳总体规划导则报告的主要作者。

3.2.1 瑞士走向清洁能源道路的里程碑

本节简要介绍瑞士选择清洁能源转型的时间和原因。瑞士能源使用效率的提高，得益于瑞士在清洁能源道路上的发展。这一过程始于 19 世纪下半叶，当时水力发电推动实现了纺织行业和机械行业的繁荣。由于瑞士本土没有煤炭资源，具有良好地形条件、有利于水力发电的峡谷率先实现了工业化。

① 二氧化碳排放量与能源使用量的比值，指的是在能源燃烧或使用过程中单位能源所产生的碳排放数量。

② 资料来源：由本书作者制作，从以下来源整理：瑞士联邦能源局。https://www.bfe.admin.ch/bfe/de/home/versorgung/statistik－und－geodaten/energiestatistiken.html，2019 年 10 月 30 日。

这一进程的第二个里程碑是1876年出台的《森林法》。这项法律严禁砍伐森林，使得瑞士森林覆盖面积从1902年到1990年增加了大约30%（约25万公顷）。这部法律可以被认为是瑞士第一部以“可持续性”为主要监管理念的法律。

瑞士能源系统的转型过程在许多不同的阶段兴起，主要是由“环境”或“清洁能源”之外的其他目标推动的。关于保护资源和生态系统的意识/态度的概念仅仅是在20世纪70年代中期以后才出现的。只有在1995年《京都议定书》生效后，低碳发展的目标才成为瑞士的一项政治目标。

寻找瑞士经济和相关能源系统发展的宏观里程碑可以分为三个阶段。

3.2.1.1 电力和水力发电的兴起（1890—1945年）

事实上，从1850年开始到第一次世界大战结束期间，今天的工业化国家早就经历了前所未有的经济转型。自中世纪以来，小溪和河流为谷物加工厂提供了能源。由于拿破仑的贸易战争，纺纱厂建立在小溪和河流的旁边。在纺织制造业的推动下，瑞士迅速实现了高度的工业化。在19世纪中期，瑞士被认为是欧洲大陆上最工业化的国家。纺织工业的另一次深刻变革发生在20世纪初，它是由快速发展的化学科学的交叉影响引起的。1878年，当托马斯·爱迪生以他的白炽灯技术在巴黎世界博览会上令参观者惊叹不已时，电力革新商业和家庭照明方式的潜力就显而易见了。随后如发电站、路灯、电车等的电力工业小电器[①]的普及进一步推动了电力革新。“直流有轨电车轻轨技术”也被应用于旅游发展所需要的山区铁路建设。

得益于优越的地形和丰富的年降水量，瑞士有良好的水力发电条件。一直到19世纪末，水力发电经历了最初的扩张时期。第一次世界大战和第二次世界大战的煤炭短缺使得瑞士将水力发电作为“白煤”（通常被用于称呼水力发电）进行发展。这使得相关行业及企业，如布朗·薄宜（Brown Boweri）公司（今天的ABB公司）、艾雪·韦石（Escher Wyss）公司（今天的MAN turbo系统公司）、哥伦布发动机（Motor Columbus）和爱力之瓦（Elektrowatt），成为在欧洲率先行动的领军者。瑞士也是欧洲第一个在很大程度上实现铁路电气化的国家。通过建立电气化铁路线路［如贝尔尼纳（Bernina）线、雷蒂亚（Rhaetian）线和少女峰（Jungfraubahn）线］，旅游业成了技术创新的驱动力。

图3-12为连接瑞士圣莫里茨和意大利蒂拉诺（Tirano）的贝尔尼纳高山通道（Bernina Pass）铁路线，是联合国教科文组织文化遗产阿尔布拉铁路（Albulabahn）的一部分，自1908年开始运作。图3-13为从少女峰温根铁路（Jungfraubahn Wengen）（海拔2061米）到少女峰站（Jungfraujoch）（海拔3454米，欧洲海拔最高的火车站）峰顶的铁路线，自1912年开始运营。这两条电铁路在过去和现在都是由专用的水电站提供动力的。

① 由直流电动机牵引的小电器。

图 3—12　贝尔尼纳高山通道铁路线，连接圣莫里茨与意大利的蒂拉诺①

图 3—13　少女峰铁路②

3.2.1.2　由经济增长的驱动力——能源，引发了 1945—1990 年的“清洁能源”辩论

在第二次世界大战之后，开发“白煤”的项目进展迅速。1945—1970 年，瑞士经历了真正的水力发电热潮，为经济增长提供电力。当时在阿尔卑斯山脉建造了一系列大型水库大坝（如 1951—1965 年建立的大迪森斯，1200 兆瓦）。许多新的水力发电厂也在低地建成，以取代早期的小型发电厂。尽管大多数项目都能得到当地居民的支持，但

① 图片来源：https://www.rhb.ch/fileadmin/_processed_/1/e/csm_bucunada_bernina_20090811201050_k_0a38122d2f.jpg，2019 年 10 月 28 日。

② 图片来源：https://stories.jungfrauregion.swiss/thumbs/adolf-guyer-zeller/spatenstich/eigergletscher_737-737x525.jpg，2019 年 10 月 28 日。

在20世纪50年代，关于莱茵瑙（Rheinau）水电站牺牲河流景观的争论就出现了，认为水电站影响了沙夫豪森附近莱茵河瀑布的自然遗产保护区。旨在阻止这个项目的国家层面的全民公投虽然失败了，但是关于“清洁能源”的适当标准是什么的辩论由此开始展开。直到20世纪70年代，当核能在电力发展中占据主导地位时，这种争论依然存在。

1969年，瑞士第一座商用核电站（350兆瓦）在贝兹瑙（Beznau）投入运营。围绕巴塞尔（Basel）附近的一个名为凯泽劳斯特（Kaiseraugst）的发电站（950兆瓦）而展开的关于核安全问题的讨论得到升级。这场争论由1973年的国际石油危机引发，当时替代石油是公共能源政策目标的一个关键目标，因此，在1974年，公立和私立公司大力参与创办了凯泽劳斯特核电（Kernkraftwerk Kaiseraugst）有限责任公司以建造核电站。然而，由于当地反核运动的反对，这座核电站并没有建成。1989年，在这个项目开始的25年之后，也就是切尔诺贝利核电站发生严重事故3年之后，这个项目最终被放弃了。截至1986年，瑞士共有5座核电站投入运营，总发电量为3000兆瓦，可满足瑞士国内电力需求的40%。然而，关于凯泽劳斯特发电站的辩论促成了几个关于瑞士能源政策和核能未来的很受欢迎的倡议和公民投票。

3.2.1.3 1990年至今的全球化与新能源

1990年，一项关于10年内禁止核电站投入运营的瑞士全民公投在政治上赢得了多数支持，能源政策于是被锚定于1990年瑞士联邦宪法。当时一项能源需求清单被加入联邦宪法作为补充，规定联邦政府和各州必须使用全力确保一个适当的、可广泛推行的、安全的、经济上可行的和生态安全的能源供给，并保证能源的经济性和有效利用。自20世纪90年代以来，这张全面的需求清单对联邦和各州的能源政策提出了很高的要求，同时也表明了在经济增长与生态目标的两难困境中找到合适的解决方案的难度有多大。

20世纪80年代初，第一个建筑能源标准SIA180.1在瑞士的许多州开始生效。自1990年以来，所有的州都制定和更新了自己的能源法案和法规。随着《联邦能源法》和《联邦能源条例》于1999年1月1日的颁布，联邦委员会兑现了它的强制性要求的内容，并随之得到了1990年通过能源法案的选民的认可。

随后的全球化促成了瑞士经济的结构性转型，而这种转型通常被视为危机。工业化的大规模生产转移到了新兴市场或东欧国家。得益于德国1998年起实行的关税政策，瑞士在太阳能产业中得以以先驱者逐渐引领主流。

在2017年5月，瑞士就富有争议的新能源法举行了全民公投。大多数瑞士公民投票支持基于“能源战略2050”的新法律。瑞士现在受到严格的可再生能源和能源效率目标的约束。经过这一次投票后，瑞士从一个在可再生能源方面相当落后的国家变成了全球能源转型的领头羊之一。

同时，为促进瑞士社区对可持续发展能源和节约型资源的投入，目前，瑞士联邦委员会已经把“2000瓦社会”(2000 Watt Society)[①] 设定为一个战略目标，列为联邦委员会“能源战略2050”的重要内容。当前的政策场景与“2000瓦社会”的愿景相结合，是十分令人鼓舞的。如果“能源战略2050”的路径图和“2000瓦社会”目标得以联合实现，四分之三的能源需求可由本国的可再生能源得到满足。因此，对瑞士来说，一种长期稳定的从而可以持续的能源供应似乎是可能的。

3.2.2 瑞士促进低碳发展的国家立法

低碳发展是一个非常新的概念。本部分对瑞士的环境和能源立法的关键步骤提供一个大致的概览。

《瑞士联邦宪法》《能源法》《二氧化碳法》《核能法》《电力供应法》中的能源条款都是瑞士制定可持续和现代能源政策的工具的组成部分。但是，除法律文书之外，联邦政府和各州的能源政策还基于其提出的能源观点，以及在市、州和联邦各级的战略、执行方案和与能源有关的措施的评价等。

瑞士能源政策于1990年在《瑞士联邦宪法》中固定下来。该宪法中增加了能源条款规定，规定联邦政府和各州有义务尽其所能确保实现充足的、基础普遍的、安全的、经济和生态的能源供应。能源利用的经济性和有效率也是重要的目标。

环境立法对向可持续性的系统转型做出了相关贡献。《环境保护法》于1985年生效。《环境保护法》规定了重要的原则：预防原则和污染者付费原则[②]。1987年的《清洁空气条例》随后推动了固定燃烧装置的清理，促进了更清洁的车辆和交通运输系统的开始使用，促进了更清洁的化石燃料/非化石燃料的更有效的使用，促进了在瑞士逐步淘汰煤炭和促进在工业过程的热应用及住宅和商业建筑供暖方面的天然气的应用。

自1990年以来，瑞士所有州都制定了自己的能源法案和法规。随着《联邦能源法》和《联邦能源条例》于1999年1月1日的颁布，联邦委员会实现了它的强制性要求的内容，随之得到了1990年通过能源法案的选民的认可。在这一方面，“能源2000”和“能源城市”项目的政策和奖励方案被提出并推广，以促进能源效率提高和可再生能源发展。

同时，建筑能源法规也被逐步发展起来：1980年通过的建筑能源法规SIA180.1要求建筑装有大约10厘米的绝缘材料，这些标准逐渐收紧到最近的标准MUKEN/“微能耗”(Minergie)(2014年)和目标为“2000瓦社会”的区域的减排路径(SIA2040)。

3.2.2.1 当前形势

目前全球超过80%的能源供应依赖于煤炭、石油和天然气。这些资源的消耗在过去几年中一直在稳步增加。这种化石能源承载物的使用程度无法得到长期维持。就石油和天然气而言，产量似乎无法赶上需求。事实上，大多数化石能源承载物都是在政局不

---

① 目标是限制人均能源需求到2000瓦一年，从而保证人均176520千瓦时的能源预算。这等价于人均1.7吨的石油消耗量。

② 污染者付费原则的系统影响在后文的废弃物管理部分有重点阐述。

稳定的地区生产的，因此，像瑞士这样本国没有石油和天然气资源的国家正面临着化石能源依赖的风险。

从生态角度来看，使用化石能源承载物也存在问题。主要的生态问题是日益明显的全球气候变化，而全球气候变化主要源自大气中不断增加的温室气体二氧化碳的浓度。为了扭转这一趋势，国际上正在进行多种努力。瑞士已经签订《京都议定书》。《巴黎协定》确定了国际能源和气候政策的长期格局。

21 世纪初的瑞士并没有一个非常绿色的能源组合。图 3-14 展示了瑞士在过去的一个世纪的能源消费情况：1910—2010 年，能源消耗总量增长了 5 倍。瑞士是一个能源净进口国，进口的电往往是由煤炭、核能和天然气生产的。自 20 世纪 60 年代以来，瑞士的建筑物倾向于使用燃料油进行加热，汽车也耗能严重，一直到 2010 年之后，瑞士汽油和柴油的年消耗量才得以稳定。

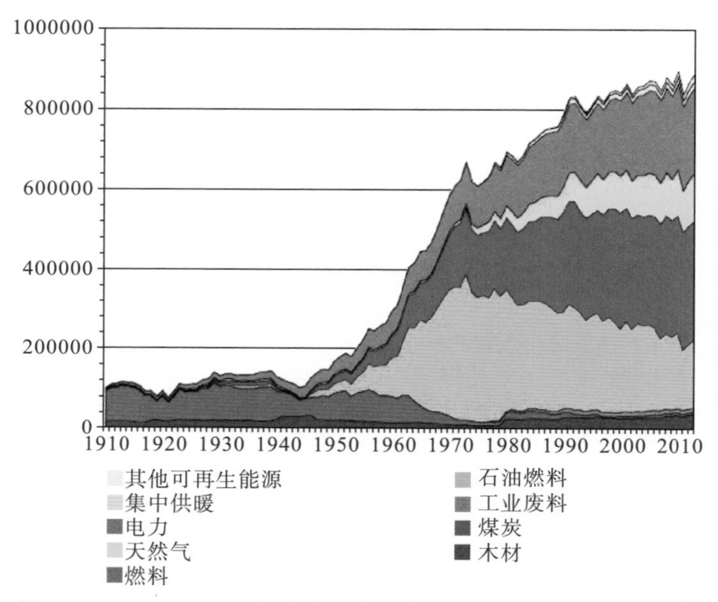

图 3-14　1910—2013 **年瑞士各能源的终端能源消耗情况**（TJ）[①]

目前，瑞士的电力主要来源是水电（发电量约占全国供应量的 60%）和核能（发电量约占全国供应量的 33%）。电力结构决定了瑞士国内发电带来的碳排放量相对较低。然而，如果考虑到所有的影响，而不仅仅是排放，这些形式的发电可能不能被认为是高度环保的。如果不考虑核能和大型水力发电，瑞士只有 4%～5%的发电量来自可再生能源，如垃圾发电、风能或太阳能。

瑞士的能源系统正处于十字路口，在实现环境的、能源安全的、经济的和社会的目标的长期过程中，需要在技术和燃料选择方面进行系统性的结构性变革。目前的能源系统高度依赖进口的热能和运输的燃料。这与减缓气候变化和保障能源供应的长期目标不相符。此外，为了应对一些与社会和风险相关的担忧，从核能发电转型需要进行更广泛

① 数据来源：瑞士联邦能源办公室。

的技术变革以避免加剧或为减缓气候变化、能源安全和经济发展带来更多挑战。

3.2.2.2　新的联邦能源和二氧化碳法

2017年5月21日，瑞士选民接受了修订后的《联邦能源法》。修订的目的是减少能源消耗、提高能源效率和促进可再生能源的使用，从而使得瑞士能够减少对进口化石燃料的依赖，促进国内可再生能源的使用。该战略概述了瑞士在未来30年的能源雄心，其中一个重要点是向低碳或碳中性能源发电的转变，将对整个瑞士能源体系产生深远影响。这种转变需要大量投资，这将创造就业机会并提高在瑞士国内的投资总额。

修订后的《联邦能源法》禁止新建核电站。事实上，这项联邦能源法正在逐步淘汰核能。核能在瑞士有一段有争议的历史，在瑞士进行了不少于8次关于核能的公民投票。2011年3月日本福岛第一核电站发生的事故对瑞士的能源政策有着深远的影响：瑞士选民进行公投，决定不允许替换现有的核反应堆，因此将会在发电厂的生命周期末期逐步实现核能淘汰，从而重新定义了国家的能源政策。由于核能占瑞士发电总量的33%，因此逐步淘汰核能的决定意义重大。如果现有核电站安全，它们可以继续运营，直到达到其使用寿命。虽然在瑞士其实并不存在核电站"使用寿命"的概念，但核电站实际运行终止时期可能发生在2019年至2034年，最大的核电站将在这段时期末得以退役。

此外，"能源战略2050"还包括对可再生能源进行大量补贴①，这将导致到2035年时可再生能源发电量增加四倍。由于核能正在逐步被淘汰中，同时大型水电的增长潜力很小，大部分新电力将不得不来自新的可再生能源技术，如太阳能、风能、生物质能，甚至可能是地热能。与此同时，瑞士大型水利枢纽项目作为一种储能形式具有独特的潜力，它可以平抑突然出现的供需高峰。

"能源战略2050"还包括大幅降低人均能源消耗的计划。到2020年，瑞士人均能源消耗量将比2000年减少16%。到2035年，这一数字将在2000年的基础水平进一步再下降43%。已经存在的碳排放税的部分收益将被用于这方面。目前，瑞士的碳税约为每吨96瑞士法郎，已经远高于欧盟碳排放交易计划（European Union Emission Trading Scheme）中的价格，但为了实现气候政策、能源效率和可再生能源发电目标，预计瑞士的碳排放税还将进一步提高。1990—2010年，碳税及自1999年以来生效的政策，帮助将化石燃料燃烧造成的二氧化碳排放量稳定在年人均排放量5.6吨到6.2吨的水平（见图3-15）。2013年，修订后的瑞士《二氧化碳法》生效。这项新法律的目标是到2020年将温室气体排放量减少20%，瑞士的人均排放量从2012年开始明显下降。事实上，根据世界银行的数据，自2011年以来，瑞士的人均二氧化碳排放量一直在下降，2014年达到人均4.312吨二氧化碳的水平。

---

① 每年筹款48亿瑞士法郎以资助可再生能源的投资。

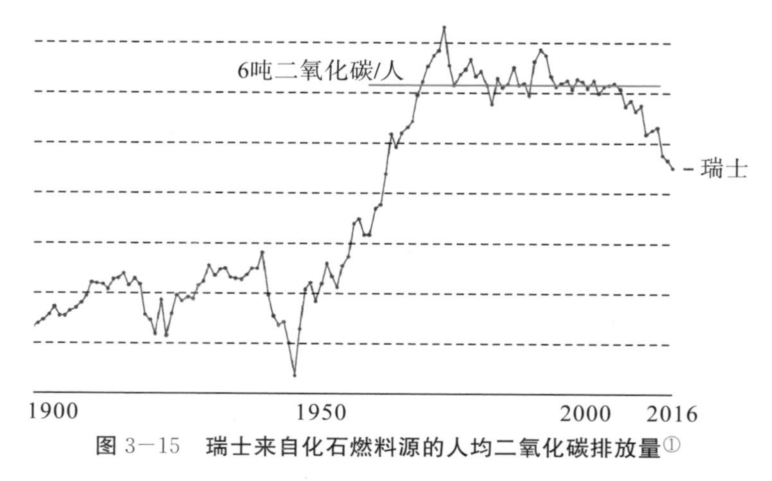

图 3—15　瑞士来自化石燃料源的人均二氧化碳排放量①

2017 年通过的《联邦能源法》修正案于 2018 年 1 月 1 日生效。考虑到该计划的长期目标，初步成果很可能要到 2020 年中期才会突显。很有可能的情况是，预计到 2050 年，瑞士可能会在转型过程中采取目前尚不具有商业可行性的技术。新技术和有前途的政策有望提供解决方案，以帮助瑞士实现《联邦能源法》修正案中设定的能源目标。

3.2.3 瑞士低碳政策精选

3.2.3.1 交通运输相关政策

世界范围内，大量的资源和土地被交通基础设施和运输系统的运作所使用。瑞士的交通系统约占建筑用地和基础设施用地面积的 30%（约 900 平方千米），实际占用比建筑本身所占面积还多。交通运输导致碳足迹不断增加。因此，从能源投入的角度来看，低碳运输系统不仅应具有资源效率，还需要去管理能占用空间更少的服务。

1. 转变为清洁、节约资源的运输系统

基于私人的多用途汽车系统不能满足较高的交通密度。交通拥堵是现代交通系统设计的后果，也是大多数城市和大都市地区的一个大问题。交通污染是造成空气污染的重要原因。因此，减少污染、二氧化碳排放和降低资源强度对运输部门来说是一项大的挑战。交通运输大约生产了全球 23%的燃料源二氧化碳排放量。更令人担忧的是，交通运输是增长最快的化石燃料消费源，也是增长最快的二氧化碳排放源。在瑞士，从 1990 年到 2010 年，与运输相关的二氧化碳排放量增加了 10%。随着聚落规模的扩大和人口数量的增长，城市交通的能源消耗和二氧化碳排放量正在迅速增加。如果以《巴黎协定》的目标为背景进行评估，这些不断增长的排放对瑞士、欧洲和中国的城市交通构成了挑战。瑞士乘用车的密度平均为每 1000 居民 543 辆车。在日内瓦（Geneva）、巴塞尔（Basel）、苏黎世（Zurich）几个城市乘用车密度小于每 1000 居民 480 辆车，而在提契诺州，乘用车密度大于每 1000 居民 600 辆车。乘用车密度是衡量当地公共交通质量

① 数据来源：世界银行网站。

的一个代理指标：吸引人的公共交通服务会降低乘用车的密度。多山的地形导致人口密度降低且对高吸引力的公共交通系统产生了限制，但是那些旅游的热点地区确实又对吸引人的公共交通产生了需求。在《中瑞低碳城市项目（SSLCC）总规划指南报告》中，感兴趣的读者可以看到最佳的相关实践示例。

2. 城市交通系统/智能交通

智能交通是指现代技术和管理策略在交通系统中的综合应用。这些系统正处于首次应用于城市地区的过程中。本书其他章节中介绍的自动驾驶公交车（在“能源城市”沙夫豪森已经上路运营）就是一个例子。这些技术旨在提供融合不同运输模式和交通管理的创新服务，其目标是使基于“互联模式”的交通网络更安全、更“智能”。这些综合系统今后应实行统一的收费和支付系统（“一站式”）。

3. 一致的多模式联运费用政策

在大多数瑞士城市，公共交通车票适用于区域内的所有交通工具，这意味着买票乘客可以免费乘坐该区域内的铁路、有轨电车、公共汽车、住宅区内公共缆车或轮船。瑞士的多数城市也提供有吸引力的汽车共享系统。这使得长途旅行和自驾车的乘客可以通过一个预约系统（见 www. mobility. ch）利用铁路前往更偏远的地方，也就是实现所谓的“最后一英里”的概念。不过，虽然瑞士的收费制度已经达到一致性，但支付制度的协调一致仍然较落后。

4. 公共交通政策和网络拓展

瑞士的公共交通由不同的交通方式组成。铁路、有轨电车、轻轨和公共汽车、船舶和索道等一起组成了一个系统，这个系统持续不断地被予以优化，以期缩短旅行时间和提高接驳性。没有人比瑞士人更喜欢坐火车旅行，瑞士人平均每年坐火车进行长途旅行约 50 次，旅行长度大约 2000 公里。新的、更高效的铁路基础设施的持续建设和更新，比如苏黎世跨城铁路（Zurich cross－city link）和阿尔卑斯基础隧道（Alpine base tunnel），不断满足用户持续上升的出行需求和提高乘坐质量，铁路货运也得到大幅扩张。

城际轻轨、有轨电车（Trams）和公共汽车的高效接驳在城市交通建设中发挥着重要的作用（见图 3－16 和图 3－17）。公交车同时为郊区，甚至是交通不便的山区村庄提供公共交通。地方运输服务由市政府和各州自主管理和共同资助。举例来说，苏黎世（Zurich）的电车网络扩展项目旨在实现至少如下目标：

（1）使得乘客更方便前往苏黎世市中心、城际及连接市区中心/机场的轻轨铁路交会处；

（2）新的交通基础设施阁拉塔尔（Glattal）和丽玛塔尔（Limmattal）有轨电车比公共汽车更快地延伸到偏远的住宅区和商业区，把它们和当地的交通枢纽连接起来。

图 3-16 苏黎世斯塔德霍芬（Stadelhofen）火车站多式联运节点中的城市轻轨站[①]

图 3-17 到利马塔尔（Limmattal）的有轨电车[②]

根据需求和运营的经验，全国城际内列车、地方轻轨快车和公交网络相结合的多模式公交网络以 10～15 年的投资计划进行有步骤的优化。为了铁路基础设施的现代化和维护，瑞士选民还批准了《联邦铁路基础设施基金法案》（FARI），通过投票支持 2016 年 1 月 1 日生效的“FABI 铁路扩建项目”，使得铁路基础设施基金（RIF）的资金也用于资助研究。

瑞士的第一辆电车（无轨电车）于 1912 年在弗里堡州（Fribourg）投入使用。瑞士大多数大型和中型城市[③]使用无轨电车网络。无轨电车比柴油公交车有更低的污染和噪音，并且有更大的容量，但缺点是它们的灵活性有限，受制于供电线路。这一缺陷由日内瓦市启用的可充电电动巴士所克服。日内瓦公共交通最佳实践：2017 年 12 月 5 日

① 图片来源：https://www.langenthalertagblatt.ch/zuerich/stadtzuerich/zugausfaelle-und-verspaetungen-stoerung-am-bahnhof-stadelhofen/story/25501681。

② 图片来源：https://www.limmattalbahn.ch，2019 年 10 月 30 日。

③ 城市人口超过 45000 人被称为大中型城市。

开始日常运营的可充电电动巴士见图3－18，用这种或类似的系统替换大部分城市柴油巴士的工作目前正在瑞士的几个城市进行，其中包括沙夫豪森。更小的电动汽车很快就可以用于补充城市交通系统（如图3－19）。

图3－18　日内瓦公共交通最佳实践：可充电电动巴士①

图3－19　瑞士法拉（Farald）公司基于中国类似产品开发的NeoV1迷你电动汽车②

① 图片来源：https://inhabitat.com/wp－content/blogs.dir/1/files/2013/06/TOSA－bus.jpg，2019年10月29日。

② 图片来源：https://farald.com/wp－content/uploads/2018/06/neo1.jpg，2019年10月29日。

3.2.3.2 废弃物管理

1. 固体城市废弃物管理系统

瑞士实现低碳发展的一个关键因素是在废弃物管理中应用污染者付费原则。在瑞士的绝大多数城市，城市固体废物被装入垃圾袋中进行收集，垃圾袋体积从 17～35 升不等，每袋收费 1.80～2.40 瑞士法郎。该费用包含废弃物收集、焚化及处理/残渣（如渣及粉煤灰）填埋的费用。瑞士是欧洲最大的垃圾生产国之一（2015 年人均垃圾产生量 730 公斤）。但是在 20 年里，瑞士垃圾回收率翻了一番，如今瑞士的垃圾回收率为 54%（目标是在 2020 年达到 60%），高于欧洲的平均水平（28%，2015 年数据）。

2. 先进技术水平的垃圾焚烧发电厂

垃圾焚烧发电厂是瑞士电力和地区供热的重要来源。在瑞士，垃圾焚烧发电厂发电量总共约占全国电力生产量的 3%。瑞士的市政当局和州运营着 30 个“从废弃物到能源”的工厂（即垃圾焚烧发电厂），每年处理 290 万吨的城市固体废物。这类工厂的关键技术要素是结合能源回收的燃烧和烟气处理技术。利用垃圾生产能源的工厂产生的废气含有污染物，这些由废弃物燃烧而产生的污染物包括氧化燃烧产物，如氧化硫和氮氧化物产品，以及一些如氯、氟、重金属等有害物质，在排放到环境中之前必须进行净化。烟气治理的质量和标准直接关系到公众对电厂位置的接受程度，位于城市中心位置的电厂的公众接受度更是至关重要。将城市垃圾转化为能源的发电厂与所在区域的供热/制冷系统相连，这些电厂就可以实现高速率的电能和热能回收并全年为客户提供蒸汽，实现并提高其经济效益。除了供热、供电和供气，发电厂同时也为工厂产生的废弃物提供回收服务，为工厂降低生产成本和保持有吸引力的产品价格优势提供可能。

靠近高聚落密度的市区的发电厂由于靠近居住地，其高效烟气净化的技术和质量就变得至关重要。1987 年生效的瑞士《清洁空气条例》在 2010 年得到更新。根据要求，一系列流程可以被单独使用或组合使用以控制排放的气体质量。从环保标准和能源效率的角度来看，于 2015 年开始运营的伯尔尼福斯（Forsthaus Bern）垃圾焚烧发电厂是一个很好的实践示例（见图 3－20）。它具有先进的技术，与废弃物的热输入相比，伯尔尼福斯垃圾焚烧发电厂的电力转换效率为 21.5%，热利用效率为 23%。

图 3—20　伯尔尼福斯垃圾焚烧发电厂年垃圾处理量 11 万吨，燃烧热电联产功率 27 兆瓦[①]

3.2.4　重要的能源政策：《能源战略 2050》

3.2.4.1　什么是《能源战略 2050》

2007 年，瑞士联邦委员会将其能源战略的重点放在四大支柱上：能源效率，可再生能源，替代、新建替代和新建大型发电厂（也包括核电站），国外能源政策。

继 2011 年发生福岛反应堆事故后，瑞士联邦委员会和议会决定逐步退出核能生产。这一决定加上国际能源环境的变化，促使瑞士产生升级能源体系的需要。为此，联邦委员会制定了《能源战略 2050》，该战略继续强化《能源战略 2007》的战略重点，并提出新的目标，即现有的五座核电站将在寿命终止时关闭，并且不继续修建。

2013 年 9 月 4 日，联邦委员会向议会提交了《联邦能源法》全面修订草案。这份草案旨在挖掘现有的能源效率潜力，并利用水力和新可再生能源（如太阳能、风能、地热能、生物质能）的潜力。同时，新的《联邦能源法》还要求对其他各种联邦法律进行相应修改。2016 年 9 月 30 日，议会批准了法律提案。2017 年 5 月 21 日，瑞士选民对该法案进行了投票，新法案自 2018 年 1 月 1 日起生效。

议会通过修订于 2014 年初生效的《联邦能源法》推动了可再生能源的发展。同样，能源研究行动计划已经生效。2017 年 12 月 15 日，议会通过了关于进一步发展电网（电网战略）的法律的单独修订。

3.2.4.2　《能源战略 2050》的措施

《能源战略 2050》的第一套措施旨在提高能源效率，促进可再生能源的发展（图 3—21）。联邦委员会计划的大部分措施都要求在议会中修改法律。

---

① 图片来源：http://aabaumanagement.ch/wp2019/wp—content/uploads/2013/11/KVA _ gesamt _ hannes _ henz _ 1250 _ 014628—mood—958x348.jpg，2019 年 10 月 29 日。

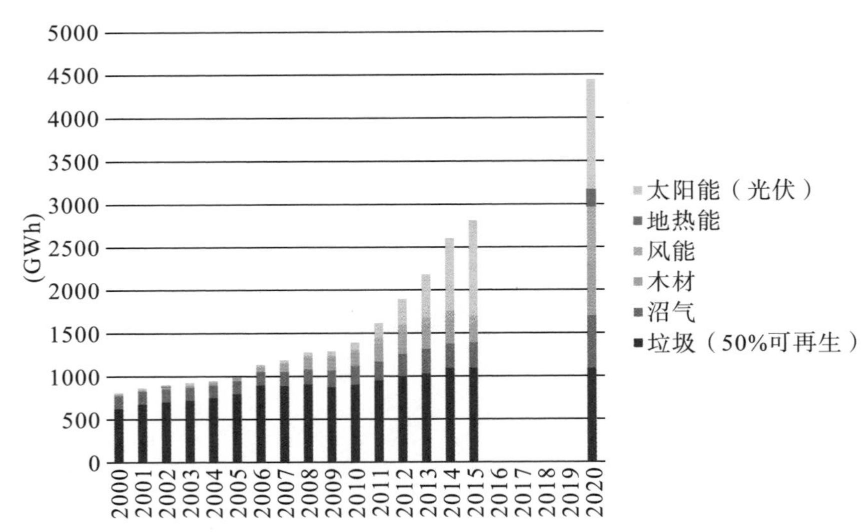

图 3—21 除水电外的可再生能源发电量对比和预期① （注：2016—2019 年的数据缺失）

如图 3—22 所示，新能源行动一共包含 3 个战略目标：提高建筑、机动车、工业和电器的能源效率，通过促销和完善法律增加对可再生能源的使用，逐步退出核能使用。一方面不颁发新的许可证，另一方面逐步撤出，将安全作为唯一标准。

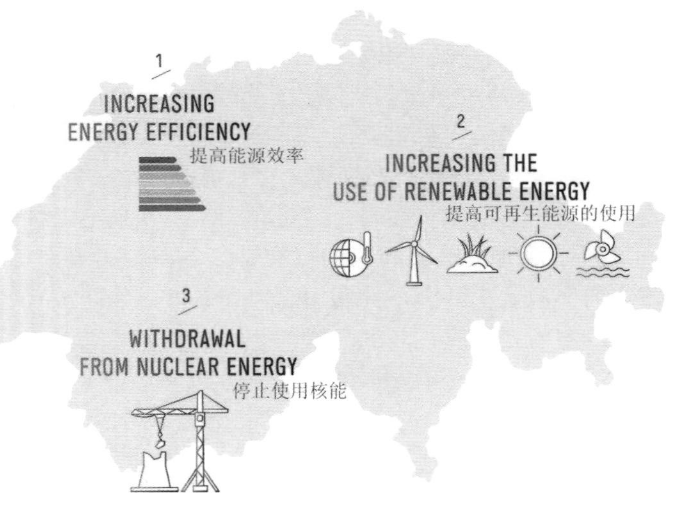

图 3—22 新能源行动的 3 个战略目标②

新能源行动的指导原则是，与 2000 年相比，2020 年人均能源消耗量降低 16%，2035 年人均能源消耗量降低 43%；2020 年人均电量消耗量降低 3%，2035 年人均电量

① 资料来源：http://blogs.fhnw.ch/EUT/files/2017/05/EnStrat2050 _ Bisang _ 5Mai2017.pdf，2019 年 10 月 30 日。

② 资料来源：http://blogs.fhnw.ch/EUT/files/2017/05/EnStrat2050 _ Bisang _ 5Mai2017.pdf，2019 年 10 月 30 日。

消耗量降低 13%。

新能源行动的可再生能源的指导原则是，2020 年人均可再生能源使用量（不含水力发电）达 4400 吉瓦时，2035 年人均可再生能源使用量（不含水力发电）达 11400 吉瓦时，2035 年人均使用水力发电 37400 吉瓦时。新能源行动倡导使用附加费来推广可再生能源发电、提高能源效益及改善水质，即一次性报酬减少、地热能贡献减少、小型水电站投资贡献减少、生物量减少。新附加费标准为 2.3 美分/千瓦时，其中 0.2 美分是现有水电站的市场溢价。大型水电站市场溢价期限为 2018—2022 年。具体而言，附加费的使用如图 3-23 所示。

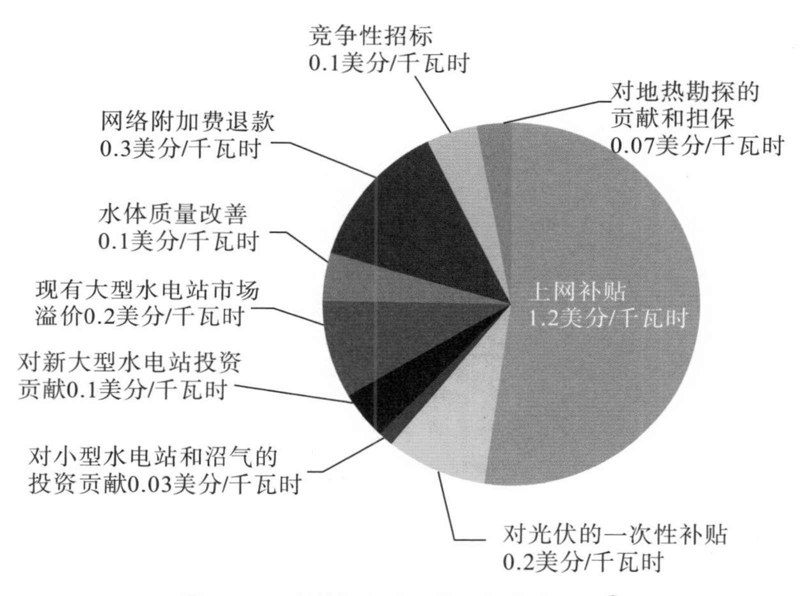

图 3-23　新能源行动网络附加费的使用①

新能源行动的促销系统采用直接营销的方式，从现行的成本入网报酬制度向直接营销入网报酬制度转变，以便更好整合市场。直接营销的基本原则是对小型设施进行豁免。由最初的一揽子措施生效后的第六年起，缴交补价计划不再生效，由 2031 年起，不再有新的投资供款/一次性报酬。对于大型发电站，其市场溢价包括生产成本与更低市场价格的补偿；如果在市场上以低于生产成本的价格出售电力，发电站将获得 1 美分/千瓦时的奖金；通过附加费进行融资，市场溢价 0.2 美分/千瓦时。对新发电站的投资捐款规定如下，根据具体情况指定金额，最高可没收投资成本的 40%；通过附加费进行融资最高贡献 0.1 美分/千瓦时。对于小型发电站，除了对环境影响较低的设施，只有发电功率不低于 1 兆瓦的水电生产设施才能参加上网电价补贴计划。

为提高建筑物的能源效率，新能源行动还从二氧化碳排放税中提取部分拨款用于该措施。建筑项目的修改计划按照全球贡献方式支付，由州政府负责执行。同时，以更好

① 资料来源：http://blogs.fhnw.ch/EUT/files/2017/05/EnStrat2050 _ Bisang _ 5Mai2017.pdf，2019 年 10 月 30 日。

的税收优惠提高建筑物能源效率，在两个税收时期分配节能投资成本，对旧建筑拆迁成本进行税收减免。

新能源行动也实行了更严格的汽车排放规定，按照旧的规定，到2020年底将二氧化碳排放减少到130克/公里；根据新的规定，到2020年底二氧化碳排放减少到147克/公里，这适用于多用途车辆及轻型半挂车。

新能源行动也引入了智能计量，这包含以清晰的框架引入智能计量，实施智能控制和调整机制。新能源行动将退出核能，将不继续颁布新的核电站许可证，但是没有禁止核能技术；只要能保证安全，现有核电站可以继续运行；对乏燃料后处理元素进行长期监管；用禁止代替禁令；延长暂停时间至2020年6月。

3.3 瑞士能源低碳案例

本节案例由来自CSD工程公司的瑞方专家法比斯·何伦（Fabrice Rognon）提供基础资料，课题组成员翻译整理。CSD工程公司是瑞士主要的工程公司之一，在欧洲和国际上的环境、道路、铁路和建筑、能源、水、自然灾害、废物管理领域都很活跃。CSD工程公司与瑞士的高等工程学校有很紧密的合作关系。法比斯·何伦是CSD工程公司能源部的负责人，他擅长的领域是能源行业，尤其是可再生能源，包括区域发展和能源规划、低碳发展。法比斯·何伦的另一个专业领域是减少工业二氧化碳的排放。他曾经在IEA2017年国际热泵议长会议上做专家汇报。目前他在瑞士洛桑联邦理工学院（École Polytechnique Fédérale de Lausanne，EPFL）讲授可持续建筑。他曾经就职于瑞士联邦能源署，拥有大量的国际经验和资源。

3.3.1 基于日内瓦湖水的洛桑联邦理工学院/洛桑大学校园零碳排放供暖冷却系统

3.3.1.1 历史背景

洛桑联邦理工学院是瑞士联邦理工学院的两所组成院校之一，它与洛桑大学共同坐落于瑞士的沃州洛桑市（Lausanne）。20世纪70年代，两所大学的校园内约有10000人。为了拥有充足的空间进行校园扩张，它们都搬到临近市区的埃居布朗和圣叙尔皮斯两片紧挨着日内瓦湖的空地上。

1978年两所学校建立了一座水泵站。进水口的深度被设定为68米，以保证水泵站的热稳定性和极低的生物活动水平。洛桑联邦理工学院曾使用石油供暖了一个世纪的时间，在经历了两次石油价格冲击后，他们决定开发一个利用“替代能源”的宏伟项目：基于热泵（heating pump）和燃气涡轮机（gas turbines）采暖。该设备于1987年投入使用，其热泵的加热功率为9兆瓦，涡轮机的加热功率为10兆瓦（见图3-24）。

图 3－24　洛桑联邦理工学院以湖水作为热源的热泵①

泵靠氨气（R717）运作，用温度约为 6℃的热源（湖水）将热力网络加热至 65℃。20 世纪 80 年代洛桑联邦理工学院校区使用的供暖站，如图 3－25 所示。在热泵安装之前，洛桑联邦理工学院在寒冷的天气下每周要消耗 100000 公升石油；在热泵安装完成后，石油的使用量下降到每年 100000 公升。尽管已经持续使用了 30 年，这些热泵目前依然可以满足学校约 97%的供暖需求。

图 3－25　20 世纪 80 年代洛桑联邦理工学院校区使用的供暖站（右下角）②

洛桑大学目前使用流量为 500 升/秒的湖水进行冷却。洛桑联邦理工学院和洛桑大学从日内瓦湖得到的最大水流量为 1100 升/秒。供暖和制冷系统当前的工作原理如图 3－26 所示。

①　图片来源：https://www.123rf.com/photo_67807999_architecture－of－powerhouse－pipe－system－for－industrial－background.html，2019 年 10 月 30 日。

②　图片来源：https://www.epfl.ch/about/overview/fr/histoire/，2019 年 10 月 30 日。

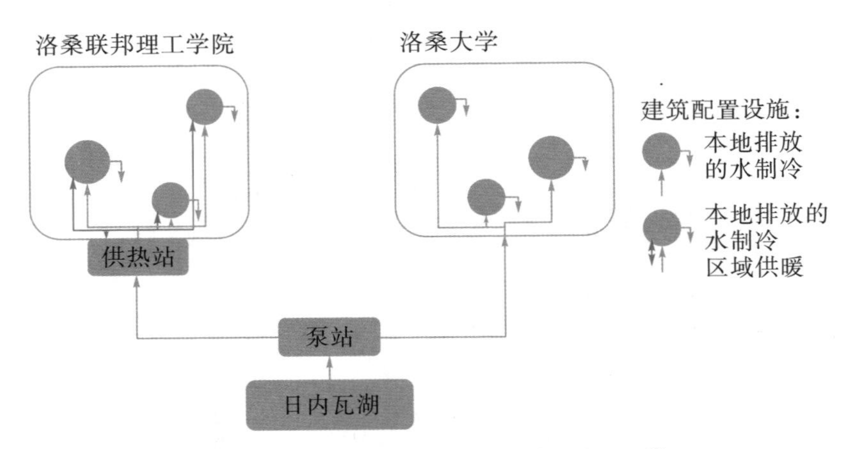

图 3-26 供暖和制冷系统当前的工作原理①

3.3.1.2 面临的风险

1. 校园发展

1982 年，洛桑联邦理工学院的在校人员（包括学生和教师）约 4700 人。到了 2017 年，在校人数大约 16000 人。与此同时，洛桑大学也进行了扩招，从 5000 名师生增加到 18000 名师生。图 3-27 所示的地图直观地展现了 1970 年以来洛桑联邦理工学院和洛桑大学的校园变化（比例尺是 1km×2.5km）。

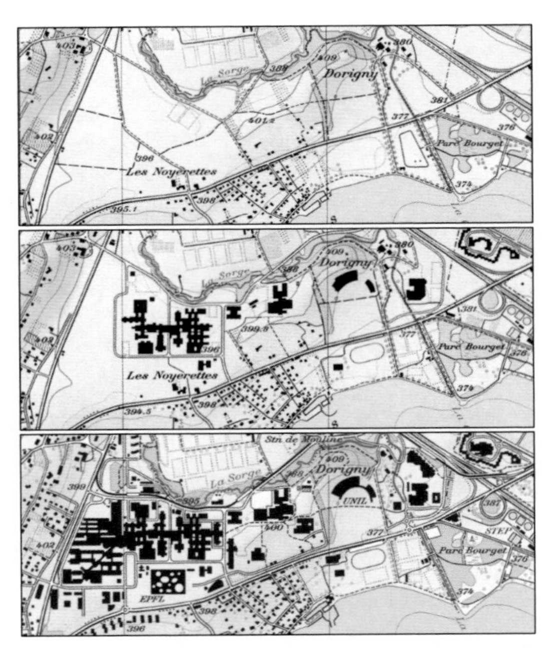

图 3-27 1970 年（上）、1980 年（中）、2013 年（下）的洛桑联邦理工学院/洛桑大学的校区②

① 图片来源：洛桑联邦理工学院（数据），图标设计：作者。

② 图片来源：http://map.geo.admin.ch。

随着校园的发展，校内的供暖和制冷需求日益增加。30 多年前建成的宏伟和富有远见的设备目前已经达到了产能的极限，而校园内仍在规划和建设的几个建筑工程，预计在未来几年内会投入使用，这将增加供暖和制冷的需求。同时，从生产方面来看，热泵现在已经陈旧，部分备件缺失，为了继续安全可靠地运营，必须进行全面的翻新。

2. “能源战略 2050”

瑞士政府制定的“能源战略 2050”，旨在减少能源消耗、提高能源使用效率并促进可再生能源的使用。在这一框架下，洛桑联邦理工学院制订了可持续发展计划，目标是到 2020 年实现零碳排放。

3.3.1.3　机遇

1. 环境和水质

在瑞士，供暖和热水需求占瑞士能源需求总量的 36%（约 85 亿千瓦时）。与已开发的比例相比，环境中潜在的可供开发的可再生能源量是巨大的。2014 年的一项研究按照能源类型比较了瑞士的能源潜力和已开发能源。从图 3—28 可以看出湖水是最大的潜在热源。

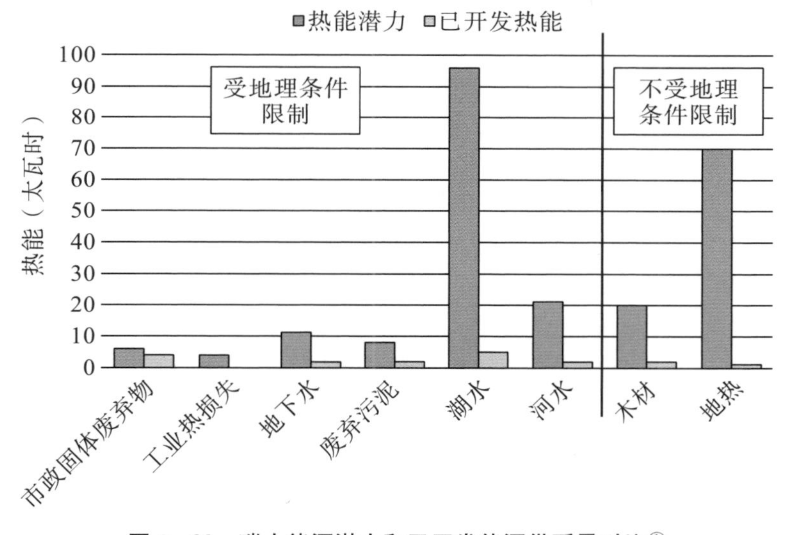

图 3—28　瑞士能源潜力和已开发能源供暖量对比[①]

洛桑联邦理工学院/洛桑大学的校园位于瑞士最大的湖泊——日内瓦湖旁边。从理论上讲，湖泊拥有大量可供暖泵使用的热能。日内瓦湖的热能提取潜能估计为 84 亿千瓦时/年，这是洛桑联邦理工学院预计的未来能源需求量的 2000 倍。

在 70～80 米的深度，湖水的浑浊度非常低，湖水的生物化学质量是非常好的，这一深度也不适宜藻类和贝类的生长发育。从 20 世纪 80 年代以来，洛桑联邦理工学院一直以来使用的是没有经过任何处理甚至没有过滤的湖水，从未受到堵塞生物膜问题的影

① 资料来源：洛桑联邦理工学院（数据），图标设计：作者。

响。除整个日内瓦湖发生热混合（热层反转）的某些时期外，水温大体保持稳定。图3－29显示了2008—2017年泵站出水口湖水温度的结果（测量频率设定为10分钟一次）。

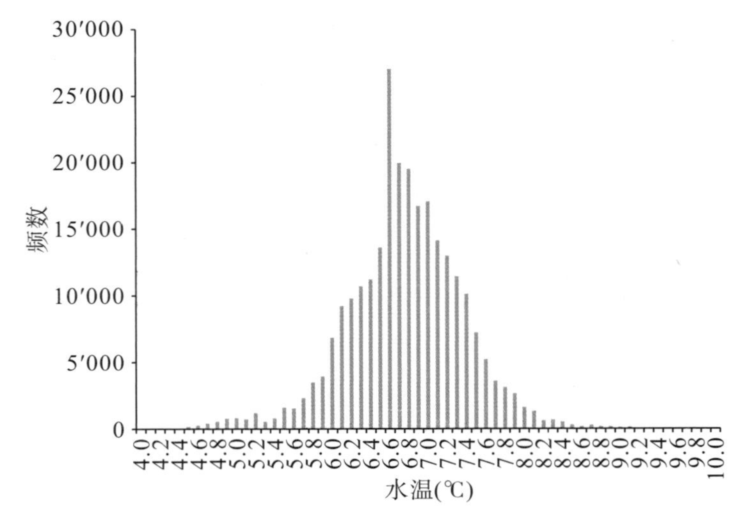

图3－29　2008—2017年泵站出水口湖水温度直方图（测量频率为10分钟）[①]

2. 废热

在最温暖的气象条件下，洛桑联邦理工学院和洛桑大学在空调制冷和冷却过程中每秒大约使用1000升水，这说明有高水平的能源潜能被释放并流失到环境中。来自冷却系统的废热为经济有效的热能回收提供了良好的机会。在使用热泵的系统中，废热的回收会增加水源温度，从而增加热泵的热功率和性能系数（COP）。另外，它还限制了对环境热能的使用。

按照规划，洛桑联邦理工学院将新建一个拥有4兆瓦持续冷却需求的数据中心，这也是热能回收的一个绝佳机会。

3. 专业知识与技术进步

在运营方面，洛桑联邦理工学院和洛桑大学的技术人员在30多年来对湖水和热泵展开的工作中对现有供暖冷却系统获取了全面了解，积累了包括湖水泵站和复杂热泵的操作，以及对氨的安全处理措施相关的经验。

在技术方面，近年来热泵的技术得到了显著改善，已经出现了更便宜、更高效和更可靠的热泵。此外，日益严重的环境问题使得通过热泵节省一次能源的想法受到越来越多人的欢迎。瑞士在研发过程中将开发的重点从组建创新转移到系统优化，再到更便宜的批量生产。

---

① 资料来源：洛桑联邦理工学院（数据），图标设计：作者。

3.3.1.4　项目介绍

1. 概况

该项目的主要目标是满足洛桑联邦理工大学和洛桑大学校园未来的供暖和制冷需求，利用校园与湖泊的相邻位置、系统的高效率和过去数十年积累的丰富经验，通过湖水实现这一目的。为了增加水流容量，将在未来建成一个新的泵站和通往洛桑联邦理工学院供暖站和洛桑大学供暖制冷管道网络的新配水管。现有的洛桑联邦理工学院供暖站将进行全面翻新，以便将热泵功率从9兆瓦增加到24兆瓦，实现在现行的安全标准下的热能回收利用。

为了提高系统效率，热能将从冷却装置中进行回收（包括空调制冷和过程冷却）。为了达到这一点，需要改变冷却网络。当前已有的冷却系统仅接有配水管网，并且湖水在使用后就地排放到雨水排放网络或溪流中。在新系统中，需要增加安装到供暖站的回水管。为了从洛桑联邦理工学院新的数据中心快速有效地回收热量，热能回收网络将建在供暖站的顶部。

洛桑联邦理工学院和洛桑大学已经授权阿尔匹克因泰克公司（Alpiq InTec）、罗曼德能源服务公司（Romande Energie Service）和CSD工程公司的工程师来开发和实施该项目。该项目包括一个泵站（洛桑联邦理工学院和洛桑大学）、一个供暖站（仅洛桑联邦理工学院）和一个管道网络（见图3－30）。

图3－30　项目概况鸟瞰①

该项目中的泵站和供暖站当前和未来的相关技术参数如表3－1所示，供暖冷却系统未来工作原理如图3－31所示。

① 图片来源：谷歌地图。

表 3—1　泵站和供暖站当前和未来的相关技术参数①

泵站	现在	未来
洛桑联邦理工学院水流量	600 升/秒	1300 升/秒
洛桑大学水流量	500 升/秒	1150 升/秒
水流总量	1100 升/秒	2450 升/秒
洛桑联邦理工学院热泵热能	9 兆瓦	24 兆瓦
洛桑联邦理工学院备用和额外热能	10 兆瓦	16 兆瓦

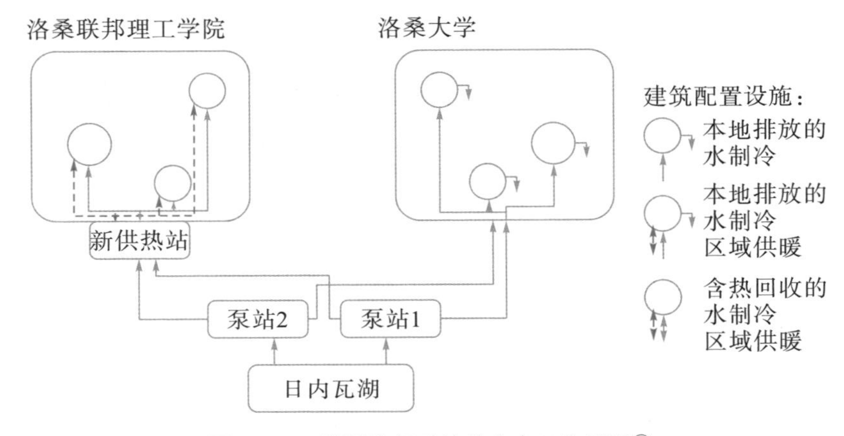

图 3—31　供暖冷却系统的未来工作原理②

热回收原理可以用桑基（Sankey）图（图 3—32）来说明，从图上可以看出当前和未来用于冷却和加热的水流情况。

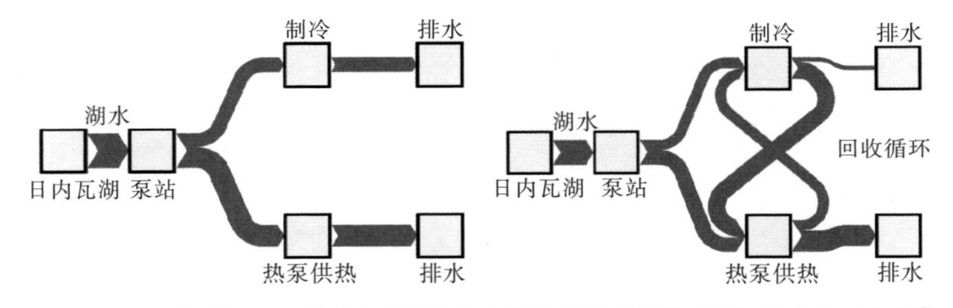

图 3—32　洛桑联邦理工学院流量结构分布的桑基图［当前（左）和未来（右）］③

需要说明的是，洛桑大学的长期目标是利用集中式热泵为其建筑物供暖，然后进行热能回收，但这不是此处所描述的这个项目的组成部分。

① 资料来源：洛桑联邦理工学院（数据），图标设计：作者。
② 资料来源：洛桑联邦理工学院（数据），图标设计：作者。
③ 资料来源：洛桑联邦理工学院（数据），图标设计：作者。

2. 技术性细节

（1）湖水进水管。

新泵站需要的额定流量是 1300 升/秒，为此，需要一根直径 1100 毫米的进水管来限制由摩擦和水流速度（约 1.5 米/秒）造成的水头损失（见图 3－33）。水头损失对于确定泵所需的净压力吸入水头（NPSH）十分重要，而速度是水锤等随着速度的平方变化的瞬态现象的决定性因素。

在过去，温度峰值一直在入水口处进行观测。由于热层反转现象，水温可以暂时上升到 9℃。温度的这种升高降低了冷却能力，无法满足高制冷时期的需求（尤其是夏季）。为了降低峰值温度带来的风险，新的过滤器将安装在 80 米深的位置，进水口则在 75 米深左右，这个深度出现在距离海岸 1100 米处的位置。

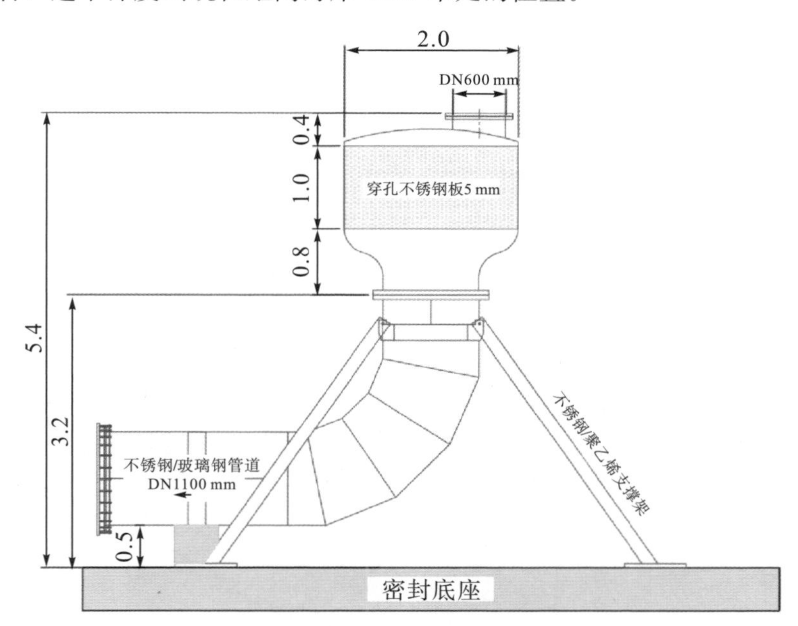

图 3－33　不锈钢过滤器细节（尺寸以米为单位）①

为了收集建筑工程需要的数据，项目组进行了准确的测深测量（见图 3－34）。对数据的分析表明，湖水管道必须埋在 560 米的深度，并使管道具有规律的斜度。

① 资料来源：洛桑联邦理工学院。

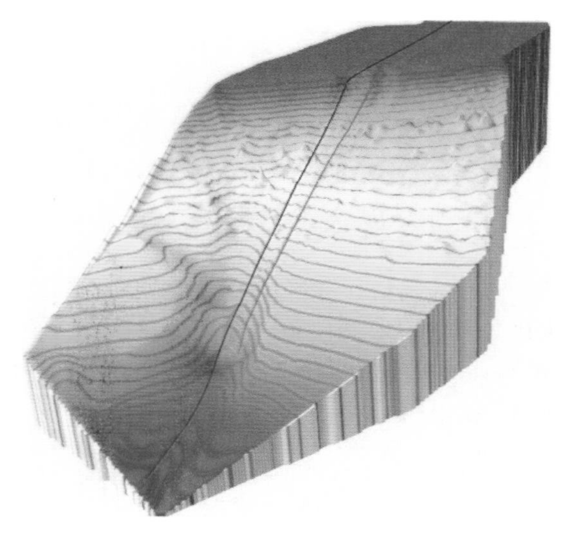

图 3－34　带等深线的测深 3D 视图［现有入水管（绿色）、新建入水管（紫色）］[①]

（2）泵站。

新的泵站将被建造在现有泵站的旁边，即在很受学生和周围居民欢迎的洛桑大学体育中心的中央。项目设计时充分考虑了景观的一致性，为了使建筑更好地融入景观之中，部分建筑被设计埋在地下，从湖边看不到泵站，从北侧只能看到通道门（见图 3－35）。

图 3－35　有泵站的谷歌地图视图（左图）和新泵站的建筑效果图（右图）[②]

建筑的上层楼层将安装变压器、断路器和电子控制系统等电气元件，下层将安装所有机电设备（主要是泵）。届时将有两排各四个泵的并行运行系统，一排将用于洛桑联邦理工学院，而另一排将为洛桑大学服务。每排 4 个泵中有一个泵作为备用，工作中每排的泵将提供流量为 650 升/秒的湖水。泵由变频器（VFD）驱动，可以根据需求调节输送流量。当使用可变负载时，该系统可以提高能效水平。变频器还允许泵进行缓慢启动和缓慢停止以避免水锤的出现。

与节流相比，变频器在处理可变需求时可以节省大量能源（见图 3－36）。更多信息推荐访问一个使用高效率电机驱动系统的平台即 Topmotors 的网站（www.

① 图片来源：洛桑联邦理工学院。

② 图片来源：阿克义特朗建筑公司（Architram SA）。

topmotors. ch）进行查询和获取。

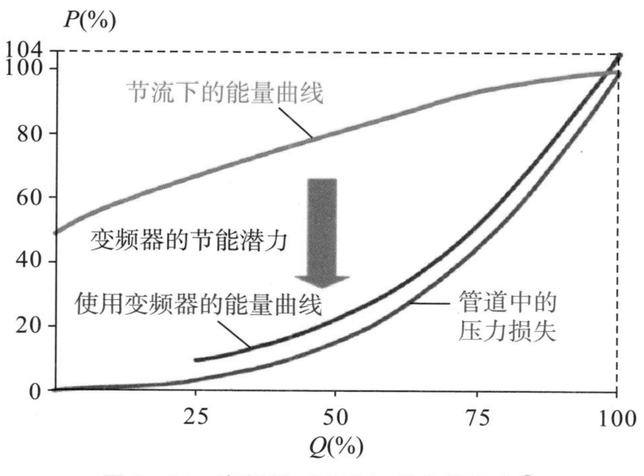

图 3－36　变频器（VFD）的节能潜力①

泵上安装有水锤消除器和飞轮，如果泵或阀发生故障，这些设备可以保护泵。泵管将两根 DN700 管道中的水泵送到洛桑联邦理工学院（约 1 公里外）和洛桑大学（约 500 米外）。这条路线受到了许多障碍的干扰。在日内瓦湖湖边这个深受人们喜爱的自然环境中，即使树木也是障碍物，输送线路必须小心避开。非开挖技术将用于在不进入道路的情况下穿越主要道路（平均交通流量 20000 辆/天）。该校园建于 20 世纪 70 年代，那时的建筑布局十分富有远见，一般的管道都可以被安装在当时预留的地下通道中，不会打扰到学生和周围居民。

（3）洛桑联邦理工学院供暖站。

新的供暖站（见图 3－37）主要分为四个部分：液压元件、热泵、燃气备用锅炉和数据中心，整个表面将覆盖光伏太阳能电池板。热泵将使用由 97％的水电和 3％的光伏电组成的混合电。即使在未来 20 年内按照规划进一步扩张，洛桑联邦理工学院和洛桑大学校园的供暖和制冷也将保持零碳排放。

与以石油为能源的供暖站相比，以现在供暖需求计算，新设备每年可减少 10000 吨二氧化碳当量排放。

① 资料来源：http://www. topmotors. ch。

图 3－37 新供暖站建筑效果图[①]

液压元件围绕两个 100 立方米的大型水池工作。一个用于存储“冷水”，另一个用于存储“温水”（见图 3－38）。热泵将从温水池中抽水，提取能量并将水冷却，然后排放到冷水池。制冷设施中的冷却站则将进行与热泵相反的操作：从冷水池抽水，释放能量并将水加热至 12～16℃，然后在热水池中排水。根据供暖和冷却两侧的水和能量平衡，湖水将被添加到冷水或温水池中。多余的水将排放到排水管道或附近的河流中，最终将返回日内瓦湖。

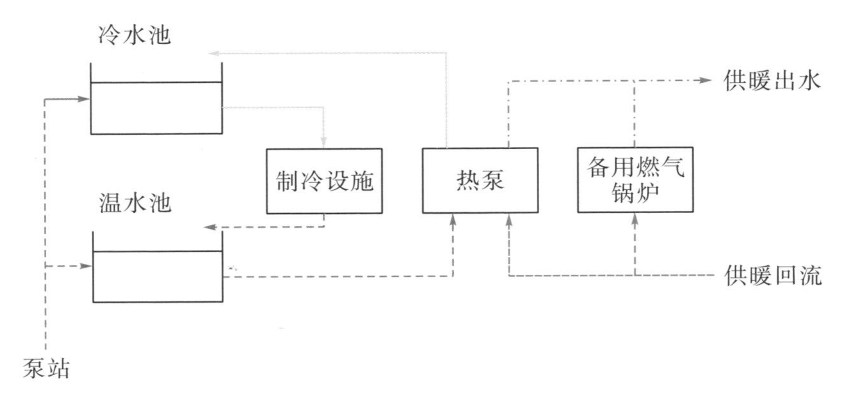

图 3－38 洛桑联邦理工学院供暖站原理图

热泵由威士坦冷冻技术公司（Wettstein Kältetechnik）制造，每个热泵的功率是 6 兆瓦，使用氨气进行工作。每个热泵将流量约 270 升/秒的湖水从 7℃冷却至 3℃，并将 73 升/秒的供暖水从 35℃加热至 50℃，COP 值为 5，消耗约 1.2 兆瓦的电力。在使用氨时，安全性是主要考虑的问题。因此，热泵被限制在有着受控气流和气体检测的密闭舱内。

热泵的功率可以在 30%～100%之间调节，以满足供暖需求。因此，蓄热器不再是必须的，同时也可以节省更多的空间。这也降低了启动/停止的循环周期和相关的能量损失。

① 图片来源：阿克义特朗建筑公司（Architram SA）。

蒸发器有一个坚固的管道结构用于应对未经过滤的湖水，节约了处理所需的成本和能源。

两台 8 兆瓦燃气锅炉为备用和额外供暖提供了保障。它们的规格可以满足在建造的一年内的 100％的供暖需求，建造完成后作为备用。

最后，数据中心将建造在供暖站的顶部，以便直接使用 4 兆瓦的余热。

（4）挑战。

这个庞大的工业项目位于一个有 3 万多人的校园中间，周围街区主要是住宅区，因此这个项目面临着很多挑战。

（5）位置。

建筑工程将在被密集使用的场地进行。在洛桑联邦理工学院，供暖站位于一条河（La Sorge）和轻轨线路（TL－M1）之间。列车在高峰时段达到每 2.5 分钟一班，这意味着材料在轻轨线路上的转移只能在夜间进行。为了减少夜间工作量，大量的建筑材料将被存放在现场。在河流附近进行建设工作，意味着需要严格的环境安全措施和质量监控，特别是针对潜在的碳氢化合物、氨或碱性水污染。

在泵站，建筑工程需要允许行人、骑自行车的人沿着湖和运动中心自由活动。湖上的交通也是一个挑战，因为一公里长的入水口非常接近码头，并且穿过了一条公共的船线。为了减少冲突，湖的建设工作被安排在船只稀少的冬季进行。

（6）工程建设和现有运营。

另一个主要的问题是供暖站的翻新。翻新需要大约两年的时间，而期间供暖系统的运营仍在继续。洛桑联邦理工学院在夏天的两三个月内会关闭区域供暖系统，供暖站将在此期间进行主要的水利改造，并且会安装两个大型的燃气锅炉。在接下来的供暖季节里，燃气锅炉将被用于为洛桑联邦理工学院供暖，而热泵也将在这段时间建造。

（7）安全。

由于氨对人体健康和水生生物都有很大的毒性，因此安全是供暖站的一个主要问题，也是项目开发的核心挑战。新的供暖站建成后将含有 2.4 吨的氨，因此，为了保证安全性，项目进行了全面的风险分析。项目将会实施以下安全措施：①通过选择 4 个热泵（而不是 2 个）以减少每个热泵的氨负载量；②对热泵进行设计，减少氨负载量；③采取有气闸和放电控制轴的密闭舱室；④采取泄漏保留措施；⑤进行气体和水检测；⑥进行通风控制；⑦实行干预计划。在采取所有被动和主动的安全措施下，即使安装期间发生严重的氨泄漏的情况下，学生和社区也是安全的。

（8）环境。

除了氨之外的环境问题也是一个需要考虑的主要问题。整个项目都进行了环境影响评估，评估包括空气、噪音、非电离辐射、水、自然、景观和考古学等多个角度。研究检验了项目是否符合环保规定，并提供了改善的措施。这项研究的一个关键点在于附近河流的排水，因为排放带来的热变化可能会损害水生生物。关于排放温度、流量和水封，项目实施了多项严格的措施，这将改善水生生物的生存状况。

3.3.2 其他运营中的瑞士低碳项目

3.3.2.1 地热能利用

正如图3-28对瑞士供暖潜能和已开发的地区供暖网络供暖量的对比，地热能是仅次于湖泊潜力的第二大的可再生潜在能源。目前瑞士全国范围内正在大规模地将地热能用于供暖和热水生产。这项技术从个人住宅开始，现在已经扩展到地区供暖系统的地热网络。为了鼓励地热资源的利用，现在联合国可持续发展委员会正在对地下的地热潜能进行调查，并会将地热供暖纳入城市规划中。为了避免过度冷却并保护地下水，还需要建立多个地热生产的模型。当前地铁、公路、隧道或建筑地基等地下基础设施的建设，也为地热生产和低碳项目提供了新的额外潜力。

3.3.2.2 城市地域能源规划

为了帮助城市发展碳减排战略，联合国可持续发展委员会正在制定城市区域规划。这个规划是建立在对现状的调查、对城市地区的未来需求的评估和对于可能能源（表层或地下水、地热能、燃气网络、化石燃料等能源）的研究基础上的，它展现了现有的差距，并对未来几年的发展提出了合理的目标和策略。经验表明，这有助于市政当局做出好的决策，并促使他们在未来预算中纳入必要的相关投资。

3.3.2.3 垃圾焚烧与发电、供热网络相结合

自2000年以来，瑞士对所有可焚烧垃圾都规定进行焚烧。垃圾焚烧厂需要满足很高的空气保护要求，同时也需要满足能源稳定的要求。为了达到这些要求，焚烧厂有两种能源生产方式：

（1）利用垃圾焚烧产生的能量发电；

（2）利用剩余能量生产热水，用于地区的供暖系统和热水生产。

由于这个原因，大多数垃圾焚烧厂都位于城市中心或靠近市中心的地方，以便最大限度地提高能源的价值，并减少个体化石燃料取暖系统带来的传统排放。利用垃圾焚烧厂的供暖系统，配合非常严格的排放控制有助于改善城市地区的空气质量并限制碳排放。

3.3.2.4 水泥生产中的废物发电

水泥工业生产需要大量的能源，这些能源通常来自大量的化石燃料，因此水泥工业是二氧化碳和其他空气污染物的主要来源。几十年来，瑞士的水泥工业在使用废弃物作为替代燃料方面一直处于领先地位。对于水泥工业来说，为了保证产品质量、生产效率和设备的可持续性，热效率和燃料质量的稳定性是非常重要的。许多类型的废物通常都在经过筛选和预处理后在水泥窑中进行利用，如轮胎（完整的或粉碎的）、残留溶剂、残油、干的肉类废弃物、污水处理中的干污泥、污染的材料等。在某些情况下，城市垃圾在进行分离后也可以作为水泥厂的燃料使用。利用废物发电进行水泥生产对社区、工

业、环境和气候来说都是共赢的解决方案：社区通过焚烧的方法解决了麻烦的垃圾问题，工业减少了燃料消耗并从废物处理中获利，废物通过焚烧得到了很好的处理，垃圾填埋用地和碳排放量均得以减少。

3.3.2.5　污水处理厂的能量回收

污水处理厂在处理过程中通常会消耗大量的能量。但从另一方面来看，这也为它们提供了很多能源回收的机会。污泥的厌氧处理可以产生甲烷，这种气体可以用于发电或供其他的燃气网络使用。这一技术在瑞士的大多数污水处理厂都得到了广泛的应用。通常，废水比自然水域表层水的温度要高。一方面，废水以可以被稳定的温水形式提供大量的能量，这种废水中的热能可以通过热泵和供暖网络回收利用，这个模式和洛桑联邦理工学院供暖站是相同的；另一方面，这对保护环境和减少碳排放也是有利的。

3.3.2.6　垃圾填埋专业化管理和废气回收

由于火灾、气体排放、气味、废弃物和扬尘等物质的存在，垃圾填埋场通常是主要的大气污染源。此外，垃圾填埋场还为人群和环境带来了大量的烦恼和风险。对垃圾填埋进行专业化管理，可大幅减少填埋的排放和损害，具体措施包括压缩、日常覆盖、灭火、渗滤、气体的排放和处理、拾荒者禁令或管理等。

垃圾填埋场产生的沼气的排放、抽运和稳定化使其能够持续发电，从而提供能源，并大大减少温室气体的排放。在垃圾填埋区中重新过滤废水可以促进沼气的产生。

3.3.2.7　对大型工业和建筑业进行能源消费诊断

在瑞士，大型能源消费者被鼓励或强制要求进行能源诊断，以判断减少能源消耗的可能性。在任何情况下，对生产效率的外部审计都会揭示在能源消费中进行节能的重要途径。电机、泵、自动化设备、调节器通常都达不到最优效率。在能源消费诊断的基础上，可以提出相应的节能计划，演示对应的经济效益，最终进行计划实施。这个能源消费诊断系统既有利于行业发展，也有利于环境保护。

【第4章】

瑞士的绿色建筑

由于1973年石油价格的冲击以及自身计划上的巧合，瑞士洛桑联邦理工学院（瑞士第二大的国立大学）第一次选择了一种系统化/学术性的方法来建立其世界级的科学研究和教育中心，并因此成了今天瑞士绿色建筑的前身。这些建筑至今仍然存在且依然在使用当中，并且在许多方面它们的节能效果比其他新建建筑物都好得多。今天的瑞士洛桑联邦理工学院仍然在开发最新技术的建筑，用新技术支持房地产业的发展。

在1998年之前的20年里，为了使用方便和节省成本，瑞士的房地产开发商提高了新建建筑的隔热性能和窗户的质量。为了能真正地生活在大自然中，与大自然和谐共处，一些建筑师和业主自愿开发了一系列可供选择的住房解决方案。这些解决方案的尝试促成了瑞士国家绿色建筑标准"微能耗"（Minergie）的诞生，并于1998年正式启动。作为走在绿色建筑前沿的国家之一，瑞士开始系统地促进和进一步发展绿色建筑。今天，瑞士可能是世界上绿色建筑标准最高的国家，也是新建建筑中绿色建筑施工密度最高的国家。如今，瑞士的现代化新建建筑成了瑞士的发电站，它们全年的能源产量超过了居民所需要的暖通空调、照明和电子设备的用电需求量。目前，瑞士25%市场份额的建筑物都具有"微能耗"（Minergie）认证，其余的建筑物也都是符合国际标准的绿色建筑。

本章围绕着瑞士的绿色建筑这一主题介绍了绿色建筑的基本理念，全球及瑞士的相关发展情况，并着重介绍了瑞士以"微能耗"（Minergie）为中心的绿色建筑评价体系，最后介绍了几个瑞士的典型绿色建筑案例。

4.1 绿色建筑概述

4.1.1 绿色建筑的定义

建筑业对各类资源及能源的消耗非常大，在满足社会经济发展的同时，建筑建造过程和使用过程中也产生了大量的二氧化碳。在英国、美国等国家，建筑业的能源消耗所产生的二氧化碳已占到全部能源消耗排量的40%；在中国，建筑业的能源消耗也占到了全部能源消耗的很大一部分。在资源方面，全球50%的土地、矿石、木材资源被用于建筑；45%的能源被用于建筑的供暖、照明、通风，5%的能源用于其设备的制造；40%的水资源被用于建筑的维护，16%的水资源用于建筑的建造；60%的良田被用于建筑开发；70%的木制品被用于建筑（姚润明等，20016）。建筑业已成为最不可持续发展的产业之一。在这种情况下，探索建筑的可持续发展模式已成为建筑业发展的迫切需要，绿色建筑的概念也因此应运而生。

绿色建筑是指在全寿命周期内，最大限度地节约资源（节能、节地、节水、节材）、保护环境和减少污染，为人们提供健康、适用和高效的使用空间的建筑（谷立静、张建国，2012）；换言之，即指本身及其使用过程在生命周期（包括选址、设计、建设、营运、维护、翻新、拆除等各阶段）达到环境友善与资源有效运用的一种建筑。它充分考虑自身对环境的影响和废弃物最低化，致力于创建一个健康舒适的人居环境，同时降低建筑的使用和维护费用。可以说，在设计上，绿色建筑试图在人造建筑与自然环境之间找到一个平衡点（宋海林、胡绍学，1999）。典型绿色建筑如图4－1、4－2所示。

图4－1　米兰的垂直森林（Bosco Verticale）绿色建筑①

图4－2　Blu Homes mkSolaire绿色建筑（由Michelle Kaufmann设计的绿色建筑效果图）②

① 图片来源：https://www.construction21.org/data/sources/users/18553/menutwo.jpg，2019年10月30日。

② 图片来源：https://en.wikipedia.org/wiki/Green_building#/media/File:Blu_Homes_mkSolaire_front2.jpg，2019年10月30日。

4.1.2 绿色建筑的发展

在逾半个世纪的发展历程中，绿色建筑经历了若干具有里程碑意义的事件。表4-1整理了其中几个重要的事件。

表4-1 绿色建筑发展历程整理

时间	重要事件
20世纪60年代	美国建筑师保罗·索莱里把生态学和建筑学两词合并为Arology，提出了著名的生态建筑（绿色建筑）的理念①
1969年	美国建筑师麦克哈格出版《设计结合自然》一书，标志着生态建筑学的正式诞生
1973年	石油危机爆发使人们意识到耗用自然资源最多的建筑产业必须改变发展模式，太阳能、潜层地热能、风能、节能围护结构等各种建筑节能技术应运而生
1980年	世界自然保护组织首次提出“可持续发展”的口号，同时节能建筑体系逐渐完善，并在德国、英国、法国及加拿大等发达国家广泛应用
1987年	联合国环境规划署发表《我们共同的未来》报告，确立了可持续发展的思想
1990年	世界第一个绿色建筑标准于英国发布
1992年	巴西里约热内卢联合国环境与发展大会的召开，使可持续发展这一重要思想在世界范围内达成共识。绿色建筑渐成体系，并在不少国家实践推广，成为世界建筑发展的方向②
2001年	联合国设立了国际可持续能源解决方案奖金，对能效和可再生资源方面的项目进行资助③
2001年7月	联合国环境规划署的国际环境技术中心和建筑研究与创新国际委员会签署了合作框架书，两方针对提高环境信息的预测能力展开大范围的合作，这与发展中国家的可持续建筑的发展和实施有着紧密关联④

多年来，绿色建筑由理念到实践，在发达国家逐步完善，形成了有体系的设计方法和评估方法，各种新技术、新材料层出不穷。20世纪60年代，瑞典实施了“百万套住宅计划”，在居住区建设与生态环境协调方面取得了令人瞩目的成就。与此同时，日本在1966年颁布了《住宅建设计划法》，提出“重新组织大城市居住空间（环境）”的要求，满足21世纪人们对居住环境的需求，适应住房需求变化。法国在20世纪80年代进行了以改善居住区环境为主要内容的大规模居住区改造工作。德国在20世纪90年代也开始推行适应生态环境的居住区政策，以切实贯彻可持续发展的

① 资料来源：http://www.gbchina.org/lsjz4.htm。

② 资料来源：http://www.gbchina.org/lsjz4.htm。

③ 资料来源：http://www.egbf.org。

④ 资料来源：http://www.egbf.org。

战略[①]。

除了一些政策上的支持，以瑞士为代表的部分发达国家对绿色建筑更深层面的应用展开了探索，并初见成效。瑞士的绿色建筑发展始终走在世界前列，“微能耗”（Minergie）评价体系的建立和完善使之成为全世界建筑业节能减排的标杆，政府机构对于生态建筑技术的改良和创新也受人瞩目。除瑞士外，在英国，政府制定了一系列政策和制度来促进高能效技术在新建建筑和既有建筑改造中的应用[②]。在低碳排量建筑方面，英国政府也采取了一些新的规划和经济激励政策。相关的私人组织也自发行动起来，并协同政府部门，不断推动绿色建筑的研究与改革，促进绿色建筑科技的发展。

德国的建筑界、大学科研机构及生态保护团体自20世纪70年代开始就开展了有效合作，进行生态建筑的理论研究和实践探索。在建筑设计中，德国已广泛应用了新近开发的各种节能技术和设备。德国在建筑节能节水、太阳能利用、生活污水处理、屋顶绿化等方面的研究和实验进展已使德国成了生态建筑和建筑新技术的前沿阵地。另外，德国在建筑材料、建筑的保温隔热、节能技术运用等许多方面制定了相应法规，在实践中也已广泛深入人心，得到建筑各界的支持和遵守。德国已成为生态建筑研究、设计、节能技术开发、节能设备研制、法规条例制定等方面领先的国家（田娜等，2010）。

美国也是开展生态建筑理论研究和设计实践较早的国家之一。1962年蕾切尔·卡森（Rachel Carson）女士的《寂静的春天》（*Silent Spring*）一书，初次唤醒了人类对地球生态和环境的关注。1969年伊安·麦哈格（Ian McHarg）的《设计结合自然》（*Design with Nature*）一书，最早提出了要在城市规划和环境评价研究中运用生态学理念和生态设计方法。美国曾多次举行生态节能建筑的设计竞赛，其中的方案和设计实践产生了大量的示范性生态建筑。1999年，美国建筑师协会选择了十座本土建筑作为现阶段生态建筑创作的范例来大力推广生态建筑设计。美国的“绿色建筑委员会”在1995年提出了一套能源环境设计先导计划（Leadership in Energy & Environmental Design，LEED），在2000年3月发布了它的2.0版本。至今，美国境内已经有包括图4−3所示建筑在内的上千栋新建、改建建筑获得了LEED认证（李洁，2002）。图4−3中展示的即为美国东海岸第一座获得LEED认证的改建建筑。目前，LEED认证在世界范围得到了广泛推广与应用。

---

① 资料来源：http://www.gbchina.org/lsjz4.htm。
② 资料来源：http://www.ukssciencetech.com。

图 4－3　康涅狄格街 1225 大楼（美国东海岸第一座获得 LEED 认证的改建建筑）①

在法国，存在一种全新的生态住宅理念。除了常规的使用大量环保、清洁的太阳能、风能，同时还使用收集、净化和储存雨水的设施为生态住宅提供充足的生活用水及住宅环境系统中观赏植物的灌溉用水。法国这种生态住宅的屋顶和墙体具有超强的隔热、隔音功能，并能神奇地开合，真正地实现了“打开天窗、贴近自然”的人居环境理念，从而使人们在随心所欲的开放式住宅中充分享受阳光雨露的滋养与润泽（田娜等，2010）。

奥地利目前约有 24％的能源使用由可再生能源提供，这使得奥地利在国际绿色建筑上处于领先地位。在很多奥地利的示范项目中，大量应用了降低资源消耗和减少投资成本的技术（章国美、时昌法，2016）。最突出的例子是准备（PREPARE）项目，以及已处于国际领先水平的格拉茨市的生态利润（ECOPROFIT）项目。ECOPROFIT 项目建于奥地利东南部的格拉茨市，主要进行能量和物质流分析，并进行环境评测，目前已有 10 多个国家、50 多个城市的近 1000 个项目介入。由于管理部门和科学技术界的积极参与，该项目已使参与者受益。同时，奥地利从 2001 年开始的政府大楼签约计划（Programme on Contracting for Government Buildings，PCGB）也旨在提高建筑中的能源利用效率。在 PCGB 项目开始阶段，奥地利约有 500 栋政府办公楼参与试点。据估计，此举每年能够大约节省 700 万欧元的能源费用，是推动项目进程中的亮点（姚润明等，2006）。

澳大利亚的绿色建筑评估工具近年来也发展很快，其绿色建筑委员会的评估系统，即针对商业办公楼的“绿色之星”（Green Star），已被誉为新一代的国际绿色建筑评估工具。在澳大利亚政府的大力支持下，该系统于 2003 年 7 月由一些国际绿色建筑专家

① 图片来源：https://en.wikipedia.org/wiki/Leadership _ in _ Energy _ and _ Environmental _ Design #/media/File:1225 _ Connecticut _ Ave.JPG，2019 年 10 月 30 日。

和绿色发展组织着手研发。这被认为是目前全球第一套利用环境、社会和经济效益平衡论来推动可持续发展产业的评估工具，图 4－4 所示的澳大利亚墨尔本大学设计学院就获得了这一评估的认证。

图 4－4　墨尔本大学设计学院获得澳大利亚“绿色之星”认证①

在我国，绿色建筑概念的引入始于 20 世纪 90 年代。2001 年开始，我国建筑学界对此进行探索性了解、研究和推广应用，尤其在“十一五”期间，我国绿色建筑发展在政策和标准体系建设、技术研发、示范推广等方面都取得了积极进展，为大规模推广奠定了基础。2005 年 3 月，在北京召开的首届国际智能与绿色建筑技术研讨会上，与会各国政府有关主管部门与组织、国际机构、专家学者和企业在广泛交流的基础上，对 21 世纪智能与绿色建筑发展的背景、指导纲领和主要任务达成共识。会议通过了绿色建筑发展的《北京宣言》，该宣言有利于促进新千年国际智能与绿色建筑的健康快速发展，建设一个高效、安全、舒适的人居环境。其后，随着 2006 年《绿色建筑评价标准》的实施，中国绿色建筑得以迅猛发展。到 2012 年 1 月初，全国共评出了 353 项绿色建筑评价标识项目，总建筑面积近 3500 万平方米（谷立静、张建国，2012）。到 2014 年底，中国获得 LEED 认证和中国绿色建筑标识认证的项目已达 3000 多项，其中就包括图 4－5 所展示的香港实验性绿色生活展示中心。总体而言，我国绿色建筑发展还处于发展的起步阶段，其特点是数量少，呈点状分散态势，且地域发展不平衡。绿色建筑的发展存在南方快、北方慢，东部沿海快、西部地区慢等发展不均衡问题，与大规模推广绿色建筑的要求差距较大。可喜的是，近几年来各地绿色建筑发展速度呈现加快的趋势（田娜等，2010），有望在未来得到改善。

---

①　图片来源：https://media2.architecturemedia.net/site_media/media/cache/45/00/450002048a53d57940b7099144e4e28b.jpg，2019 年 10 月 30 日。

图 4—5 位于香港的实验性绿色生活展示中心（The Green Atrium）获得中国绿色建筑评价标准认证①

4.1.3 绿色建筑的评价体系

绿色建筑的发展需要完善的绿色建筑评价体系作为重要技术支持。由于绿色建筑具有极强的地域性，受不同的气候、资源、地理位置和生活习惯的影响，全球不可能出现国际统一标准。每一个国家和地区都在寻找和开发适合本国和地区的绿色建筑评价体系（章国美、时昌法，2016）。现阶段，世界很多国家都已经有了自己的绿色建筑评价体系。而且，随着技术的发展，各种评价体系也在不断完善，逐步有新的版本发布。其中，最具国际影响力的包括英国建筑研究环境评价方法（Building Research Establishment Environmental Assessment Method，BREEAM）、日本建筑物综合环境性能评价体系（Comprehensive Assessment System for Building Environmental Efficiency，CASBEE）、美国 LEED 以及瑞士“微能耗”（Minergie）评价体系。以下分别做简单介绍。

4.1.3.1 英国 BREEAM 体系②

BREEAM 体系，由建筑研究机构（BRE）于 1990 年首次提出，是世界上建立时间最长的、用于评估和认证建筑可持续性的评估体系。时至今日，已有超过 250000 幢建筑获得 BREEAM 认证，在全球 50 多个国家注册 BREEAM 的建筑超过 100 万幢。BREEAM 是世界领先的可持续发展评估方法，用于总体规划项目、基础设施和建筑。BREEAM 是通过使用 BRE 制定的标准对资产的环境、社会和经济可持续性绩效进行评估的第三方认证，从整个建筑环境生命周期（从新建筑到使用和翻新）中识别并反映高性能资产的价值。这意味着 BREEAM 评级的开发项目是更加可持续发展的项目，可以增加在其中生活和工作的居民的福祉，帮助保护自然资源并实现更具吸引力的房地产投资。

BREEAM 的评估由独立的、有执照的评估员执行。整个评估体系把对于建筑物的评级和认证标准，分为“通过”“良好”“非常好”“优秀”“杰出”几个级别。

① 图片来源：http://timable.com/res/pic/5abed12f55691606b756bf8477351ba42.jpg，2019 年 10 月 30 日。
② 资料来源：https://en.wikipedia.org/wiki/BREEAM，2019 年 10 月 30 日。

BREEAM使用科学的可持续发展指标和指数，涵盖一系列环境问题，可分类别评估能源和水的使用、健康和福祉、污染、运输、材料、废物、生态和管理过程等。

4.1.3.2　日本CASBEE体系

在可持续发展观的大潮流背景下，2001年4月，日本国内由产（企业）、政（政府）、学（学者）联合成立了“建筑物综合环境评价研究委员会”，并合作开展了项目研究，最终开发出CASBEE体系。建筑物综合环境性能评价体系以各种用途、规模的建筑物作为评价对象，从“环境效率”定义出发进行评价，试图评价建筑物在限定的环境性能下通过相应措施降低环境负荷的效果。CASBEE将评估体系分为Q（建筑环境性能、质量）与LR（建筑环境负荷的减少）两类。建筑环境性能、质量包括Q1－室内环境，Q2－服务性能，Q3－室外环境。建筑环境负荷包括LR1－能源，LR2－资源、材料，LR3－建筑用地外环境。每个项目都包含若干小项。CASBEE体系采用5分评价制，满足最低要求评为1，达到一般水平评为3。参评项目最终的Q或LR得分为各个子项得分乘以其对应权重系数的结果之和，得出结果为SQ及SLR。根据评分细目表和SQ和SLR的评分结果进而可计算出建筑物的环境性能效率，即Bee值[①]。

4.1.3.3　美国LEED体系

LEED体系是美国绿色建筑协会在2000年设立的一项绿色建筑评分认证系统，用以评估建筑绩效是否能符合永续性。这套标准经过逐步修正，目前执行的适用版本为第四个版本。适用建物类型包含新建建筑、既有建筑物、商业建筑内部设计、学校、租屋与住家等。对于新建案（LEED NC），评分项目包括7大指标：永续性建址（Sustainable Site）、用水效率（Water Efficiency）、能源和大气（Energy and Atmosphere）、材料和资源（Materials and Resources）、室内环境品质（Indoor Environmental Quality）、革新和设计过程（Innovation and Design Process）、区域优先性（Regional Priority）。评分系统总分为110分。申请LEED认证的建筑物，若评分达40～49分，则该建筑物称为被LEED认证级（Certified）；评分达50～59分，则该建筑物达到LEED银级认证（Silver）；若评分达60～79分，则该建筑物达到LEED金级认证（Gold）；若评分达80分以上，则该建筑物达到LEED白金级认证（Platinum）。同时，LEED根据认证对象的不同，又可以分为LEED NC（新建物与新增大范围建案申请）、LEED ND（集合住宅、商住混合开发案申请，不包含建筑物）、LEED EB（既有建筑物或建筑物局部修改认证）、LEED CI（室内装修改善认证）、LEED CS（建筑物结构体业主或开发商申请认证）、LEED HC（医疗建筑的认证）[②]。

4.1.3.4　瑞士“微能耗”（Minergie）体系

“微能耗”（Minergie）体系是关于新建和翻新的低能耗建筑的质量指标体系。该体

---

① 资料来源：http://www.ibec.or.jp/CASBEE/english/，2019年10月30日。

② 资料来源：https://en.wikipedia.org/wiki/Leadership_in_Energy_and_Environmental_Design#See_also，2019年10月30日。

系由瑞士联邦、瑞士州和列支敦士登公国，以及瑞士贸易和工业部门共同支持，可在瑞士及世界各地注册，仅可用于实际符合“微能耗”（Minergie）标准的建筑物、服务和组件。符合“微能耗”（Minergie）标准的建筑物通常具有节能通风系统，保证建筑物内的空气得以不断更新从而提供新鲜空气，其中具体能耗被用作量化该绿色建筑质量高低的主要指标。目前，瑞士境内约有13%的新建筑和2%的翻新建筑项目获得了“微能耗”（Minergie）认证，其中以住宅建筑居多①。

如图4－6所示，截至2009年，瑞士境内共有14500栋建筑获得了“微能耗”（Minergie）的认证。在美国，共有1950栋建筑获得LEED的认证，15000栋建筑应用了绿色建筑技术。其中西海岸的绿色建筑密度最高，东北部次高，在南部及中部地区也有分布。

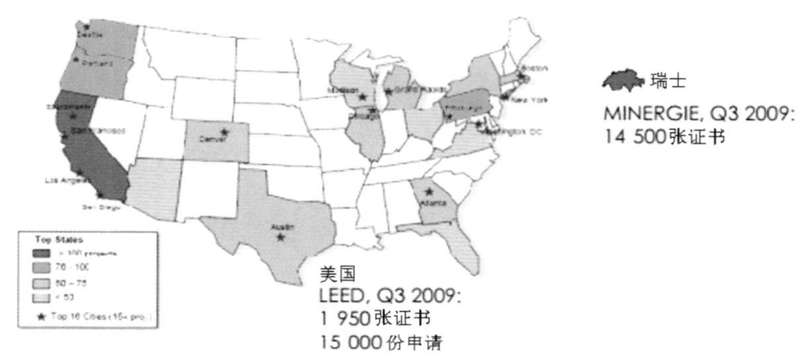

图4－6　瑞士微能耗（Minergie）与美国LEED体系建筑物数量对比②

4.1.3.5　推行绿色建筑的效益

全世界范围内越来越多的数据表明，绿色建筑为人类带来了多重好处。绿色建筑能够提供一些最有效的手段来实现一系列全球性的目标，如应对气候变化创造可持续和繁荣的社区，以及推动经济增长。绿色建筑带来的效益可被分为三类：环境效益、经济效益和社会效益。有许多事实和统计数据能够证明这些效益确实存在。

4.1.3.6　环境效益

绿色建筑带来的最重要的影响之一是改善气候和自然环境。它们不仅可以通过减少用水量、能源或自然资源使用量来减少或消除自身对环境的负面影响，而且在许多情况下，它们还可以通过建筑物本身产生的能量对环境（建筑物或城市）产生积极影响，同时增加生物多样性③。

在节能方面，绿色建筑在全球各地均能以高成本效益方式进行建造，运行期间用于供热和制冷的终端能耗比传统新建建筑节约60%～90%。根据政府间气候变化专门委

① 资料来源：https://en.wikipedia.org/wiki/Minergie。

② 资料来源：https://www.minergie.ch/。图标制作：作者。

③ 资料来源：https://www.minergie.ch/。

员会在2014公布的报告，对于已经建成的建筑而言，对其进行低能耗的改造也可以节约50%～75%的能源。有数据显示，到2050年，最优情况下的既有建筑节能改造和新建建筑将比2005年节约大概46%的能源。而次优情况下，2050年预期供暖和制冷终端能源消耗量最多可节约60%。尽管建筑总量不断增加，但建筑能源消耗却可以从2005年的15700太瓦时降至2050年的8500太瓦时（GEA，2012），可见绿色建筑在节能减排方面具有的强大优势。除这份数据外，联合国环境署也对绿色建筑的节能作用做出了高度的评价，认为：

（1）与其他主要排放源相比，建筑具有能够显著减少温室气体排放的最大潜力（联合国环境署，2009）；

（2）对建筑物采取能源效率提升、燃料转换和可再生能源使用等措施，到2050年，能减少高达84亿吨的二氧化碳排放（联合国环境署，2016）；

（3）在2050年，建筑行业有可能节约50%或更多能源，以此将全球温度上升限制在2℃以内（高于工业化前水平）（联合国环境署，2016）。

一些国家的绿色建筑已经在节能方面取得了一些成就：

（1）在澳大利亚，获得绿色星级认证的绿色建筑物的温室气体排放量比本国普通建筑物减少了62%，饮用水量比满足最低行业要求的建筑物减少了51%；

（2）印度绿色建筑委员会（IGBC）认证的绿色建筑与印度传统建筑相比，节能40%～50%，节水20%～30%；

（3）与行业标准相比，在南非，获得绿色星级认证的绿色建筑平均每年可节省/减少30%～40%的能源和碳排放，每年可节省20%～30%的饮用水；

（4）与非绿色建筑相比，美国和其他国家获得LEED认证的绿色建筑能源消耗减少了25%，用水量减少了11%。

4.1.3.7 经济效益

绿色建筑为一系列相关群体提供了许多经济或金融利益，其中包括通过提高能源和水的利用率为住户或家庭节省水电费，为建筑开发商降低建筑建造成本并提高房产价值，提高业主的入住率或降低业主营运成本，创造就业机会①。数据显示，在全球层面：全球性的能源效率提升措施可节省280亿至4100亿欧元的能源支出，相当于美国年度电力消耗的近两倍（欧盟委员会，2015）。在国家层面：2014年，加拿大的绿色建筑行业产生了234.5亿美元的GDP，并提供了近30万个全职工作岗位（加拿大绿色建筑委员会/德尔福集团，2016）。在建筑层面：建筑业主报告称，无论绿色建筑是新的还是翻修过的，其资产价值都比传统建筑增加7%（道奇数据与分析，2016）。

4.1.3.8 社会效益

绿色建筑带来的效益不仅包括经济和环境方面，还包括社会方面。其中，在改善健康方面，绿色建筑具有突出功效。例如，绿色建筑令室内环境更加健康舒适，同时可降

---

① 资料来源：https://www.minergie.ch/。

低噪音并增加日间采光，改善热控制，从而降低建筑使用者的患病概率。一些权威机构对绿色建筑带给人的健康作用做出了量化评价：

(1) 绿色、通风良好的办公室工作人员的认知得分（大脑功能）增加了 101%（哈佛公共卫生学院/锡拉丘兹大学卓越中心/纽约州立大学医学院，2015）；

(2) 在具有窗户的办公室办公的员工每晚平均睡眠时间比在无窗办公室工作的员工多 46 分钟（美国睡眠医学会，2013）；

(3) 更好的室内空气质量（低浓度的二氧化碳和污染物，以及高通风率）可以使人活力提高 8%（Park and Yoon，2011）。

除改善健康外，绿色建筑还具有其他社会效益，例如：减少低收入家庭对社会福利或用能补贴的依赖，绿色建筑创造的多余能源可以让更多地区接入电网从而利于扶贫等。

4.2 瑞士绿色建筑概况

4.2.1 历史

正如前文所述，瑞士政府对绿色建筑的重视和推动源于 1973 年的原油价格冲击和瑞士洛桑联邦理工学院利用系统性、学术性能源改造方式改造校园的事件。瑞士洛桑联邦理工学院当年改造的这些建筑即为当今瑞士绿色建筑的前身。图 4－7 中展示出的这些校园建筑仍然存留，并在许多方面比其他建筑更加节能。

图 4－7 瑞士洛桑联邦理工学院校区鸟瞰[①]

根据瑞士专家提供的资料，20 世纪 80 年代到 90 年代末，瑞士房地产开发商出于

① 图片来源：https://upload.wikimedia.org/wikipedia/commons/5/50/Vue_a%C3%A9rienne_EPFL_07－2009.jpg。

便利性和节约成本的考虑对建筑物进行隔热处理，一些由建筑师和房主自发自愿开发的推崇与自然和谐共存的住房方案推动建立了于 1998 年正式启动的瑞士国家绿色建筑标准“微能耗”（Minergie）。这一标准最早是由海因兹·于伯瑟（Heinz Uebersax）和路迪·柯礼士（Ruedi Kriesi）于 1994 年提出的，并在同年建成两栋符合其标准的绿色建筑。在 2001 年底，“微能耗”（Minergie）－P 引入了另一个更严格的所谓被动式房屋标准。作为最早涉足绿色建筑的国家之一，瑞士系统推动并进一步发展了绿色建筑。在今天，瑞士可能是拥有最高绿色建筑标准的国家，同时也是新建建筑中绿色建筑密度最高的国家（见图 4－8）。

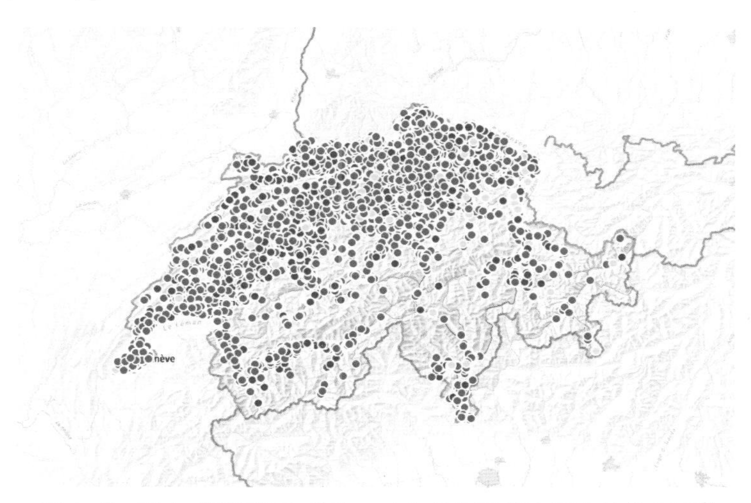

图 4－8　瑞士“微能耗”（Minergie）认证建筑在瑞士的分布图[①]

4.2.2　瑞士绿色建筑的现状

在过去十年中，绿色建筑市场在世界许多地方蓬勃发展。尤其是在亚洲，绿色建筑有了每年 35％的增长率，到 2013 年增长率甚至达到 70％。之所以出现这一高增长率，是因为对于许多亚洲国家而言，尤其是在像中国这样高度依赖煤炭资源的国家，二氧化碳减排在未来将会是一个巨大的挑战。而与亚洲国家相比，瑞士近年来的绿色建筑增长率一直不高，约为 15％。这种适度的增长可能是因为二氧化碳减排并不是瑞士需要面对的紧迫问题，也可能是因为自然市场的过渡期障碍阻碍了绿色建筑市场更强劲的增长。尽管如此，瑞士已采取必要的措施和战略，为绿色建筑市场的发展做好准备[②]。

在评估标准的现状发展方面，“微能耗”（Minergie）协会于 2011 年推出了零能耗标准“微能耗”（Minergie）－A。2016 年，该协会发生了自成立以来的最重大的变化：建立一个拥有自己员工的分支机构，并将其纳入重组后的协会。除此之外，“微能耗”

① 图片来源：https://map. geo. admin. ch/? topic＝energie&lang＝de&bgLayer＝ch. swisstopo. pixelkarte－grau&catalogNodes＝2419,3206&layers＝ch. bfe. minergiegebaeude&E＝2672500. 83&N＝1183874. 70&zoom＝1。

② 资料来源：https://www. energy－learning. com/index. php/opinion/73－green－building－market－in－switzerland。

（Minergie）协会还与大量相关领域专家合作，首次完全修订了三个“微能耗”（Minergie）标准，并为建设和运营阶段（MQS 建设和 MQS 运营）开发了产品。2018年，“微能耗”（Minergie）协会举办多次活动，庆祝其成立 20 周年①。尽管“微能耗”（Minergie）标准已经具备了较为全面、科学的评价方法，但仍有瑞士专家指出，其模型目前主要关注能源效率，并没有真正强调可持续建筑的其他目标，如减少废物，提高材料效率，以及运营和维护优化等，而这些目标实际上也都是绿色建筑设计的重要组成部分。可持续设计和建造不仅需要在建筑物的整个生命周期中使用可持续、高效率的方法和材料，而且还要求它们不会损害环境，同时不损坏建筑物居住者、建筑工人、普通大众及其后代的健康和福祉。绿色建筑的概念不仅有利于业主，也有利于社会和环境，因为它意味着平衡环境、社会和经济健康之间的关系②。

4.3 瑞士绿色建筑相关政策

4.3.1 “微能耗”（Minergie）评价标准

“微能耗”（Minergie）是瑞士新建建筑和改造建筑的低能耗评价标准。“微能耗”（Minergie）标准是高品质、高性能、高舒适度且能耗极低的代言词，是目前瑞士最权威、运用最广的绿色建筑评价标准，同时也可以在世界其他地区进行申请认证。

4.3.1.1 “微能耗”（Minergie）评价标准概况

1. “微能耗”（Minergie）概况及在瑞士的现状分布（见图 4—9）

“微能耗”（Minergie）是由“微能耗”协会颁发的一种表明建筑物节能状况的指标体系，受到瑞士联邦、瑞士各州、瑞士贸易和工业部门，以及列支敦士登公国的认可。凡是达到该标准的建筑物，都必须在外墙、通风、绝缘、热度控制和照明等一系列技术指标上做到节能最优化，尤其是建筑的保温隔热和通风性能——因为瑞士 1/3 的能源需求来自建筑的供热与制冷。

“微能耗”（Minergie）虽然被冠以“瑞士制造”的标签，但它不是产品，而是一种理念。满足其标准的不仅可以是建筑物本身，也可以是一扇窗、一扇门。申请该标签属自愿行为，只要能够满足节能参数，原则上就可以申请这一标签。但一般来说，只有在设计、修建、使用某建筑物的过程中，从始至终都贯穿“节能”概念的产品，才能最终获得这一节能标签。“微能耗”（Minergie）表彰的是节能的系统工程，而不是某一个号称“节能”的产品。

在瑞士，有超过 46000 座建筑已经获得“微能耗”（Minergie）认证。“微能耗”（Minergie）认证已经成为社会各界所认可的标签，它的合作机构涵盖建筑界、金融界

---

① 资料来源：https://www.minergie.ch/。
② 资料来源：https://www.minergie.ch/。

及政府的机构，它们为“微能耗”（Minergie）提供了多方面的保障。图 4－10 总结归纳了“微能耗”（Minergie）几个主要的合作机构，第一排左起分别为瑞士瑞族可持续电器生产公司、弗洛克（Flumroc）可持续建材公司、瑞士森德集团暖通公司，第二排左起分别为瑞士能源规划、苏黎世州银行、因特诺姆（Internorm）门窗生产公司。

图 4－9 “微能耗”（Minergie）在瑞士的现状，截至 2018 年 7 月 22 日①

图 4－10 瑞士“微能耗”（Minergie）主要合作机构②

2. “微能耗”（Minergie）分级标准

“微能耗”（Minergie）目前拥有“微能耗”（Minergie）、“微能耗”（Minergie）－P、“微能耗”（Minergie）－A 三个基础标准和“微能耗”（Minergie）－ECO、“微能耗”（Minergie）－MQS 两个附加标准，两个附加标准可以叠加在三个基础标准之上，体现更高的质量水准（见图 4－11）。

图 4－11 瑞士“微能耗”（MINERGIE）分级标准一览③

① 图片来源：https://www.minergie.ch/minergie_fr.html。
② 图片来源：https://www.minergie.ch/minergie_fr.html。
③ 图片来源：https://www.minergie.ch/de/verstehen/uebersicht/。

“微能耗”（Minergie）是最早、最基本的标准，广泛用于新建和改造的建筑物，主要针对的对象是建筑的能效性、可再生能源的利用率、环境影响度以及室内环境的舒适度等方面。这一标准的制定主要着眼于减少建筑建造和使用的能源消耗，尤其是对造成环境影响比较大的化石燃料的使用加以限制。它要求建筑的总体能耗不可高于常规建筑平均值的75%，化石燃料的消耗则必须低于50%。

出台于2001年末的“微能耗”（Minergie）－P标准对能耗提出了更高的要求。其中的“P”意指“Passive”，即德国的被动式设计概念，这一标准也相当于国际知名的德国“被动住宅”（Passive House）标准。该标准要求降低建筑采暖能耗、控制室内空气交换、预防夏季过热、加强建筑外围护的隔热和气密性、使用节能电器等。设施设备使用要简便，同时强调绿色建筑的附加造价需控制在总额的15%之内，尤其是采暖所需的能耗（瑞士本土的气候条件决定其建筑物的主要能耗都是用于冬季采暖）。

2011年出台的“微能耗”（Minergie）－A侧重于能源利用，采用光伏电系统和电池负载管理，将最高的舒适度要求和最大的能源利用结合起来，覆盖了采暖、水热化、建筑通风，以及所有利用可再生能源的电器和照明设备等领域。建筑物利用自行产生的光伏电，可以抵消部分通过电网传送的电力。

“微能耗”（Minergie）－ECO在“微能耗”（Minergie）－P级基础上，更关注室内环境使用者的健康舒适性，并对整个建造过程对环境的负面影响加以限制，包括原材料的耗费和再生以及构件制造与建筑施工过程。健康的室内环境包括适当的自然采光、隔音降噪、降低有害气体的排放等。为减少对环境的影响，强调应少用稀有的原材料，多用本土材料、经认证的绿色环保材料、再生材料以及制造过程中低能耗、低排放的建材。施工方法上，需利用材料分类回收再用，处置废料的方式也需要减少对环境的危害。在上述各级认证标准的具体要求之上，“微能耗”（Minergie）绿色建筑也不允许采用不可取的或是有害的物质及施工做法。从健康的室内环境出发，禁止使用杀虫剂、木材防腐剂以及会产生甲醛的溶剂型产品和木制品；从控制对环境的影响出发，要求控制使用含重金属的材料，要求利用方圆25千米范围内生产的再生混凝土产品，未经环保认证不得使用外地木材及木制品，同时禁止使用胶粘剂和密封泡沫材料。

“微能耗”（Minergie）－MQS代表了最高质量的施工标准，对“微能耗”（Minergie）相关的建筑构造、部件和设备，如建筑通风、建筑围护结构、暖通装置等进行检查。它分为两个部分：一是MQS建设标准，为建筑施工提供质量保证和透明度；二是MQS技术标准，优化使用建筑系统技术，确保最大舒适度。通过MQS的标准，承包商和合作伙伴将有机会获得“MQS验证”奖。MQS优化了建筑服务系统，认证产品种类和款式的多样化在竞争中也大大促进了建筑质量的提升和造价的降低。

在瑞士，目前有超过44999个建筑物被授予“微能耗”（Minergie）证书，3922个建筑被认证为“微能耗”（Minergie）－P建筑和691个建筑被认证为“微能耗”（Minergie）－A建筑（见表4－2）。“微能耗”（Minergie）网站会公开获得认证的建筑的名单。房地产中介通常会将拥有“微能耗”（Minergie）证书作为建筑销售的一大优势。

表4—2 通过“微能耗”(Minergie)认证的建筑数量(单位:个)①

类型	无ECO认证	附加ECO认证	总计
Minergie	40386	544	40930
Minergie—P	3922	786	4708
Minergie—A	691	194	885
总计	44999	1524	46523

4.3.1.2 “微能耗”(Minergie)发展历程和目标

1. 发展历程

1994年,“微能耗”(Minergie)的概念被提出来,随后被注册成了商标以防被误用及滥用,并于1997年得到瑞士苏黎世和伯尔尼两州政府的官方认可。1998年,在多方的共同努力下,“微能耗”(Minergie)协会正式成立,制定并出版了第一个低能耗的“微能耗”(Minergie)标准。该协会还向自然人和法人开放,截至2017年底有大约400名成员。

在2001年底,“微能耗”(Minergie)—P被提出作为瑞士被动式房子的最低能源标准。在2011年,引入了零能耗标准“微能耗”(Minergie)—A。具体的发展历史见整理的时间轴(图4—12)。

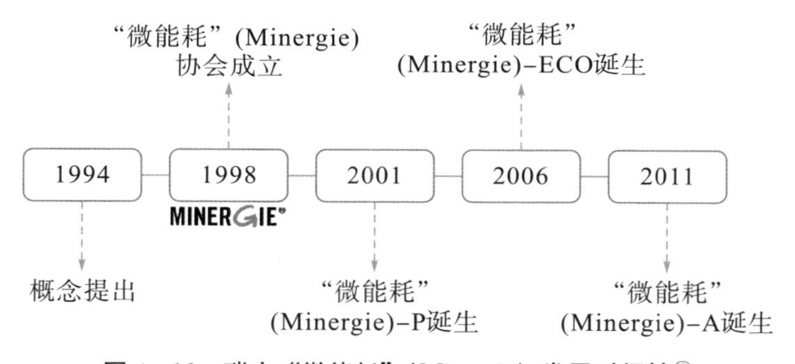

图4—12 瑞士“微能耗”(Minergie)发展时间轴②

自2006年以来,“微能耗”(Minergie)与生态组织协会合作,所有建筑标准可以将生态健康和建筑结合起来。如今,在瑞士得到“微能耗”(Minergie)标准认证的建筑占了最高的市场份额。

2. 目标效益

“微能耗”(Minergie)的目标是实现低能源资源消耗、高舒适度的建筑。

如今,一个经过“微能耗”(Minergie)认证的建筑比瑞士普通建筑的能耗要少约60%。由于瑞士普通建筑的能耗水平本来就较低,因而这实际上使得“微能耗”

① 资料来源:https://www.minergie.ch/。

② 资料来源:https://www.minergie.ch/。图标制作:作者。

(Minergie) 成为全世界最高的建筑能耗监管标准。"微能耗"(Minergie) 认为，这样的能源效率必须经由综合的设计策略、合理的生命周期成本和良好的质量效益才能达到，因此，建筑项目必须从最初的设计阶段就参照"微能耗"(Minergie) 标准。同时，如前文所述，"微能耗"(Minergie) 的模块解决方案也可以运用于设计中的特定环节，诸如窗户和暖通等。

4.3.1.3 "微能耗"(Minergie) 标准的特色

"微能耗"(Minergie) 标准相对于其他国际建筑标准来说更准确，更强调经济性，这使它更易受推广。它的特点可归纳为以下几个方面。

1. 总体能耗为主要指标

"微能耗"(Minergie) 是一个真正强调以人为本的绿色建筑标准，以使用者的舒适性为首要目标，讲求建造与运行的经济性，而不是进行高科技产品的简单堆砌。该标准的技术层面强调整合，强调一体化与高能效性。认证标准不是简单的技术子项的分值相加，而是将最终场地与建筑的整体能耗而非单项能耗的总和作为量化建筑环境质量的主要指标。最终场地与建筑的整体能耗作为测量的指标但不是目标，"微能耗"(Minergie) 认为科技最终只有为人服务才能实现其价值，这也体现出它更重视以人为本而非唯科技是瞻。因此，"微能耗"(Minergie) 标准讲求使用者的舒适度、能源的效率和技术的适宜性。它并不给设计者强加很多限定，使得建筑达标的同时，设计师仍然享有设计和选材等方面的充分自由，这也是"微能耗"(Minergie) 标准能被广泛接受的重要原因之一。

"微能耗"(Minergie) 通过有限数量的关键绩效指标（如通过交付给该网站的能源量来衡量的具体能源消耗）来达到最大的总体效果。同时，"微能耗"(Minergie) 的关键特色在于不是基于点评分来实现综合评价，而是强调在所有关键性能指标中都达到阈值水平。这就使得只要任何一项指标的能源效率没有得到解决，该建筑不可能实现具有关键因素的"微能耗"(Minergie) 认证。相比之下，具体操作中"长处得分，短处忽略"、只以总分达标为目标的美国的 LEED 标准采用的分值相加型的绿色建筑指标更容易产生漏洞。依据"短板效应"，建筑最薄弱的方面（短板）才是最终决定建筑品质与性能的关键。

2. 追求建造和使用的经济性

"微能耗"(Minergie) 讲求建筑建造和使用的经济性，是少有的在评价体系里能涵盖造价的绿色建筑标准。正因如此，大量的私有业主对此感兴趣也能负担得起实现"微能耗"(Minergie) 认证，并最终从中受益。因此，"微能耗"(Minergie) 才能立足于瑞士本国的建筑产业，比其他各国的绿色建筑标准都推广得好。

"微能耗"(Minergie) 已经表明，建筑可以兼顾可持续的同时又具有经济竞争力。一些"微能耗"(Minergie) 认证的建筑，比如位于苏黎世的 IBM 新欧洲总部大楼，其投资成本溢价仅为 1%。智能设计和材料的正确组合可以让建筑拥有更高水平的能源效率和更少的污染排放。

3. 政府、市场、技术并行的运营模式

“微能耗”（Minergie）的成功还有一个重要的原因就是其具有瑞士特色的政府、市场与技术并行的运行模式。它是非官方的，也不是纯商业的，但其注册了受法律保护的商标。“微能耗”（Minergie）独立非营利的组织架构以及与政府、建筑制造业、金融机构的良好合作与互动也确保了其顺利的推广。多年来的运行，从接受理念到自觉运用，整个市场和社会对其的接纳度很高。建筑规范吸纳其条目和标准，从而提升建筑质量，促进整个建筑业的可持续发展，就是对此最好的佐证。与“微能耗”（Minergie）相比，几乎同时成形的德国“被动式住宅”是一个没有注册的品牌，其商业认可度和市场推广力大大被限制了。虽然德国的科学家倾注了大量的心血，“被动式住宅”也集合了很多的科技成果，但在德国本土“被动式住宅”的市场渗透率仍然只有“微能耗”（Minergie）的10%左右。因此，广泛的政府支持、商业和产业的联盟也是“微能耗”（Minergie）成功的重要因素之一。

4. 由赋有特色和权威的协会进行管理

在“微能耗”（Minergie）标准下，还有一个非营利的私营组织——“微能耗”（Minergie）协会。这个协会目前大约由400个成员组成，包括许多设计事务所、工程建设企业、建材及构件制造商以及金融财团等。

协会由一个有8位公众人物组成的董事会领导，下有一个执行决策层、一个技术咨询机构、几个有执行力的中心和一个注册认证师的网络。“微能耗”（Minergie）协会联系着瑞士境内大约900家已经或正在按照“微能耗”（Minergie）标准建造建筑的地方企业。“微能耗”（Minergie）的品牌给它的客户提供了积极正面的形象，并赋予更高、更持久的价值。世界一流的大公司，诸如瑞士再保险（SwissRE）、宜家（IKEA）、国际商业机器股份有限公司（IBM）等都是它的成员，它们在瑞士境内的新建筑都必须遵循“微能耗”（Minergie）标准。

此外，诸如瑞士信贷银行（Credit Suisse）、苏黎世州立银行（ZKB）、库珀银行（Bank Coop）以及其他金融机构亦纷纷以优惠条件给“微能耗”（Minergie）项目提供贷款。瑞士全国26个州的州政府也都是“微能耗”（Minergie）协会的成员，并参与整个认证过程。绝大多数的州政府会给“微能耗”（Minergie）标准建筑的业主按认证等级发放补贴，比如“微能耗”（Minergie）－P级别的私家住宅每户平均可以得到补贴12100美元。

4.3.1.4　“微能耗”（Minergie）的主要内容和评价手段

“微能耗”（Minergie）能源效率的要求必须通过三部分的标准考量才能达到，即综合的设计策略、合理的生命周期成本和良好的质量效益。

1. 综合设计策略

每一个建筑项目都必须从最初的设计阶段就开始参照“微能耗”（Minergie）标准。同时，“微能耗”（Minergie）的模块解决方案也可以用来解决设计中存在的一些问题（诸如窗户和通风等）。

在具体的技术层面上，“微能耗”（Minergie）标准要求综合考虑以下 10 项关键技术要素：

（1）紧凑的建筑形体，即建筑的体形系数要小；

（2）建筑外围护的气密性构造；

（3）墙体和屋顶的强力保温隔热系统；

（4）空间密封性，采用多层并带涂层的玻璃窗；

（5）提供大量净化新风的可能性，以保证高质量室内环境的高能效的、无风感的通风系统；

（6）楼板辐射空调系统，平均并有效地冷却或加热楼板、墙体、梁柱和天花等；

（7）可再生能源一体化利用，比如地热、太阳能、风能及木材等；

（8）余热利用；

（9）精心选材以避免产生室内外毒性并提升绿色价值；

（10）高能效的家用电器和灯光照明。

瑞士“微能耗”（Minergie）新建建筑见图 4－13。

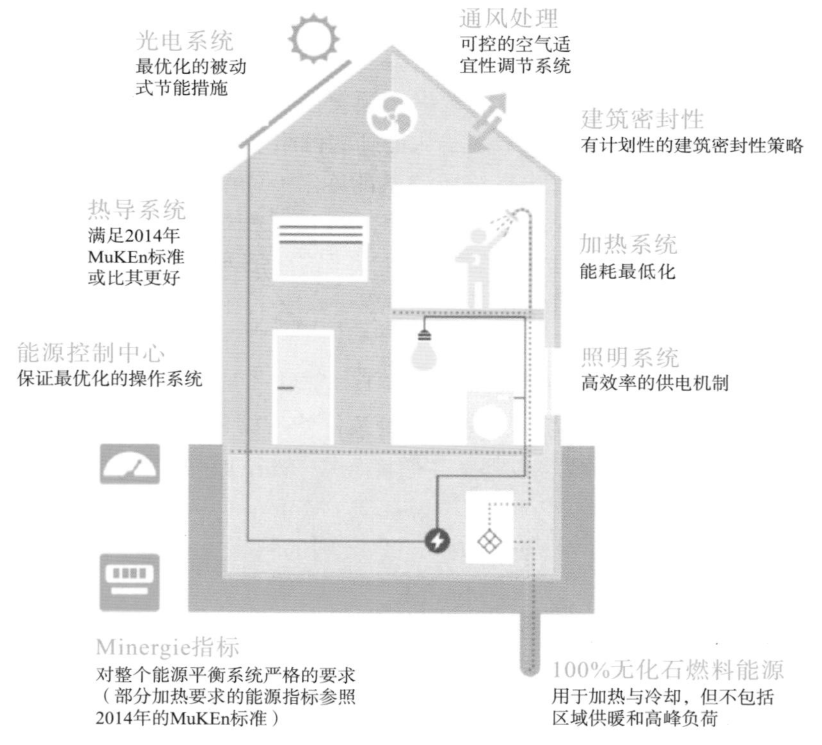

图 4－13 瑞士“微能耗”（Minergie）新建建筑[①]

“微能耗”（Minergie）的各级标准为材料、能效和舒适度制定出了明确的性能指标

① 资料来源：https://www.minergie.ch/。

体系。其策略是不仅是去认证几个标志性的“梦幻项目”，而且通过有限的一些关键性能指标控制来促使整个建筑业取得最大效能。比如，通过计算输送到场地的能源总量来衡量特定的能耗。与地方建筑设计规范相比较，“微能耗”（Minergie）对同样的条目提出了更高的标准，因此整体提升了建筑的性能。值得再次强调的是，不同于其他的绿色建筑标准，“微能耗”（Minergie）的认证并不是基于各项得分点分值的累加，而是所有关键性的指标都必须达到一定的门槛水平。这就意味着，若有个别关键性指标不达标，如能效未能达到，即使其他方面做到最佳也不可能得到“微能耗”（Minergie）认证。正如木桶原理的“短板效应”，决定建筑性能及其认证等级的正是其最为薄弱的方面（短板），这就要求建筑的设计、施工全过程都需要全面均衡的考虑和策略安排。

2. 控制生命周期成本和质量效益

“微能耗”（Minergie）标准的评价体系中对建筑造价控制也有明确要求。多年的实践推广已经表明了建筑可以既是可持续的，同时也是经济的。经验显示，只要肯花心思，建筑空间的可持续性改善还是易于实现的。因而，明智的设计和合理的选材可以实现能源利用的效率提高和废气废物排放量的减少，同时也非常经济，最终达到较高的性价比。大量的建筑业主会被贴上“微能耗”（Minergie）标签的建筑所吸引，这不仅是因为其性能标准大大超过了强制性的地区建筑规范标准，而且这些建筑与普通建筑相比也颇具经济竞争力。正如前文所述，即便位于苏黎世的IBM欧洲总部大楼这样的大型公共建筑，其针对“微能耗”（Minergie）标准的建设也只增加了1%的投资成本。“微能耗”（Minergie）正是这样不断引导瑞士建筑业向更为可持续的方向发展。

“微能耗”（Minergie）的技术认证标准清晰地表明了一个态度，那就是可持续建筑的目标效益是营造出更高水平的室内空间质量。室内空间质量在很多层面上都很重要。城市居民一天有90%的时间都是在室内度过的，而建筑物的环境在很大程度上决定了人们呼吸的空气质量、身体感受的温度、风感和光照质量，这些正是决定人体舒适感受和使用实效的关键因素。在家中，这些意味着更健康的睡眠、更好的学习环境和更高的舒适度；在办公室，良好的室内环境能调动员工工作的积极性，减少病假，提高有效工作的能力和持续性，而这些有价值的效益是无法用价格来估算的。虽然购买或租用“微能耗”（Minergie）建筑的价格或租金会比普通建筑稍高一些，可无论是居住或办公，它所带来的额外价值是远远超出业主所花费的那点额外费用的。“微能耗”（Minergie）标准使得建筑的使用者拥有更高的生活质量和工作效率，也大大提升了建筑生命周期的价值（具体见图4-14）。

	支出	收入
总共周期经济评估	–最初的投资，融资 –调试费用&维护费用 –终端费用，债务	+销售/出租成功 +更高的销售租赁价格 +年利润/转卖价值
可持续性政策带来的影响	· 较高的建设成本（0~10%，设计是关键） · 土地/财政协议，津贴 · 更低的能源费用和公用设施建设成本，更低的维护费用（比如保险费） · 更低的清理成本	· 更好的营销（性能需求，与同类产品区别） · 更高的销售/租赁收入（更好的质量、入住率、精神需求） · 更长的建筑寿命（更多的年利润和转卖价值）

图 4－14 “微能耗”（Minergie）的经济效益①

4.3.1.5 “微能耗”（Minergie）带来的好处

1. “微能耗”（Minergie）改善人居环境

按照“微能耗”（Minergie）协会与签约建筑师达成的协议，“微能耗”（Minergie）建筑的建造必须使用相当比例的环保材料，并保证具有良好的保温性，冬天不冷，夏天不热。此外，房屋具有良好的密封性，但并不意味着它与外界就是完全封闭的。按规定，环保住房一定要保证在不开窗的同时也能换气。在主人出去以后，带有过滤器的通风设备也能够工作，并保证在通风的同时过滤掉灰尘和其他脏东西，这样，主人回家后不会感到屋内空气浑浊。“微能耗”（Minergie）标准在舒适与效率方面带来了相关的各种好处，如提供安全保障，减少装修毒素带来的风险，降低噪音，减少粉尘和花粉，避免起伏较大的温差，更多地采用自然采光，提供怡人的气味和流动的风，保证新鲜空气与合适的温湿度，甚至可以阻隔害虫。

2. “微能耗”（Minergie）减少能源消耗

“微能耗”（Minergie）的建筑的能源消耗极低。新建筑在很大程度上是消耗化石燃料来产生电力。在“微能耗”（Minergie）－A 标准的情况下，能源生产甚至可能超过消费。这使“微能耗”（Minergie）建筑成为未来建筑的优先选择。

标准化的“微能耗”（Minergie）认证流程，明确要求各方和网上专业的合作伙伴简化整个规划和施工过程。目前，“微能耗”（Minergie）标准取代并成了瑞士建筑许可规范中的一部分所需的建筑物的能源证书。

3. “微能耗”（Minergie）提高商业价值

“微能耗”（Minergie）标签是建筑质量最高的代表，它显然保留有长期建设价值。“微能耗”（Minergie）标准提高了建筑质量，降低了建筑物结构缺陷的风险。现在，许多瑞士银行对于“微能耗”（Minergie）房屋的建造或者改建都提供了优惠贷款，利率大概比普通房屋的贷款利率要低 0.75％～1.5％。贴有这个标签的住房在转让的时候，比普通住房更具市场吸引力。这一点对于业主来说，也是潜在的诱惑。

① 资料来源：https://www.minergie.ch/。图标制作：作者。

同时，由于“微能耗”（Minergie）是一个联邦和各州支持的注册商标，这使得它在多方参与和互动中能迅速得到认可，实现可持续建筑从理念到实践的大力推广，也实现了其商业价值。在对建筑时间超过50年的老建筑进行改造时，与“微能耗”（Minergie）协会有合作关系的建筑师通常都能够捷足先登，获得改造项目的从业权。

4. “微能耗”（Minergie）推动国际市场

“微能耗”（Minergie）标准自问世以来就处于一个动态发展的进程，随着技术的进步和需求的提高，该标准也逐步更新优化，同时其他国家的绿色建筑技术标准和认证体系也成为其完善的重要参照物。

近年来，“微能耗”（Minergie）协会希望能够在推动全球建筑的可持续发展方面做出切实的贡献，因而也开始在国际间推广其本土成功的经验，包括法国、意大利、德国、美国和列支登士敦等国目前都已接受“微能耗”（Minergie）的评价体系并自愿进行认证。“微能耗”（Minergie）的国际化推广都是基于合作的方式，通过特许代理的模式迅速建立地方性的专业培训、认证中心。这个独立机构要加强与地方政府及可靠的金融机构的切实合作以便推进。在保持其基本要求和目标原则不变的同时，针对气候特点、环境控制、地方特有技术及人文等因素，与当地政府和独立机构共同合作制定出符合当地情况的“微能耗”（Minergie）特定标准。经过更新的标准既有普遍性又有特殊性，既具有国际可比性，又便于地方操作。

除上述欧美的核心市场外，“微能耗”（Minergie）也在拓展快速发展中的新兴国家市场（图4－15）。基于“微能耗”（Minergie）在绿色建筑方面的成功经验的积累，协会还希望未来能在绿色城市设计、可持续城市规划方面充分挖掘潜力，更多考量与城市建筑相关的各方因素的平衡，进一步拓展完善其内容。目前一个国际化的试点项目——阿联酋阿布扎比的瑞士村（Swiss－village）（图4－16）已经在实施中。

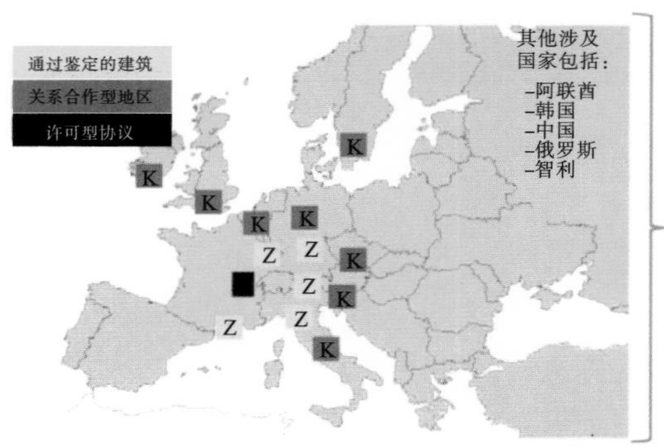

图4－15　“微能耗”（Minergie）的国际推广①

① 资料来源：https://www.minergie.ch/。图标制作：作者。

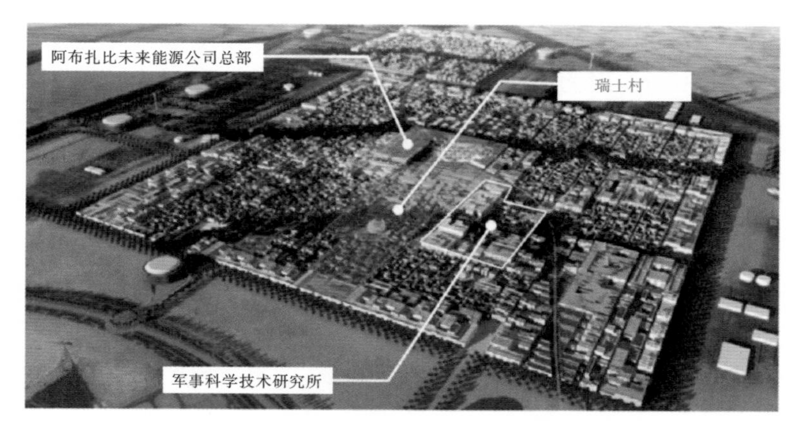

图 4—16 国际试点项目：位于阿联酋阿布扎比占地 1.5 万平方米的瑞士村清洁能源中心①

4.3.1.6 2000 瓦社区

“2000 瓦社区”（2000 Watt Community）标志由瑞士联邦能源部创立的能源城市标准执行小组（Trägerverein Energiestadt）颁发，它的目的是促进瑞士社区对可持续发展能源和节约型资源的投入。“2000 瓦社区”颁发的对象要满足建筑面积至少 1 公顷、具有一定密度、使用多功能性和交通的环保性等。瑞士联邦能源部已将“2000 瓦社区”项目列为联邦委员会“能源战略 2050”中的重要内容。截至 2016 年，瑞士已有苏黎世（Zurich）、巴塞尔（Basel）、伯尔尼（Bern）、卢塞恩（Lucerne）等 7 座城市共计 9 个社区获得“2000 瓦社区”标志。

1. “2000 瓦社区”是“2000 瓦社会”的重要实践

“2000 瓦社会”（2000 Watt Society）这一说法起源于瑞士联邦科技研究学院做过的一个全球性资源调查。研究发现，只要人均年耗电量维持到 2000 瓦的水平，就能维持地球资源平衡，实现可持续发展。基于该研究，瑞士联邦能源部提出“2000 瓦社会”（2000 Watt Society）的构想，目标是至 2050 年减少一半以上的用电量。

2008 年，瑞士全民公投以 76.4%的通过率达成了“2000 瓦社会”建设的目标，其中包括了人均能源消耗控制在 2000 瓦，到 2050 年人均二氧化碳排放量减少到 1 吨，使用可再生清洁能源，在核能上不再有新的投资等。

“2000 瓦社会”的概念，对于瑞士而言，相当于其 20 世纪 60 年代的耗能水平。根据瑞士 2000 瓦社会职能中心数据，2011 年全球人均消耗的能源是 2500 瓦，其中中国人均能源消耗 2540 瓦，美国人均能源消耗高达上万瓦，而瑞士的人均能源消耗在 5270 瓦。为实现 2000 瓦社会的目标，瑞士需要对资本资产进行全面再投资；翻新全国现有建筑，使其符合低能耗建筑标准；显著提高交通、航空和能源密集型材料使用效率；引入高速磁悬浮列车；使用可再生能源、区域供热、微型发电及相关技术；将研究转向新能源领域；等等。

---

① 资料来源：https://www.minergie.ch/。图标制作：作者。

在“2000瓦社会”的目标和政府的支持下，“2000瓦社区”应运而生。

2．“2000瓦社区”典型案例

（1）苏黎世的可柏特（Kalkbreite）社区。

位于苏黎世的可柏特社区是“2000瓦社区”的代表之一，其所在地前身是废弃的铁轨和城市电车车站。这里曾经一度因为吵闹而被认为“不适宜建设住宅区”，直到一群致力于可持续发展的先锋市民和住房专家在这里划出了8万平方英尺的住宅面积，构建一个类似“乌托邦式”的畅想，以实现2000瓦的生活目标。2014年，在建筑公司慕礼·习格思（Müller Sigirst）的设计改造下，建造了可容纳250名住户的97套公寓（图4－17）。公寓风格与周边的零售店面及写字楼协调相容，社区周边交通繁忙，电车铁轨交错（图4－18）。

图4－17　**可柏特社区内部**①

图4－18　**可柏特社区外部**②

根据租赁协议，住房无权购买这些房屋，只能租用。作为国际金融之城的苏黎世，其高昂的房价一度令人望而生畏。可柏特社区的平均房价相比苏黎世普通的公寓租金便

① 图片来源：http://image.thepaper.cn/www/image/4/812/758.jpg，2019年10月29日。

② 图片来源：http://image.thepaper.cn/www/image/4/812/753.jpg，2019年10月29日。

宜40%。

为了践行2000瓦的生活方式，可柏特社区采用了很多像公共洗衣房（见图4－19）这样的“共享”概念以期达到资源利用的最大化。比如提供可以供9户人家共同使用的公共厨房，还有公用的画室、瑜伽室、阅览室等。顶楼平台还有一个菜园，可以让住户一起种菜（见图4－20）。

图4－19　可柏特社区的公共洗衣房①

图4－20　种菜的顶楼平台②

公寓楼里的信息栏是一个二手物品中转站，住户将自己不用的物品转赠给需要的人，也可以将自己的“求购”需求贴在上面。在这面墙上，贴满了不同颜色的矩形条，“平底锅”“水壶”“台灯”……你能在每一块色条上找到他人不再需要的物品，然后根据上面留下的房间号和姓名，直接上门免费索要（见图4－21）。

① 图片来源：http://image.thepaper.cn/www/image/4/812/767.jpg，2019年10月29日。

② 图片来源：http://image.thepaper.cn/www/image/4/812/768.jpg，2019年10月29日。

图 4－21　“跳蚤墙”上的二手物品信息①

同时，为了鼓励居民乘坐交通工具，在可柏特社区，每一个住户在签订合同时，都接受了一项强制性条款：不允许拥有车。因此，可柏特社区并没有设立停车位。

值得一提的是，目前苏黎世 80％以上的供暖是靠燃烧化石燃料，而可柏特社区则尽可能使用清洁能源，比如：使用地热取代化石燃料取暖，利用太阳能供电，用可回收混凝土做承重墙等。新技术保证了居民的基本生活水准不会因碳排放量上限而受影响。到 2050 年，该社区的一个目标是将“化石燃料能源”的使用量降低到 0。

（2）巴塞尔的艾伦马（Erlenmatt quartier）社区。

艾伦马社区于 2017 年 9 月通过“2000 瓦社区”认证，是瑞士成立的第五个“2000 瓦社区”（图 4－22）。艾伦马社区位于巴塞尔的艾伦马广场（Erlenmatt Platz）公园内，有毗邻巴塞尔市最大的绿地（图 4－23）。该社区总共有 500 多间公寓以及配套的老年人中心、小学、幼儿园和日托所。公寓分为高级、家庭、情侣、单身等不同类型。除居住空间外，社区还有 2000 平方米的商业空间，为社区居民提供便利和服务，也为社区带来了活力。

图 4－22　艾伦马社区②

① 图片来源：http://image.thepaper.cn/www/image/4/812/769.jpg，2019 年 10 月 29 日。

② 图片来源：http://erlenmatt－west.ch/wp－content/uploads/2015/03/solaire－toit2.jpg，2019 年 10 月 30 日。

图 4－23 艾伦马社区的绿地[①]

在能源方面，该社区的所有建筑已经通过“微能耗”（Minergie）认证，这意味着建筑的保温隔热性能突出、能源使用合理、居住环境品质高以及可再生能源得到了充分利用。例如，社区使用 100％可再生的生态热能，利用安装在绿色屋顶上的太阳能光伏系统以及雨水循环系统等为居民提供热能。

为了节能减排，社区鼓励大家使用零排放的交通工具，社区内有 800 多个自行车停放空间和电动汽车充电站。行人、骑自行车者、滑板手和慢跑者在社区里随处可见。

为了促进邻里之间的交流，增加社区活力，该社区每个月至少组织一次社区活动。最热闹的是夏天的“艾伦马节”，在两天连续的活动中，艾伦马广场餐厅会提供食品和饮料，人们会尽兴地玩音乐、跳舞和交流（见图 4－24）。

图 4－24 艾伦马节[②]

① 图片来源：https://mcdn.newsnetz.ch/story/1/6/8/16817058/pictures/1/teaser _ wide _ big.jpg?1，2019 年 10 月 30 日。

② 图片来源：http://erlenmatt－west.ch/wp－content/uploads/2018/06/Photosswitzerland.com－08752.jpg，2019 年 10 月 30 日。

值得一提的是，艾伦马社区搭建了一个在线网络平台——ErlenApp。居民可以通过这款App进行在线交流，也可以轻松检索有关公寓、建筑物和宿舍的实用信息。对于物业人员来说，使用这款应用程序与住户沟通也让社区管理变得更容易、更加有效。在这款App上，居民可以获得有关社区发展的信息，比如有关“2000瓦社区”认证的详细信息、物业的联系方式和紧急号码，以及每个公寓内的设备和组件的相关信息（用户手册、保养说明、保修等）；可以查看住户的能源消耗，并与整个社区的能源消耗进行比较；可以在需要维修时与物业直接进行数字通信，提供维修的具体状态信息；可以随时了解社区的最新消息，如邻里聚会、新的基础设施信息、最新体育赛事等。App里甚至有一个“数字公告板”，方便居民间进行二手物交换，以达到节省资源的目的。

4.3.2　瑞士州级建筑能源认证证书（GEAK）

4.3.2.1　关于瑞士州级建筑能源认证证书

瑞士州级建筑能源认证证书（Gebäudeenergieausweis der Kantone，GEAK）是瑞士所有州都遵循的建筑物能源证书，对于瑞士现存和新增的建筑物的碳减排具有重大的贡献（GEAK的注册商标见图4－25）。根据瑞士宪法，瑞士各州负责管辖该州建筑行业的能源使用情况。早在1979年，瑞士各州的能源董事开始共同努力寻找解决能源相关的问题的途径。2008年初，瑞士能源董事决定启动GEAK。2009年，GEAK被介绍给瑞士公众，最初的15000个GEAK项目由瑞士联邦政府赞助。2011年至今，如GEAK Plus等围绕GEAK的产品被进一步开发出来，在质量保证、交流和专家培训方面也投入了更多的资金。2015年，整个组织得以专业化，即形成GEAK协会。

图4－25　瑞士州级建筑能源认证证书GEAK的注册商标①

一方面，GEAK展示了建筑物表面的能效水平；另一方面，GEAK展示了一栋建筑在规范使用时需要消耗的能源量。建筑所需要的能源需求量由七个等级的能源标识表示，字母A到G分别表示从非常节能到低能效的七个能效程度（见图4－26、图4－27）。每次GEAK评估完后，建筑物所有者将会收到一个简短的报告，报告会用图形显示该建筑物在能源评估类别中的能源排名，并且提供相应的能源利用改进建议。

① 图片来源：http://www.geak.ch/assets/images/temp/logo_de.png，2019年10月30日。

图 4-26　GEAK 的等级划分①

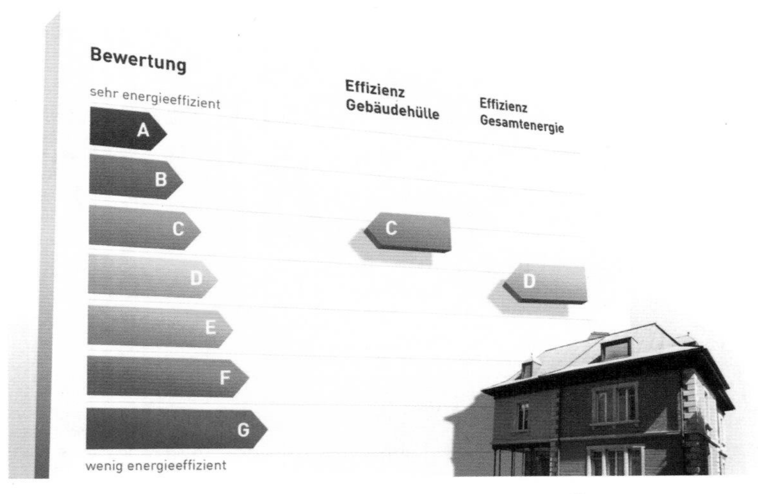

图 4-27　GEAK 的等级划分示意图②

GEAK 是非常成功的一项项目，至今已经在瑞士评估了 50000 多栋建筑物，并且项目新评估的建筑物数量约每年增加 15000 栋。评估工作由大约 1200 个就如何使用 GEAK 受过专门训练的专家完成。GEAK 的专家必须有广泛的关于建筑物能量平衡和优化相关的知识，只有那些符合所要求标准的人才能被批准成为 GEAK 专家。

4.3.2.2　GEAK 的执行

一般来说，GEAK 是由业主进行申请的，申请的时间节点是建筑物即将进行翻新或者正在计划进行翻新时。假如获得 GEAK 认证，这些项目可以获得补贴和有依据的改进建议。业主提交的申请受理后，由一个专家通过在线工具帮助进行 GEAK 认证。这位专家会访问被评估的建筑物，访问所有的相关的建筑以及能源消耗数据，并进行计算。经过成功计算后，申请 GEAK 的业主将会收到一份报告。报告有三种版本，分别以三种瑞士官方语言进行撰写。这份报告包含了能源排名和不超过三个可能的、附带有可能得到补贴的能源现代化改造方案。

4.3.2.3　GEAK 在瑞士的使用和带来的好处

GEAK 认证给瑞士带来了建筑项目的统一标准。所有 GEAK 的特定数据记录在 GEAK 网络在线工具中，随时可以读取调用。这允许进行所有建筑物的直接比较。除

---

① 图片来源：https://www.energieschweiz.ch/page/de-ch/gebaeudeenergieausweis-der-kantone-geak，2019 年 10 月 30 日。

② 图片来源：http://www.energierama.ch/cache/image/GEAK_Haus_res_w516.jpg，2019 年 10 月 30 日。

建筑物的能源状态外，类似居民数量、热水消费量和各种其他被记录的参数也使得用户行为变得清晰可见。

也因为如此，GEAK适合于在瑞士执行能源改善的评估，从而监控瑞士建筑物存储和排放二氧化碳的降低情况。业主可以很容易地理解这个具有能源标签的报告，同时获得一个可执行的、被补贴的可持续翻新方案，这给业主提供了一个良好方案的基础。

4.3.2.4　GEAK与“微能耗”（Minergie）的关系

自1998年以来，“微能耗”（Minergie）都是瑞士关于建筑节能的质量标签。它保证了一个高质量的建筑物外壳以及高水平的、舒适的室内生活和工作的水平。如前文所述，获得“微能耗”（Minergie）标签的房子比传统建筑物达到了更高的经济效率和更高的保留价值。

GEAK和“微能耗”（Minergie）互补得很好。在瑞士，它们被共同用于建筑物的能量评估、建筑物翻修咨询，以及高质量且可持续的建筑的认证。GEAK因此成为获得“微能耗”（Minergie）的前兆，得到GEAK的现代化项目更可能会进一步被授予“微能耗”（Minergie）证书。两个体系下各产品的对应关系定义如表4－3。

表4－3　GEAK和“微能耗”（Minergie）的对应关系

	建筑物的能量评估	翻新咨询	高水平和可持续的建筑物的认证
GEAK	是	是	否
“微能耗”（Minergie）	是	否	是

GEAK也是以协会形式进行组织的。它旨在开发、传播、管理、控制和促进一个统一的、依循瑞士能源法案的建筑物能源认证系统。协会的活跃成员为各州负责能源相关问题的部门负责人，这些人同时也是瑞士州能源主任级会议全体会议（Plenary Assembly of the Conference of Cantonal Energy Directors）的成员。执行委员会的组成成员包括来自每个区域能源会议的两个能源会议（the Energy Conference）代表、瑞士联邦能源办公室（Swiss Federal Office of Energy）的一个代表和来自屋主协会（the Homeowners Association）的一个代表。董事会负责整个协会的管理。包括GEAK软件在内的所有产品的版权都属于协会。

4.3.3　其他地方性政策

除了通过全国性的政策推动绿色建筑的进展，瑞士地方政府也通过支持地方性政策的方式在自己管辖地践行绿色建筑理念。其中，最为出名的地方性政策之一，是巴塞尔在新建筑规范中纳入的“绿色屋顶政策”。绿色屋顶得到了来自财政和建筑规范的鼓励。自2002年起，巴塞尔的建筑规范要求在屋顶上种植植被。正因为如此，巴塞尔目前拥有世界上最大的人均绿色屋顶面积。

巴塞尔增加绿色屋顶最初的目的是建筑节能，随后发展成为保护生物多样性。苏黎世大学应用科学系的研究者负责进行“绿色屋顶政策”的评价性研究，他们的工作结果会影响巴塞尔的决策者去修订建筑物规范，并提供财政支持，以增加绿化屋顶的覆盖面。

4.3.3.1 最初的发展

现在人们已经认识到，绿色屋顶通过限制地表水径流和降低温度可以适应于不同气候的城市地区。20 世纪 70 年代，绿色屋顶在瑞士成为生态建设的主流。20 世纪 80 年代涌现了许多绿色屋顶试验项目，为之后的绿色屋顶倡议提供了知识借鉴和经验基础。此外，1995 是欧盟自然保育年，这也侧面为巴塞尔 1996 年建成的第一个绿色屋顶提供了动力。

在 20 世纪 90 年代初，巴塞尔市颁布了一项法律来支持节能措施。根据这项法律，瑞士 5%的客户能源账单被投入节能基金中，用以资助节能运动和相应措施的执行。国家环境与能源部决定利用这一资金来推广绿色屋顶。

4.3.3.2 政策影响

在第一个奖励计划期间（1996—1997），巴塞尔市共有 135 人申请了绿色屋顶补贴，被绿化屋顶面积达到 8.5 万平方米。随后的建筑规范为巴塞尔开发更多绿色屋顶提供了动力，到了 2006 年，有 1711 个粗放型绿色屋顶和 218 个密集型绿色屋顶被建成。

现在巴塞尔总计 23%的平屋顶都是绿色屋顶。在世界上，巴塞尔促进绿色屋顶的倡议可以说是非常成功的。在巴塞尔进行的生物多样性研究表明：绿色屋顶可以保护濒危的无脊椎动物；在节能方面，估计每年绿色屋顶可以为巴塞尔节约能源 3100 兆瓦特/小时；绿色屋顶的激励政策让当地企业可以从原材料和供应品的销售中获利。巴塞尔也在全世界获得了绿色屋顶项目的认可。

4.4 瑞士绿色建筑的案例

4.4.1 瑞士生态环境体验馆

4.4.1.1 背景介绍

瑞士生态环境体验馆（Umwelt Arena）是位于瑞士史普莱登巴赫市（Spreitenbach）的一个零排放建筑（见图 4−28），于 2012 年 8 月建成，建筑面积约 11000 平方米，建设费用约 4000 万瑞士法郎。瑞士大多数人口都生活在高原地区，史普莱登巴赫市位于瑞士北部高原地区。瑞士生态环境体验馆建在史普莱登巴赫市的商业区，其目标是打造一个可持续发展的展览和活动平台。它是瑞士第一座获得“微能耗”（Minergie）−P 标准认证的展览大楼建筑，同时也获得了 2012 年欧洲太阳能奖（Schweizer Solarpreis）、2014 年建筑集成太阳能技术奖（Architekturpreis Gebäudeintegrierte Solartechnik）等诸多奖项。

瑞士生态环境体验馆将美学与生态学完美融合，其中最引人注目的特色是将结晶结构太阳能光伏板系统作为建筑的屋顶，特殊形状的光伏板和晶体结构的深色光泽让人联想起了水晶；同时，为了寻求建筑形式的活力，建筑师创造了一个规模与足球场相当的100米×60米的椭圆形建筑平面形态。这个展览建筑包含地上三层和地下三层，可容纳约4000名观众，参观者可以在这里参与体验45个有关自然和生活、能源和机动、建筑和可再生能源的创新展览，也可以在这里参加关于可持续的教育课程和进行环境可持续的研讨会。

图4－28　**瑞士生态环境体验馆**[①]

4.4.1.2　建筑零排放

建筑零排放的一个重要体现是二氧化碳中性，在建筑建造过程中，建筑工地使用的绿色能源对建筑节能起着重要作用，同时，建筑在使用过程中对环境的影响也应该尽可能低。瑞士生态环境体验馆就是一个很典型的例子，以下分别从建造过程、建筑结构、绿色技术展示和太阳能利用这四个方面进行说明。

瑞士生态环境体验馆工地是世界上第一个二氧化碳中性、实现建筑零排放的大型建筑工地，从一开始就时刻关注着环境与可持续发展，其负责人表示希望通过建筑物和建筑过程向大众展示"我们可以用环保能源做些什么"，他认为这样的可持续展览或许是最具有说服力的。瑞士生态环境体验馆项目在建造过程中使用再生钢作为建筑材料进行施工，并且就地取材——使用共计约80000立方米的挖掘土用作生产水泥的骨料。在能源使用方面，建筑工地的部分电力来自施工现场集装箱上的太阳能电池，建筑起重机的动力由安装在其上方的风力涡轮机产生，施工车辆则使用干式厌氧发酵技术（Kompogas）或生物柴油作为燃料。

为了提高建筑本身的能源利用率，建筑所使用的材料和结构也经过了特殊的设计。

① 图片来源：http://reneschmid.ch/assets/projects/Umweltarena/_resampled/SetWidth1000－Umweltarena－Aussenraum－5.jpg，2019年10月30日。

集成在屋顶中的光伏系统面积为5300平方米，每年可产生约54万千瓦时的电力；太阳能组件由屋顶结构支撑，屋顶结构由绝缘木箱梁元件制成，采用数字生产工艺制造，成品精度高，使得太阳能组件和屋顶结构完美契合（见图4－29、4－30）。瑞士生态环境体验馆的玻璃幕墙采用三层玻璃，与同样高度的隔热外墙和基础板相结合，新建筑的平均传热 K 值达到 $0.28\mathrm{W/m^2 \cdot k}$[①]，保温性能良好。为节省资源，规划者甚至决定不使用过多的面料或涂料，而是使用裸露的混凝土、木材、钢和石膏等原始建筑材料。在建筑结构细节中也可以看到材料的经济和创造性使用，例如，金属栏杆内部具有切口凹槽，它们焊接在上部和下部金属带之间，同时可以用作室外区域的栏杆。

图4－29　位于瑞士生态环境体验馆屋顶的可再生能源展示区[②]

图4－30　当地青少年志愿者协助安装瑞士生态环境体验馆屋顶的太阳能光伏板[③]

① 传热 K 值越小，保温性能越好。

② 图片来源：http://www.umweltarena.ch/wp－content/uploads/2014/06/UA _ Ausstellungen－010.jpg。

③ 图片来源：http://www.umweltarena.ch/wp－content/uploads/2014/06/2011 _ 07 _ 07 _ JugendlicheinstallierenPVAnlageaufdemUmweltArenaDach.jpg。

相比于在经济方面解决一些细节问题，建筑设备工程在此项目中得到了广泛的运用，为了向游客展示现代环境技术的多样性，该建筑中安装了六种不同类型的热泵。同时，各种热电联产系统的应用使得热量生产使用范围更加完善。热量可由两个系统分配，一是具有热活性的天花板混凝土芯，其热量可用于基础负载中的加热和冷却，同时在温度较低的情况下，可以给室内空气加热；二是利用地下水，设置两个容量为70立方米的水箱用于冷藏和蓄热，使用地热集热器、利用太阳能和废热的吸收式制冷来实现室内的加热与降温。

热水的供应主要使用了由真空管道收集器所构成的太阳能系统和混合太阳能收集器。光伏屋顶是由单晶硅模块组成的，确保了最大的能量供应并保证了“能量+房屋”的目标。如果把这些额外的可再生热量加起来，瑞士生态环境体验馆一年内可以提供的热量与电量几乎远远超过其自身消耗的加热、制冷、通风以及照明所需热量与电量的总合。总的来说，屋顶太阳能光伏板系统产生的电量比运行建筑物所需的电量多，从而实现了建筑的零排放。

4.4.1.3　建筑功能——可持续发展展览厅

瑞士生态环境体验馆有地下三层和地上三层，地上三层分别有自己的主题：“自然与生活”“能源与流动性”和“建筑与现代化”。

一楼的重心在于人们的日常生活。“自然与生活”这一领域特别吸引消费者，展示了各种有趣而又简单的环保意识行动，参观者可以在这里了解到经济增长、人口发展和气候变化之间的基本联系；同时，多元化的展示方式让参观者对于“可持续”这一概念有了新的认识，从而影响到他们的环境行为（见图4－31）。二楼“能源与流动性”展示的是对于能源利用的新思考，一方面是介绍新的能源的利用，如修建天然气站和氢气站来代替石油，利用太阳能来满足住宅的能源使用，等等；另一方面是号召节约能源，人们可以在这里测试自己行为的“碳足迹”，并且找到减少出行碳足迹的办法，从而实现“既可以节约资源，也可以节省自己的支出”的目的。三楼“建筑与现代化”展示了各种建筑工具和建筑翻新方法。瑞士的建筑物能源消耗约占40％，而且有70％的现存建筑是1980年之前建造的，因此，翻新建筑物使之更加节能和舒适是很有必要的。参观者可以在这里找到各种答案，比如什么样的保温方法更节省开支，或家庭取暖应购买哪种电器，以及建筑翻新可以申请到哪些补贴。一系列的展览向人们普及绿色建筑的新方法，也使得全民可以更好地参与可持续发展。

可持续建筑不再是未来的规划，而是可以实践的存在。可再生能源正变得越来越重要，一方面是因为化石燃料是有限的，且变得越来越昂贵；另一方面是它们会对环境造成污染。在瑞士生态环境体验馆的屋顶露台上可以了解到哪些能源是可再生的且在我们的日常生活中是可以使用的。

图 4－31 位于瑞士生态环境体验馆一楼的自然与生活展览厅①

自 2012 年夏季开放以来，瑞士生态环境体验馆为游客们提供了各种能源和环境主题的信息，也使得可持续能源和生态解决方案变得切实可行——因为工程师们已经在建筑物的外壳、系统和控制中使用并整合了各种创新技术。该建筑凭借着新颖的造型、先进的能源系统和高能源效率吸引了游客。由于太阳能光伏系统装置对太阳能能源的收集几乎是能源消耗量的两倍，相当于实现了 200％的能源自给自足。更重要的是，瑞士生态环境体验馆使参观者能够获得第一手经验并运用在自己的家里，从而使得可持续不再是一种概念而是人们生活的理念。总体来说，瑞士生态环境体验馆以成功的方式展示了建筑、美学和生态如何完美地融合，为未来可持续建筑的运营提供了最佳参考。

4.4.2 布吕滕能源自给公寓

4.4.2.1 背景介绍

布吕滕能源自给公寓（见图 4－32）于 2016 年在温特图尔区布吕滕镇（Brütten）落成。作为世界上第一座能源自给自足的公寓大楼，它从发电、能量存储和功耗三个角度来实现建筑的可持续性。公寓大楼的建筑面积为 10010 平方米，共入住 9 户家庭。这 9 户家庭所使用的电力均来自建筑物获得的太阳能所产生的电能。据项目负责人介绍，夏天只需一小时的阳光就足够满足使用者整整一天的所有能源需求。这些都依赖于公寓持续使用的最新的智能技术。

① 图片来源：https://img.prod.portals.aws.zehnder.ch/s/6c01a08fea58f91750e86acbce538c84492ed17c－zna－310010－1200－800/450x300m.jpg?lrc%2FxBOpfeM8cx9nAxBNwDl4TjE%3D，2019 年 10 月 30 日。

图 4－32　瑞士布吕滕能源自给公寓①

该建筑其实是上节介绍的瑞士生态环境体验馆的一个实验项目。自 2012 年以来，瑞士生态环境体验馆一直是一个创新的平台，各种公司可以在这个平台上展示他们的可持续项目和产品，在展厅的一楼用大型的模型展示能源自给公寓的建筑结构技术和创新解决方案。这座独立于外部能源的能源自给公寓同时实现了两个目标：一方面，它给出了可用于操作此类项目的技术示例；另一方面，它不仅仅是一项设计研究，更是一个能让人居住和生活的真实场所。同时，该建筑的技术汇集了各种领先的环保能源概念，为未来能源利用提供了新的思路。

4.4.2.2　工作原理

能源自给公寓是多户住宅中第一座能源自给自足的建筑。因为没有外部供应电力、石油和天然气，所以从能源方面看它是"免费的"。该建筑致力于"4S"的能量概念，即收集、存储、节省和关怀（对应德文的 Sammeln、Speichern、Sparen、Sorgetragen）。能源自给公寓全年通过屋顶和建筑物立面上的高效太阳能电池板收集太阳能，所收集的能量被存储在建筑物内部和下方的各种存储设施中，并且被转换成电能以供自我利用。太阳所能提供的能量比我们每年在地球上消耗的能量多 2850 倍，如果能充分合理地利用太阳能，现存的能源危机将会被化解。然而，为了建造出 100％能源自给自足的建筑，必须从能源生产到储能再到消费的每个领域都提高能源利用效率。

与适当的储存设施相结合，这是能源自给自足的基础。具体的能源供应原理见图 4－33和图 4－34。公寓的外立面使用非反射的光伏模块，屋顶也覆盖着非常强大的光伏模块。外立面和屋顶所收集的太阳能通过太阳能电池转换为电能，存储于不同类型的电池中：有暂时存储供白天使用的电池，也有供两到三天使用的中期电池。对于需要

① 图片来源：http://reneschmid.ch/assets/projects/Unterdorfstrasse－Bruetten/_resampled/SetWidth1000－MFH－Bruetten－09－16－0274－3.jpg，2019 年 10 月 30 日。

长期储存的能源，氢电池被用于储存电能，需要使用时，再通过燃料电池转换成电能和热能。公寓所收集的另一部分太阳能通过热泵转换成热能，并用于提供家用热水和室内供暖，并提供短期和长期的热量存储。在布吕滕能源自给公寓项目中，所需的电能仅由光伏系统（岛屿系统）产生。相对于普通玻璃幕墙来说，内置太阳能电池板的外立面维护成本非常低且经久耐用。与普通的抹灰外墙相比，这种安排的初始投资成本更高，但普通外墙需要在每 10～15 年投入高昂的维修和更新成本，而太阳能光伏幕墙则会以收集太阳能的形式不断创造资金，是现今唯一能够“为自己买单”的外墙系统。当使用 20～30 年后，墙面可以实现 100％盈利，最初相较而言更昂贵的材料反而会得到最有利、最可持续的利用。

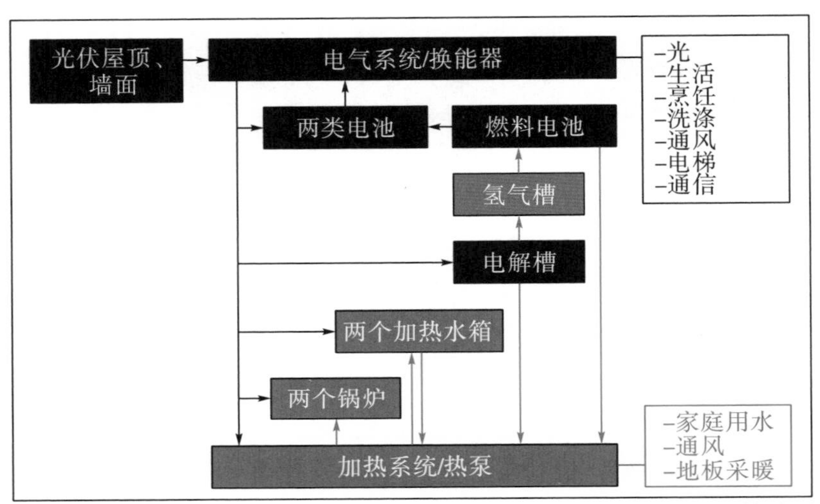

能源供应的原理图　　图片：Basle & Hofmann 股份公司

图 4－33　能源供应原理图①

① 资料来源：白斯乐 & 霍曼（Basler & Hofmann）股份公司。

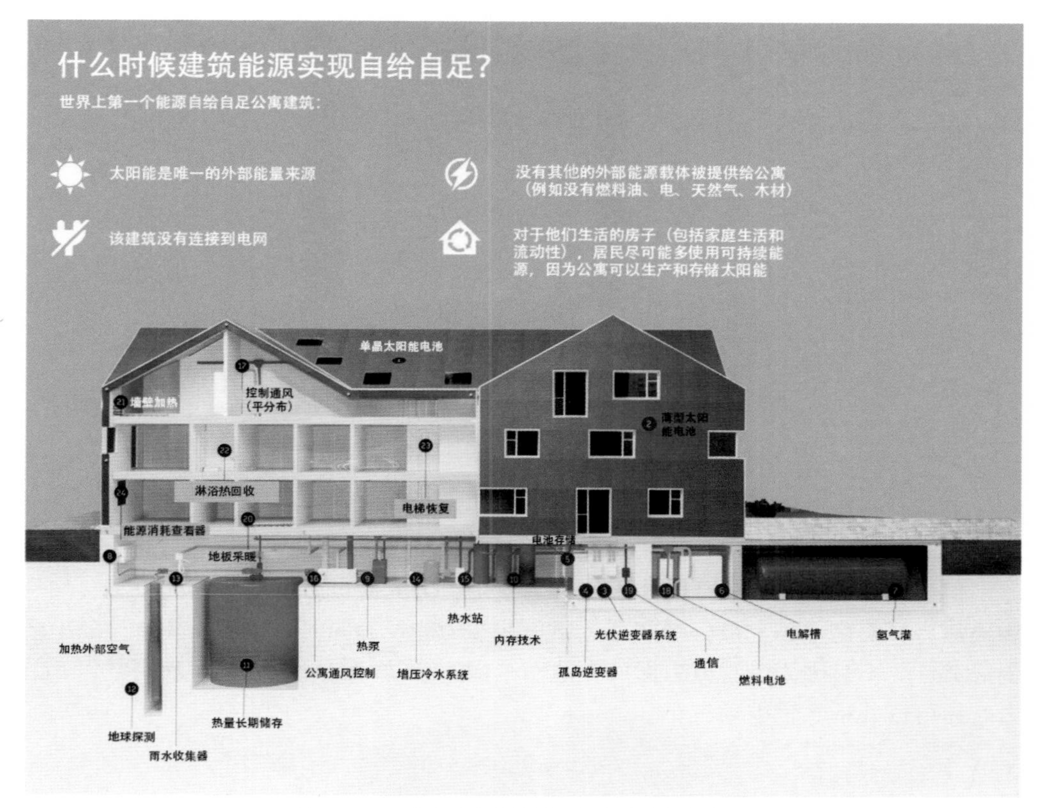

图 4－34　瑞士布吕滕能源自给公寓原理图①

4.4.2.3　租户体验

布吕滕能源自给公寓的第一批租户于 2016 年 6 月入住。负责人选了两类人入住：一类是能源意识很强的人，另一类是对于能源节约不是很重视的人。通过这样的安排，项目负责人想观察这些租户如何处理最新技术及其对个人能源需求的影响。之后，租户们的反馈表明，生活在这里的人们会更加关注能源问题，他们可以在墙上的平板电脑上随时观察家里的能源消耗（见图 4－35），从而思考如何更好地利用资源。租户们也会尽可能地考虑节能电器，他们认为只有属于顶级节能的能源设备才可以被安装在房屋内。

① 资料来源：https://www.umweltarena.ch/wp－content/uploads/2019/05/MFH－Bruetten－Grafik.jpg，2019 年 10 月 30 日。

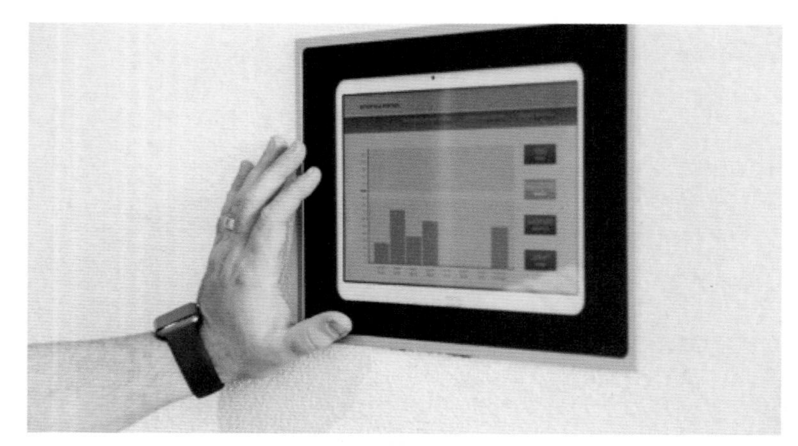

图 4－35　每个公寓中都设有监测能源消耗的平板电脑①

公寓所有的生产和储存能源系统可以满足 9 户家庭（平均每户 3 人，面积 100 平方米）的能源需求。所有项目合作伙伴，包括负责能源系统的管理人员，都经过了严峻的考验，每个人都在争取每千瓦时能源的有效使用。因此，该公寓房屋内的设备、加热系统和隔热材料都是市场上最好的产品。租户在节约能耗的同时，也尽量让自己的生活过得很舒适，并不会因为节省电力而放弃他们丰富的活动。如果他们善于利用电力、节约电力，还可以共享 2 辆电动汽车。

4.4.2.4　前景

实践证明，整个建筑的自我循环体系是非常高效经济的，公寓收集和储存的能量刚好供其自身运营所需。太阳能系统本身是为冬天设计的，即使在太阳辐射低的情况下也能产生尽可能多的能量。此外，这种谨慎利用可用能源的方式可以提高居民的节约能源意识。这种能量节约的建筑理念可以普及所有人，从建筑节能到日常生活节能，使得可持续的理念深入人们的生活中。由于布吕滕能源自给公寓在日常生活中实现了节能的无数可能性，它具有革命性的先锋地位，这对于面向未来的投资者和建筑商来说也是非常重要的。

4.4.3　利用 ECOCELL ©的改造项目

4.4.3.1　背景介绍

位于瑞士克罗伊茨林根（Kreuzlingen）康士坦茨街（Konstanzer Strasse）的米果士（MIRGOS）曾经是一个汇聚人气的购物中心，但由于房地产行业的荒凉，购物中心 MIRGOS 变得无人问津。为了改变这一现状，新的接手人根据社会需求，对 MIRGOS 进行了改造（改造方案效果图见图 4－36）。该建筑的建筑面积为 3600 平方

① 图片来源：https://magazin.swisscom.ch/app/uploads/2017/05/content2－xxx－500x280energiehaus.jpg，2019 年 10 月 30 日。

米，共有三层建筑，其中地上两层，地下一层。建筑改造后，一楼利用地理优势，变成更具吸引力的百货商店，二楼则变成富有设计感的实用小型公寓，地下室则被改造成了停车场。

图 4－36　MIDORI 改造方案效果图[①]

改造后的建筑更名为 MIDORI。MIDORI 的意思是绿色，它象征着改造项目的可持续性；同时，MIDORI 也有学生宿舍的意思，这与二楼的小型公寓相契合。二楼的小型公寓改造使用了 ECOCELL ©模式——一种基于再生纸材料的模块化快速建造体系，这种可持续性与小型模块化正好诠释了 MIDORI 这个名字。

4.4.3.2　改造项目简介

改造后的 MIDORI 将满足现代人生活的需要，成为新型生活综合体。新的使用概念为旧建筑和旧社区带来了新的生活方式。在重新装修的一楼，具有吸引力的商店重新被用于租用。因为拥有优越的地理位置，大量的路人和游客会聚集在这里，再加上新颖的设计概念和焕然一新的外观，这里又重新变成了新的购物胜地。MIDORI 从大型连锁店的单调中脱颖而出，成为社会潮流新动向。

在 MIDORI 的二楼，具有多个 26 平方米的小户型公寓（全景图见图 4－37，细节图见图 4－38），每个公寓都是可以自主建造的生活模块。新的低层公寓将以日式风格进行装饰——简约、安静、美丽。每个模块都配备了小厨房、洗衣机和供电装置，以满足现代人的生活需求。公寓力求用最小的空间来满足最高的实用价值。由于采用模块化结构，公寓可以快速完成搭建拼装，也方便拆卸，还可以考虑用作办公室模块。改造后的 MIDORI 不仅为住户提供了功能完备的私人空间，也设计了宽敞的公共区域。住宅楼的公共区域继续沿用日式设计风格，轻盈的玻璃屋顶结构既强调了美学表达，又使房间充满自然光，从而节约用电，并在必要时可以开放自然通风，使新鲜的空气灌入室内。

---

① 图片来源：易斯礼建筑公司（ISELIARCHITEKTUR）。

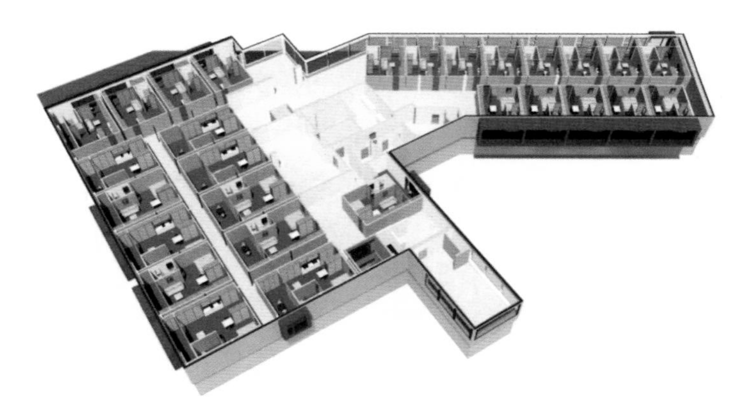

图 4－37 MIDORI 二楼全景图①

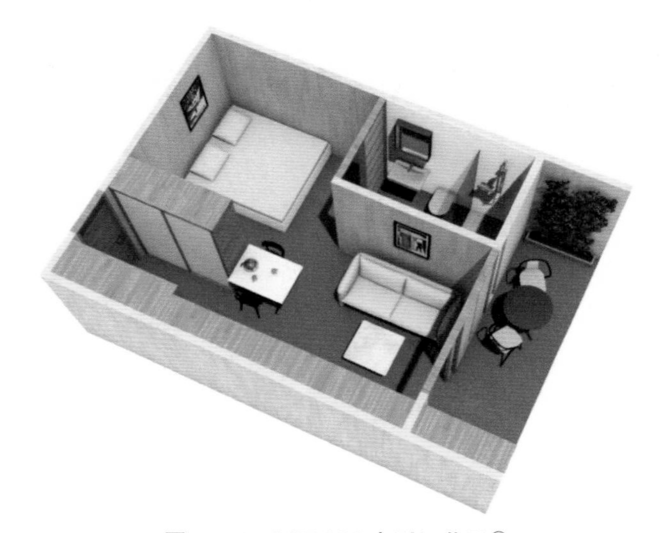

图 4－38 MIDORI 户型细节图②

4.4.3.3 ECOCELL ©建造体系

MIDORI 吸引人的地方不仅是其提出了一种新的生活方式，“将生态问题贯穿其中”也是开发商的一个重要理念。

如何在整个改造项目过程中实现资源的节约使用？设计师的出发点是使用模块化的构建方式。ECOCELL ©这个基于再生纸材料的模块化快速建造体系，作为瑞士绿色轻型建筑领域的新秀，具备革新的环保建筑理念。强大的技术支持使其获得了 2016 年由 IFAT 公司发起的绿色科技奖。其所使用的建筑材料包括可再生原材料，如木材和纤维，以及来自废纸和纸板回收循环的原纸。ECOCELL ©建造体系通过废物利用，减少重新加工，减少了与生产传统建筑材料（如水泥和砖）相关的大部分二氧化碳排放。目前 ECOCELL ©技术已在全球主要国家和市场注册专利保护。

① 图片来源：易斯礼建筑公司（ISELIARCHITEKTUR）。

② 图片来源：易斯礼建筑公司（ISELIARCHITEKTUR）。

ECOCELL ©材料结构呈蜂窝状，轻质结构（见图4－39）。该系统基于卷曲的再生纸，由于薄薄的矿物基水泥基涂层形成了复杂ECOCELL ©建筑系统的核心，因而被称为“混凝土蜂窝”。蜂窝结构具有优异的结构性能，不仅抗压性好，其形成的巨大内部空间可使空气占比达到90%，带来了卓越的保温效果，而好的保温效果同时也意味着更低的能耗。此外，ECOCELL ©材料可以阻断高热和隔音，有极好的防火性能，重量也极轻。每个部件可以在工业上预制，从而大批量生产，可以像“乐高”一样方便个性化组装。

图4－39　ECOCELL ©墙体材料图①

温室气体排放引起的全球变暖问题日益严重，在全球范围内建筑行业的二氧化碳排放量占世界近7%，而建筑在其整个生命周期内产生的二氧化碳排放量达到全世界的25%，低碳建筑的理念因此越来越受到重视。ECOCELL ©的建筑技术应运而生，为改善全球变暖等生态问题提供了新的方案和契机。不同于传统建筑的建造，ECOCELL ©建筑技术通过使用碳节约材料替代砖和水泥，在避免了102kg/m^{2}二氧化碳排放的基础上，还能固定30kg/m^{2}的二氧化碳。

4.4.3.4　前景

随着社会的快速发展，人们的需求一直在变化，旧建筑的功能已无法满足。因此，为满足人们新的需求，建筑改造是必不可少的。改造，既可以减少拆建、新建建筑的能源消耗和资金损失，又可以快速满足人们的需求。

对于旧建筑功能的替换以满足现实需求，本身就是一种可持续的改造方式，一方面节约社会资源，另一方面这种低成本的改造也降低了人们的生活成本。另外，这也是对旧建筑的一种保护。ECOCELL ©材料方便搭建和拆除，方便实现功能的快速置换，也

① 图片来源：ECOCELL ®公司（极速环保蜂窝纸建筑技术）。

减少了能量损失。总体而言，不仅对于建筑本身没有过多拆除、搭建，同时，ECOCELL ©材料具有环保性，从这两方面都更好地体现了对于环境的可持续。而且，加长成品生命周期也是对于环境的一种保护。最后，ECOCELL ©的生产制造完全实现工业化，这也正是建筑发展的趋势——“高效且自定义”，大大缩短了工期，降低了成本。这种高效便捷的改造方式能为人们减少生活成本，从实践中落实绿色生活的理念。

4.4.4 Forum Chriesbach 研究所

4.4.4.1 背景介绍

由于瑞士联邦科技学院管委会希望使瑞士联邦环境科学技术研究所（EAWAG）和瑞士国家联邦实验室（EMPA）在当地（苏黎世附近一个人口为2.3万的小镇）的校所更加集中化，从而节省员工的通勤时间，降低能耗，避免重复建设，并且促进两个学院之间的互动，因此，在瑞士联邦科技学院校园内设计了Forum Chriesbach研究所。Forum Chriesbach研究所是一个绿色建筑的典型案例，每年有近2000名来自瑞士和国外的参观者来到这座建筑物，它已成为众多媒体报道和出版物的主题。研究所建筑面积为8533平方米，有5层楼高，空间包括165个办公室工作站、容纳80～140人的演讲厅、2个可容纳40人的研讨室、7个会议室及食堂、图书馆等。

Forum Chriesbach研究所极具说服力地向我们展示了什么是真正的“绿色建筑”，即消耗少量的能源、水和其他资源，不与周围环境发生冲突，并能让使用者感到舒适且具有一定建筑美学效果的建筑。同时，虽然经过深加工的材料或产品通常都是能源密集型的，但如果它们能帮助我们节约更多的能源，或者可以回收再利用，那么这种能源和材料的平衡就体现了一种可持续性。

4.4.4.2 设计理念——美观与节能兼顾

可持续发展和可持续建筑不可避免地要涉及很多复杂的事物。为了让人们更好地理解、评判和应用可持续建筑理念，何以钦（Holcim）可持续建筑基金会提出了一个关于可持续建筑的五个衡量标准，让我们可以据此判断哪些建筑在多大程度上符合可持续发展的要求。这五个标准是：重大变革和可移植性、伦理标准和社会公平、生态质量和能源保存、经济效能和适应性、文脉的呼应和美学影响。Forum Chriesbach研究所就是根据这五个标准进行设计的，以下是对其设计的说明。

Forum Chriesbach研究所的节能效率是瑞士节能法规定标准的四倍，有效地降低了成本，建筑成本也控制在同等规模、同类建筑预期的成本范围之内，而且Forum Chriesbach研究所使用的耐用材料确保了建筑具备较长的生命周期。另外，设计方案中也考虑到实用性、未来拆除和再利用的方便性等问题。

Forum Chriesbach研究所的选址位于瑞士国家联邦实验室的几排教学楼附近，处于校园东南端。它采用了和附近几个楼相类似的外形，但是比它们要高一些，所以从视觉效果上看，Forum Chriesbach研究所更像是穿行在三个楼中间的一条小路的终点。一直沿着这条小路走，就会渐渐看到Forum Chriesbach研究所的大门。大门由一个水平的红色混凝土结构组成，与周边建筑物在色彩上形成呼应，并与大楼外立面的蓝色垂直线条形成强烈对比，对校园建筑整体效果起到很好的凝聚作用，增加了层次感（见图 4—40）。

图 4—40　Forum Chriesbach 研究所外景①

Forum Chriesbach 研究所开始于水，更确切地说，Forum Chriesbach 研究所是为了进行水处理而建造的。这不仅是使用者的要求，也是瑞士联邦环境科学技术研究所的职责所在。作为一所国际化的科研机构，瑞士联邦环境科学技术研究所致力于生态学、经济学和水处理等领域的研究。它的研究领域是包括水处理在内的地球所有生态系统的自然资源，其目标是通过研究、教学以及咨询服务，将研究成果应用于实践，并在世界范围内传播相关的科学知识。本着科学探索精神，Forum Chriesbach 研究所将自己的新研究中心当作研究更先进的资源管理模式的实验田。实际上，瑞士联邦环境科学技术研究所已经极富雄心地指出，要使 Forum Chriesbach 研究所具有"能够体现生态可持续性的前瞻性理念"。因此，Forum Chriesbach 研究所的设计建造是对可持续建筑在技术和建筑学上的极限挑战，是为建筑的未来发展寻求突破之作。

4.4.4.3　水循环系统

由于前述原因，Forum Chriesbach 研究所处理水的方式十分独特先进，见图 4—41，建筑实施整体水处理机制，包括尿液分离、无水坐厕、太阳能水加热、雨水处理和利用、雨水存储等。不但可以节约饮用水，还可以使雨水得到有效的控制和利用，尿液也被收集用于医学研究。

---

① 图片来源：https://www.eawag.ch/fileadmin/_processed_/e/8/csm_16_135a7f6bfa.jpg，2019 年 10 月 30 日。

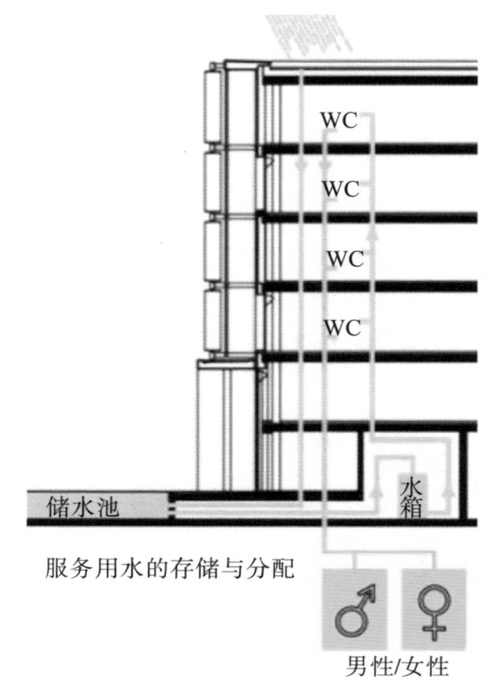

图 4－41　Forum Chriesbach **研究所的水存储与分配**①

大楼的屋顶具有收集雨水的功能。由于雨水与不同的建筑材料接触后会携带重金属和杀虫剂（这些物质对环境有害），因此不适于饮用。研究人员目前正在对这一问题进行研究，并在对可能的改进措施和解决方案进行监测，同时他们还在对降雨量、雨水存蓄、蒸发以及屋顶水径流之间的关系进行研究。Forum Chriesbach 研究所屋顶收集的水经过处理后被用于冲洗厕所。

Forum Chriesbach 研究所的小便池（贮尿器）是无须用水的。为了控制臭味，厕所装有的红外线传感器会探测用户的存在，自动关闭或打开通风系统阀。这项措施发挥了一定的作用。建筑内安装的很多无须用水冲洗的小便池（贮尿器），也是方便研究人员对其进行测试，研究其装置设计，而后进一步开发这种新兴的技术。为了确保这一技术的广泛应用，在这幢高大的办公楼内，尿液和含有固体颗粒的废水被区分开处理。无水便池和专门设计的分离式（NoMix）便池与单独的管道相连，将尿液和含有固体颗粒的废水区分开。将尿液从污水水流中分离可以极大地减轻污水处理厂的负担，使污水处理变得更容易。同时，尿液中含有磷和硝酸盐，经过处理可用作化肥。因为浓溶液处理起来效率更高，而且尿液中含有十分有用的物质，目前 Forum Chriesbach 研究所正在研究实用的提纯尿液的方法。这种将常见废弃物当作一种资源来开发利用的做法是人类文明进步的又一标志。

① 资料来源：瑞士联邦水科学技术研究所 － 科利百研究中心（Forum Chriesbach）。

4.4.4.4　建筑功能——实验性大楼

Forum Chriesbach 研究所依赖被动能源而不是化石燃料等不可再生资源，具有节能环保等优势。尽管建筑面积是一个普通家庭的 40 倍大小，研究所消耗的能量却和一个普通家庭相当。同时，研究所还能为自身提供 1/3 的电力。由于没有配备取暖和制冷系统，建筑内部产生的二氧化碳几乎为零。Forum Chriesbach 研究所是一所绿色建筑的实验性大楼，从自身专业出发来考虑建筑的可持续性，同时，通过实时监控来调控、研究。这不仅是节约能源的孵化园，也是绿色建筑的实验性范本。

“创意+复制”是当今社会进步发展的基本模式，一旦创意获得广泛采用，就会成为未来的标准，就应该被广泛地复制，这样才能在全球范围内给社会带来大的利益。同时，好的创意和理念一定是经济的、简易且具有广泛可操作性的。Forum Chriesbach 研究院向我们表明，“绿色建筑”可以成为主流的建筑，也可以具有较高的艺术价值，符合当代的建筑审美标准，将很多传统的、简单的技术和前瞻性的建筑技术结合起来使用，会获得良好的环境效应和经济价值，同时具有舒适性。

4.4.5　绿色屋顶

4.4.5.1　背景介绍

自 1991 年以来，巴塞尔已强制要求在建造新的住宅开发区或翻新旧房屋时，所有平屋顶都应种植绿植而不能被用作屋顶露台。这项政策的主要目的是增加生物多样性。巴塞尔州立（Cantonal）医院建于 1937 年，于 1990 年迎来了第一个绿色屋顶（见图 4－42）。其屋顶的设计理念是与莱茵河的河岸相呼应的。植被屋顶有两个吸引鸟类的砾石区域，同时也规划了景天属植物、草药、苔藓和大草草甸等区域。

图 4－42　Cantonal 医院屋顶[①]

4.4.5.2　绿色屋顶的环境效益

绿色屋顶是天空中真正的生态系统，它可以是一种生命力极强的绿色地被，如景天

① 图片来源：https://www.drawdown.org/sites/default/files/solutions/solution _ greenroofs.jpg，2019 年 10 月 30 日。

属植物，也可能是屋顶花园、农场等。土壤和植被作为屋顶的保温层，在夏季可以降温，在冬季可以保温，降低室内空调的使用，节约能源，减少温室气体排放。

城市群中的绿化屋顶表面是非常重要的。由于几乎没有干扰，绿色屋顶为众多野生植物和动物物种提供了生存空间，创造了一个补偿性绿色区域，弥补了由于房屋建造而造成的地面绿色区域的损失。绿色屋顶也为植物和动物提供了生存的空间，植物的种子也会随着季风和鸟儿在整个生态圈内流动。

同时，屋顶的土壤和绿植也有储水作用，当有暴雨时可以保留雨水，缓和排放，预防洪涝灾害；可以通过改善辐射平衡和水分蒸发来调节极端温度，改善城市和内陆气候。

屋顶上种植绿植所创造的屋顶花园，也为城市提供了额外的绿色空间，解决城市用地紧张，缺少城市绿地的问题；创造了高层建筑景观，可以改善优化生活和工作空间的环境质量；绿色植物也可以结合和固定空气中的颗粒物，从而改善城市空气。

4.4.5.3 绿色屋顶的经济效益

1996 年，旨在促进绿色屋顶的发展和实现更好的平屋顶保温，巴塞尔市加建了超过 100 个绿色屋顶，总面积约为 85000 平方米，估计节能量为 400 万千瓦时或约 50 万升供暖油（Mathys，2007）。绿色屋顶隔热可抵抗环境中的温度波动，从而在冬季降低热量损失，并在夏季帮助冷却。正如熊讷敏（Schönerman）（2007 年）的一项研究所示，1 平方米绿色屋顶每年可节约 0.5 瑞士法郎的能源消耗。对于保温隔热性较差的老建筑来说，加建绿色屋顶会更有效地增加建筑的隔热效果。对于瑞士近年来新建的建筑，绿色屋顶比传统的平屋顶的建筑成本低 27%～37%。这些发现证实了瑞士推行绿色屋顶在经济上是可持续的。可供参考的信息是，在过去 50 年间，瑞士一般的绿色屋顶的平均净现值介于 85.92～100.65 欧元/平方米之间，而瑞士的传统平屋顶价格约为 137.09 欧元/平方米。

在瑞士，绿色屋顶的寿命为 40 年，而传统平屋顶表皮的寿命预计为 25 年，这也是绿色屋顶节约成本的关键点。虽然绿色屋顶短期内会有建造和维护成本，但长远来看，长期使用会降低成本，同时可以延长屋顶的使用寿命、节约能源，对于经济和环境效益都是很有价值的。

【第 5 章】

瑞士的低碳交通

从全球来看，交通运输部门的化石燃料消费增长速度最快，是增长最快的二氧化碳排放源。据统计，全球约 23%的二氧化碳排放量来自交通运输的燃料燃烧。因此，要建设低碳城市和发展低碳经济，实施绿色低碳交通既是重要的目标之一，又是一个必要的手段。从能源投入的角度来看，低碳交通系统不仅能提高能源效率，而且能提高服务效率，从而在城市中最大限度地减少温室气体的排放。

在瑞士，大约三分之一的能源消耗来自交通。因此，瑞士积极发展以“减少出行需求和出行距离、大力发展公共交通、鼓励发展步行和自行车交通、限制小汽车交通”为主要内容的公共交通政策，从而减轻对环境和气候的负面影响，成为一个发展低碳交通的典型范例。

瑞士的公共交通系统具有突出的环保性。在整个交通系统中（见图 5－1），机动车辆能源消耗非常大，以乘客和公里数来衡量，公共交通运输的能耗效率显著高于私人汽车和航空交通。与私家车相比，乘坐同一路线的火车出行不仅更方便，而且能源效率提高了四倍，碳排放量仅为私家车的二十分之一。不仅如此，由于水力发电在瑞士联邦铁路公司（SBB）铁路运输能源来源中占比高达 90%，瑞士铁路系统的碳排放量仅占全国交通运输碳排放总量的 0.2%。到 2025 年，瑞士所有的轨道交通电网将由可再生能源提供，甚至道路公共交通也依赖于电动汽车，更突显了其公共交通系统的环保属性。同时，瑞士还在公交系统中大量应用新技术和创新运营模式，在采购环节和进行基础设施扩建时均根据环境外部成本进行评估和优化等，将环保理念贯穿全产品周期。

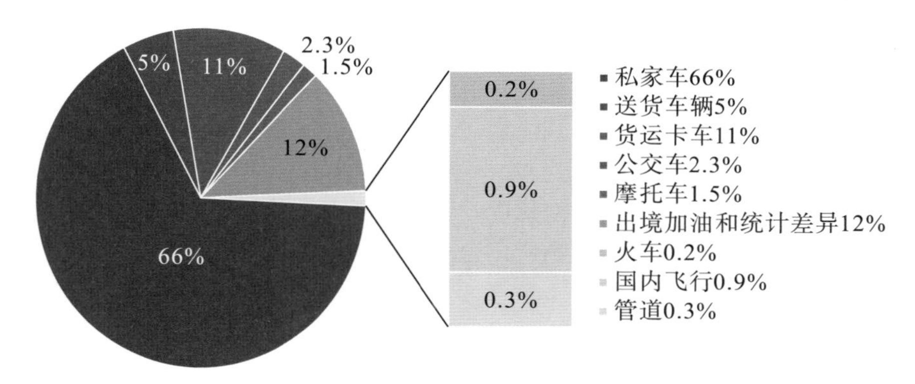

图 5－1　2014 年瑞士不同交通工具的排放比例示意图①

① 资料来源：瑞士统计局。

基于低碳交通在低碳城市建设中的重要性以及瑞士低碳交通发展中做出的突出努力与卓著成效，本章将对瑞士的低碳交通进行介绍。

5.1 瑞士交通的基础条件

瑞士是整个欧洲航空、铁路及公路的运输枢纽，地处欧洲中心，南临意大利，西靠法国，北接德国，东与奥地利以及列支敦士登接壤，具有重要的交通要塞作用（郑功，2002）。作为一个多山的国家，瑞士境内共有三个主要地理区域：阿尔卑斯山、中部高原和汝拉山脉。阿尔卑斯山位于瑞士南部，平均海拔为1700米。中部高原从日内瓦的法国边界延伸到瑞士中部，平均海拔为580米。汝拉山脉则是从日内瓦湖到莱茵河的石灰岩山脉，海拔约700米。从国土面积看，瑞士全国面积约60%为阿尔卑斯山脉，中部高原占30%，剩余的10%为汝拉山脉（具体地形分布见图5-2）。

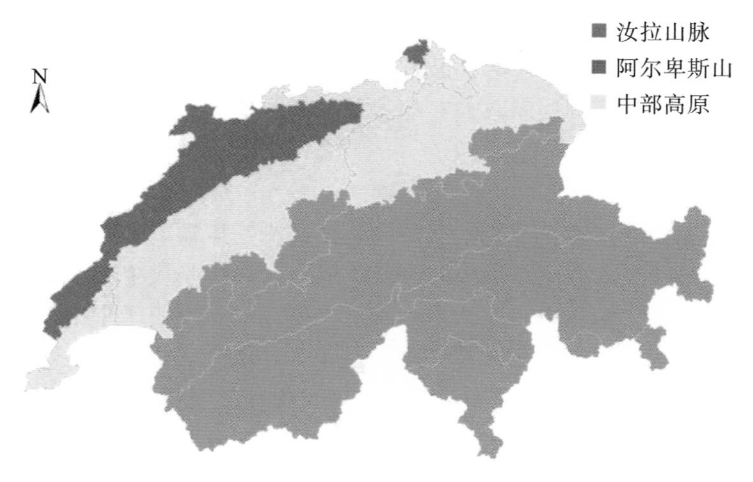

图5-2 瑞士地形图①

汝拉山脉和阿尔卑斯山地形崎岖，人口稀少，人们主要居住在中部高原和阿尔卑斯山北部的山上。但是，哪怕是人口最为密集的中部高原地区地势也并不平坦，到处覆盖着绵延起伏的丘陵、湖泊和河流。典型的山区地形给瑞士交通系统造成了一定的困扰。同时，作为世界知名的旅游国家，2008—2018年，瑞士入境旅游人数逐年上升（见图5-3），给交通系统带来很大压力。在自身基础条件不够理想的情况下，瑞士凭借以人为本的理念、科学完善的交通运输系统，保证了国内出行畅通，很好地满足了国内居民和入境游客的交通需求（晓乐，2011）。

① 图片来源：https://baijiahao.baidu.com/s?id=1575681412826173&wfr=spider&for=pc，2019年10月30日。

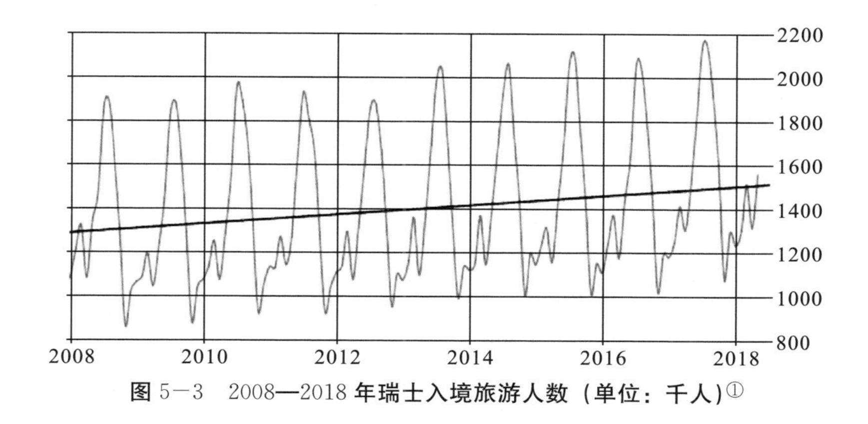

图 5－3 2008—2018 年瑞士入境旅游人数（单位：千人）①

5.2 瑞士交通简介

5.2.1 瑞士公共交通供需简介

1. 公共交通需求

瑞士人喜欢乘坐公共交通出行。相较于 2004 年，2014 年瑞士全境客运量增长了 19%。其中，公共交通客运量增长了 30%，公共交通贡献率远超过私人交通贡献率（增长了 16%）②。2004—2014 年，大部分年份公共交通需求年增量均大幅度超过私人交通需求年增量，公共交通贡献率平缓提升，从 2004 年的 18.9%增加到 2014 年的 20.7%（见图 5－4）。2014 年，乘坐瑞士火车、有轨电车、无轨电车和公交车的总人次超过 20.6 亿人次，约等于 2014 年瑞士总人数③的 252 倍。相比 20 世纪 90 年代末，2014 年公共交通的乘客数量增加了 35%以上，比 2013 年增加了 1.5%，目前已经逐步趋于稳定。在公共交通工具的选择中，人们多选择公共道路交通工具（包括有轨电车、无轨电车和公交车）出行，占比约 75%，剩余 25%则选择铁路（见图 5－5）。从出行目的看，其中，跨区域客运、往返于工作或学校的日常通勤客运占比最大，以休闲购物交通为目的的公共交通需求相对较小。超过 1/3 的人上班时将公共交通作为主要的交通工具，而且上下班的路程越长，使用公共交通的概率就越大。

从时间上看，瑞士人和旅客不仅更加频繁地使用公共交通工具，而且他们的出行距离也越来越长了。2014 年，瑞士乘客出行里程超过 240 亿公里，比 2013 年增加了 2.6%。与 2004 年数据相比，2014 年人们乘坐公共交通工具的出行里程增长了 30%，其中铁路里程增长至 200 亿公里，占公共交通出行里程的 82%（见图 5－6）。2014 年，区域客运里程约占全国公共交通里程的 36%（其中，铁路客运里程为 69 亿公里，公交里程为 15 亿公里，电车里程为 2.2 亿公里）。至于地方交通，有轨电车和无轨电车客运

① 资料来源：https://zh.tradingeconomics.com/switzerland/tourist－arrivals，2019 年 10 月 30 日。

② 资料来源：http://www.voev.ch/bestellen。

③ 根据世界银行数据，2014 年瑞士人口为 819 万人。

里程为14亿公里，公交车里程为11亿公里①。

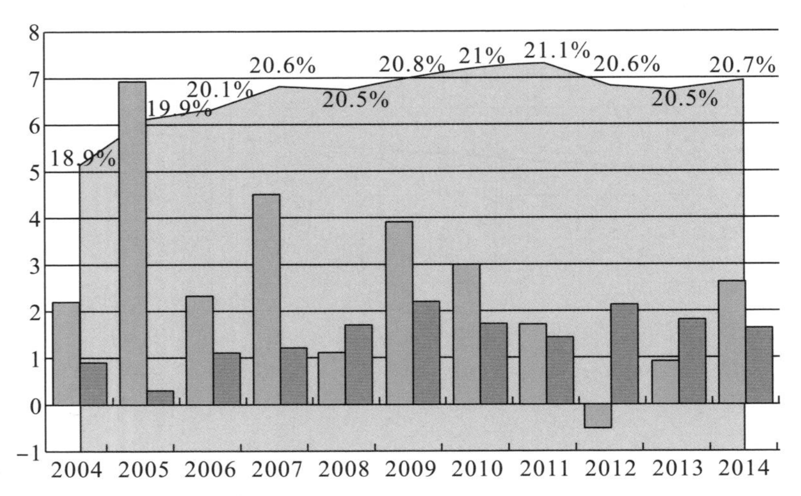

图5-4 瑞士交通需求年增量以及公共交通占比②（客运周转量）

注：灰色区域表示公共交通贡献率，绿色表示公共交通的需求年增量，蓝色表示私人交通的需求年增量。

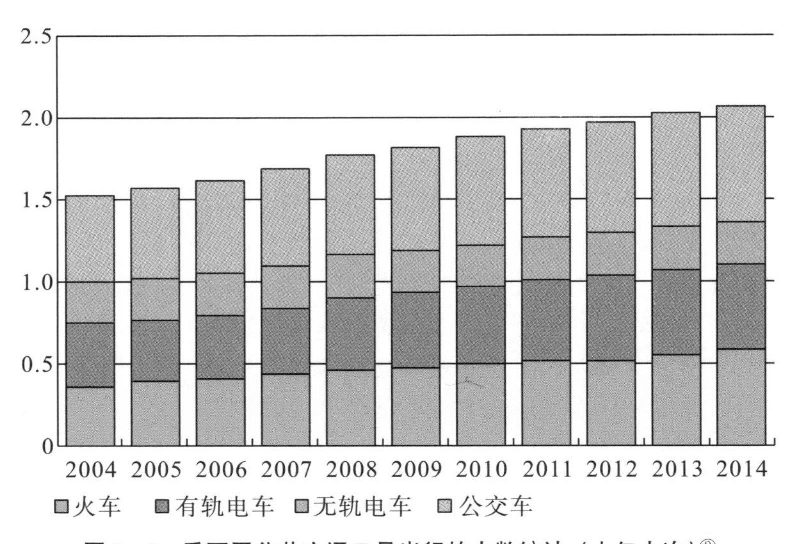

图5-5 乘不同公共交通工具出行的人数统计（十亿人次）③

① 资料来源：http://www.voev.ch/bestellen。

② 资料来源：https://www.voev.ch/de/index.php?section=downloads&cmd=1680&download=2208，2019年10月30日。

③ 资料来源：https://www.voev.ch/de/index.php?section=downloads&cmd=1680&download=2208，2019年10月30日。

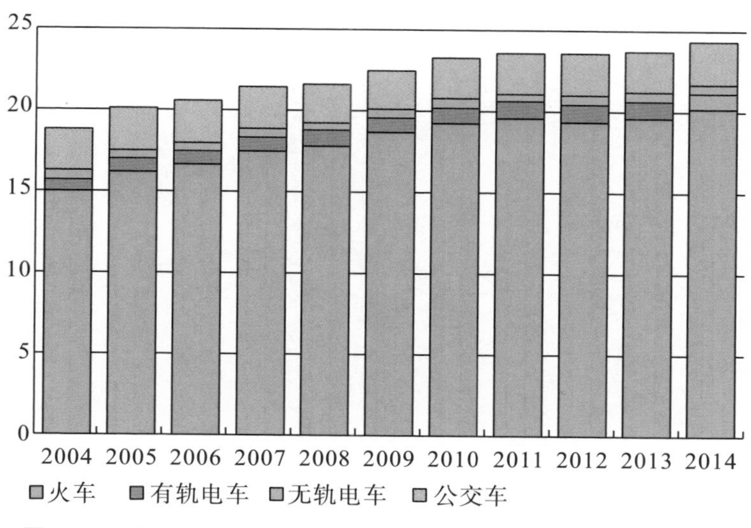

图5-6　乘不同公共交通工具出行的里程统计（单位：十亿公里）①

2. 公共交通供给

为了满足日益增长的公共交通需求，瑞士运输公司不断扩大服务范围。火车、有轨电车和公交运行频次增多，速度更快，换乘更少，夜间服务时间延长。同时，运输公司也在不断地适应客户的新需求，比如提供更大的座位容量、低地板式入口、空调、客户信息系统、3G/4G中继器、无线局域网（WLAN）等。

随着交通量的增加，瑞士的公共交通网络一直在不断扩大。1962年，铁路、公交车、无轨电车和有轨电车交通网络长度为16235公里；到2014年，整个交通系统网络长度达到26037公里。2004年至2014年，瑞士交通量增加了22%，达到5.23亿公里（见图5-7）。其中，铁路上升了近29%（总额为1.96亿公里），地方有轨电车增加了18%的行车量（总额为0.33亿公里），无轨电车保持稳定（总额约0.27亿公里），公交车增加了21%（总额约2.67亿公里）。

① 资料来源：https://www.voev.ch/de/index.php?section=downloads&cmd=1680&download=2208，2019年10月30日。

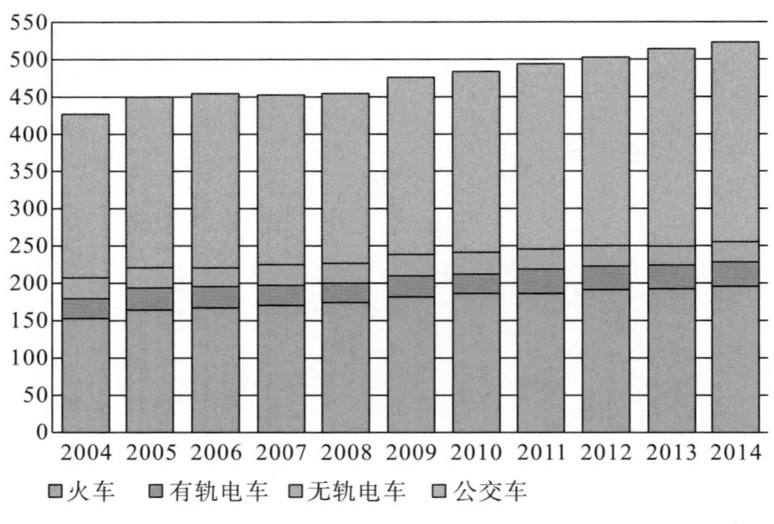

图 5-7 以交通旅程计算的瑞士公共交通供给（单位：百万公里）[①]

5.2.2 瑞士交通体系

瑞士交通运输系统主要由铁路（包括城郊铁路和城际铁路）、公路、水运、航空和高山缆车五种运输方式构成（潘有成，2012）。加上市内公共交通（包括有轨电车、无轨电车、公共汽车、市郊铁路、自行车），整个交通体系线网相互衔接，换乘便捷，统一高效，基本实现了门到门式公共交通服务（见图 5-8）。

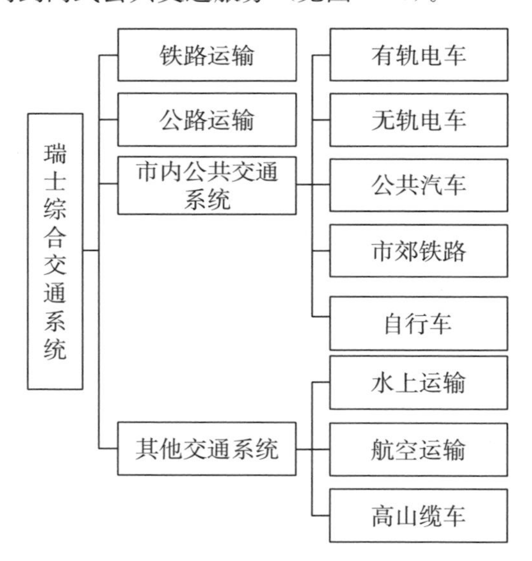

图 5-8 瑞士综合交通一览[②]

① 资料来源：https://www.voev.ch/de/index.php?section=downloads&cmd=1680&download=2208，2019 年 10 月 30 日。

② 资料来源：瑞士联邦交通部（数据）。图标设计：作者。

在地理分布上，瑞士公共交通网络图如图5－9所示，线条表示连接各个城市的主要交通线路和区域间交通（包括铁路、公路），绿色圆形区域表示市内交通（包含有轨电车、无轨电车、公共汽车和其他城镇交通），散落的红色区域则表示各种包括索道、滑雪缆车在内的绿色交通系统。

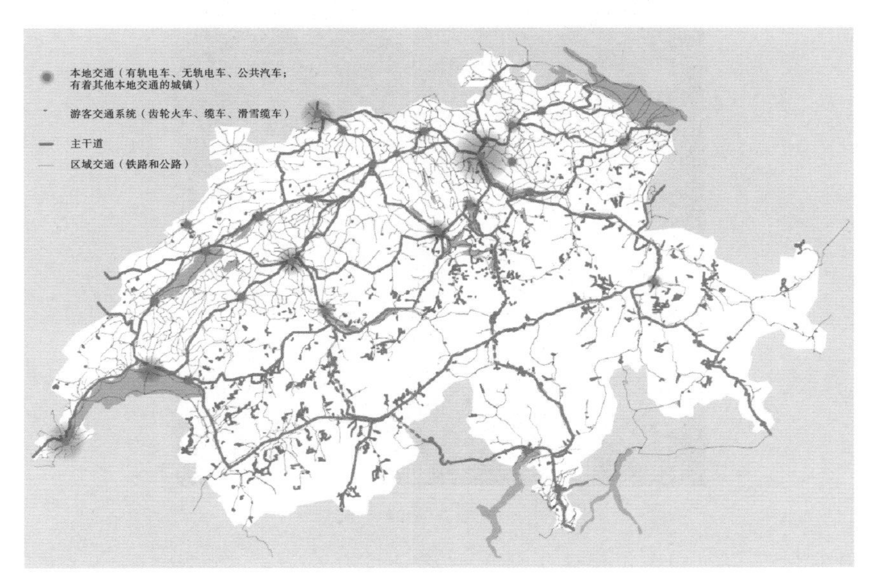

图5－9　瑞士公共交通网络一览①

5.2.2.1　铁路运输

1. 铁路现状

瑞士铁路系统以精确准时、车次频繁、服务周到、乘坐方便著称，其四通八达的线网和优良的安全性受到乘客的欢迎。有“欧洲屋脊”之称的瑞士的铁路线覆盖了整个国境。据统计，2014年瑞士境内铁路总长度为5304公里，铁路网密度达12.3公里/百平方公里，在欧盟处于领先位置。瑞士境内共有671个火车隧道和6000多座铁路高架桥（见图5－10）。其中，2016年底开通运营的圣哥达基线铁路隧道是目前世界上最长的铁路隧道，全长57.1公里，横贯阿尔卑斯山脉（刘保锋，2011）。瑞士城际铁路时速约160公里/小时，运行速度约120公里/小时；市郊铁路时速约120公里/小时，运行速度80～100公里/小时（张镃，2005）。

① 图片来源：https://www.voev.ch/de/index.php?section=downloads&cmd=1680&download=2208，2019年10月30日。

图 5-10 瑞士铁路高架桥[①]

瑞士联邦铁路局（SBB）是瑞士最大铁路交通运营公司，承担了瑞士 90％的铁路运输量，年运送旅客达 2.5 亿人次，平均每天运送 70 万人次（刘保锋，2011）。瑞士联邦铁路局共拥有各种机车 26000 多部，基本实现电气化[②]。如果同时考虑客运及货运列车，瑞士联邦铁路局拥有世界上最高的列车服务频率：每天平均每公里轨道上都有 153 列火车在运行。相比之下，日本为 107 辆，英国为 96 辆。在铁轨密度方面，瑞士拥有比欧洲其他国家更为密集的铁轨，甚至在世界上也名列前茅。另外，瑞士部分地区拥有一些私人窄轨铁路，多采取半私营的形式，以州政府、地方当局作为铁路公司的股东。在瑞士多山的地区，则有 2000 条左右的高山铁路（包括高空缆车、滑雪缆车及索道）组成的交通网（郑功，2002）。

瑞士铁路的东西线主要用于经济中心之间的客流，而南北线主要用于货运。瑞士联邦预测，从 2010 到 2030 年，瑞士的客运量还将增加 50％，货运量增长 77％。图 5-11 所示是瑞士 2015 年铁路公共交通客运网络，图 5-12 所示是瑞士 2015 年铁路公共交通货运网络。

---

① 图片来源：https://get.pxhere.com/photo/tree-mountain-plant-track-bridge-mountain-range-transport-vehicle-highland-viaduct-rail-transport-arch-bridge-mountain-pass-devil's-bridge-concrete-bridge-girder-bridge-fixed-link-1416392.jpg，2019 年 10 月 30 日。

② 瑞士铁路的电气化始于 20 世纪初，并于 20 世纪 60 年代完成。极大部分线路都是 100％电力运行的，只有少数本地运行的货用卡车还由柴油发动机操作（博物馆铁路不计算在内）。

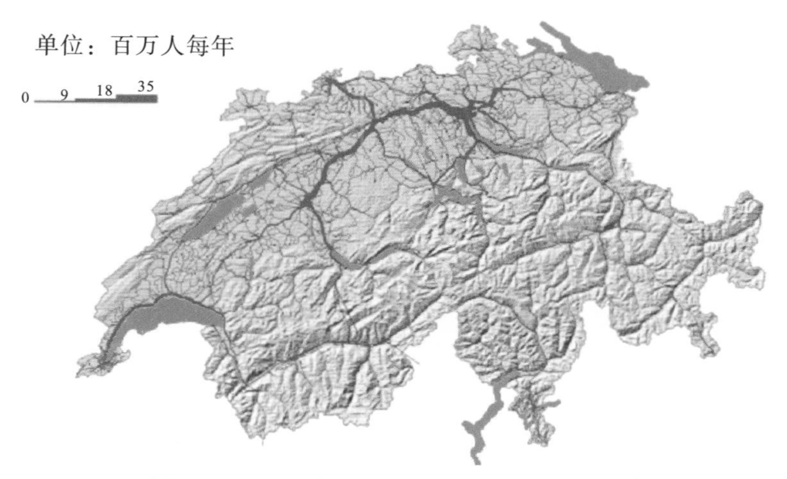

图 5－11 2015 年瑞士铁路公共交通客运网络①

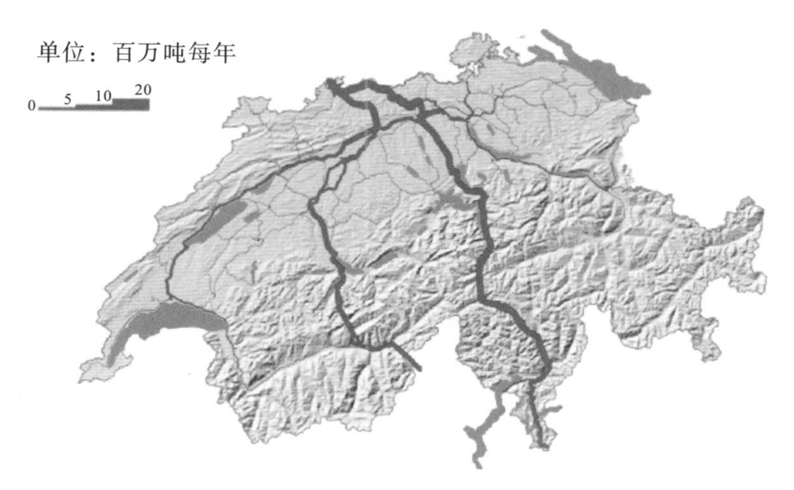

图 5－12 2015 年瑞士铁路公共交通货运网络②

铁路交通是瑞士十分重要的交通方式，平均每个瑞士人每年乘火车出行 41 次，每年搭乘火车里程达到人均 2500 公里以上。瑞士是全世界使用铁路最频繁的国家。旅客列车每 9 分钟发出一趟，从早上 5 点一直运营到次日凌晨 1 点。据苏黎世州统计，按出行里程计算，铁路在各种交通方式中占比高达 23%。从各地进出苏黎世机场的人员，有 50%的人选择乘坐铁路（张镪，2005）。此外，铁路交通在瑞士旅游业中也发挥着重要作用。瑞士依托铁路线，经过对景观资源、旅游资源的综合分析，开发出了七条主要旅游观光路线，极大丰富了瑞士旅游产品的结构，促进了交通旅游产业的发展。其中最为著名的有欧洲海拔最高的火车站——少女峰火车站，世界上行驶最慢的观景快车——

① 图片来源：https://www.voev.ch/de/index.php?section=downloads&cmd=1680&download=2208，2019 年 10 月 30 日。

② 图片来源：https://www.voev.ch/de/index.php?section=downloads&cmd=1680&download=2208，2019 年 10 月 30 日。

冰河快车，世界上爬坡角度最大的齿轨登山铁路——皮拉图斯登山铁路等（潘有成，2012）。

铁路也是瑞士货运的主要工具，瑞士货运列车服务位居世界前列，仅次于中国和俄罗斯。尽管卡车是瑞士国内和进出口货物运输最常见的选择，铁路交通在其货运总量占比仍然超过四分之一（以公吨公里计）（见图 5－13），这一比例远高于其他西欧国家。瑞士国内铁路货运的主干共拥有约 1500 个分支，打破了欧洲铁路轨道密度纪录。一般说来，负责分流、拼车和分拣作业的是瑞士联邦铁路局货运公司，它的任务是确保货运车辆从侧线和编组站运送到 300 多个服务站、工厂和主要配送中心。

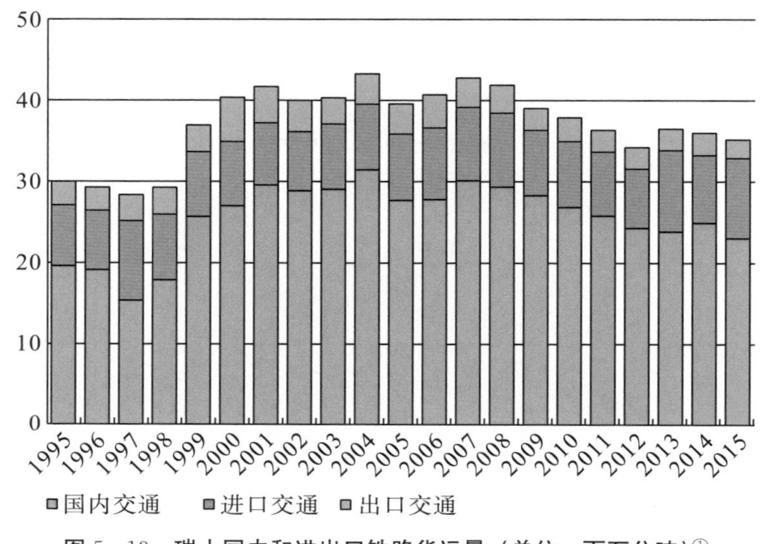

图 5－13 瑞士国内和进出口铁路货运量（单位：百万公吨）[①]

瑞士铁路和机场接驳便利。在苏黎世和日内瓦的入境机场附近都有铁路客运站，两处机场的火车站每小时发出一列快车，一次运送时间为 1 小时，每天共运营 16 小时（向遥，2013）。乘客乘飞机到达机场后，只需几分钟便可顺利转乘火车，非常便捷。

同时，瑞士铁路运输硬件、服务非常全面且细致。每个火车站台上都设有长椅和暖气候车室，列车车厢带有自动升降平台，以方便坐轮椅的残疾人、推婴儿车的母亲等特殊人群使用。瑞士火车还有放置自行车、雪橇和滑雪板的专用车厢，给户外活动者带来很大便利。此外，在跨州的火车上还专门设有一节配备了滑梯、玩偶的儿童游乐车厢。瑞士每个火车站都有各式行李寄存箱，为乘客提供额外的行李托运服务（李忠林、吴江萍，2012）。

2. 铁路交通扩张

自 20 世纪 90 年代初以来，瑞士陆续颁布的一系列政策促进了铁路基础设施的扩张和现代化，受到了瑞士民众的大力支持。

---

① 资料来源：https://www.voev.ch/de/index.php?section=downloads&cmd=1680&download=2208，2019 年 10 月 30 日。

2004年12月12日起，围绕“多样、快捷、直接、舒适”的原则，以改善瑞士铁路的运营质量为目的，瑞士启动了“铁路2000计划”。“铁路2000计划”主要从以下两方面实施：一方面，修建新的铁路线，以提供更为多样化的服务体系；另一方面，通过推进铁路机车现代化、开发研制新型机车提高运营速度，使客运列车、货运列车的最高速度分别达到250公里/小时、160公里/小时。该计划成效显著，例如，瑞士各城市的市郊、城际列车发车频率提高，分别达到每10分钟、15分钟一班，列车运行时间也相对有效缩短。以苏黎世为例，苏黎世至首都伯尔尼（行程共125公里）的城际列车运送时间仅需58分钟，苏黎世市郊列车从市中心到达市郊城镇、乡村不超过半小时，建立了苏黎世大都市区“半小时轨道交通圈”（刘国信，2002）。

当前，瑞士的铁路交通还在进一步扩张中（见图5－14、图5－15）。伴随着圣哥达基线铁路隧道的开通，“通过阿尔卑斯山的新轨道交通项目”（NRLA）开创了一个新的里程碑。2020年，新轨道交通项目工程将在切内里（CENELI）基础隧道开通后竣工。另外，铁路基础设施项目（FRI）还资助了战略铁路发展计划（STEP），总预算达420亿瑞士法郎。到2050年前，战略铁路发展计划旨在逐步扩展铁路基础设施，以提升铁路运输量。此外，该计划还致力于提高货运竞争力。战略铁路发展计划的第一阶段将于2025年前完成，总投资大约64亿瑞士法郎。

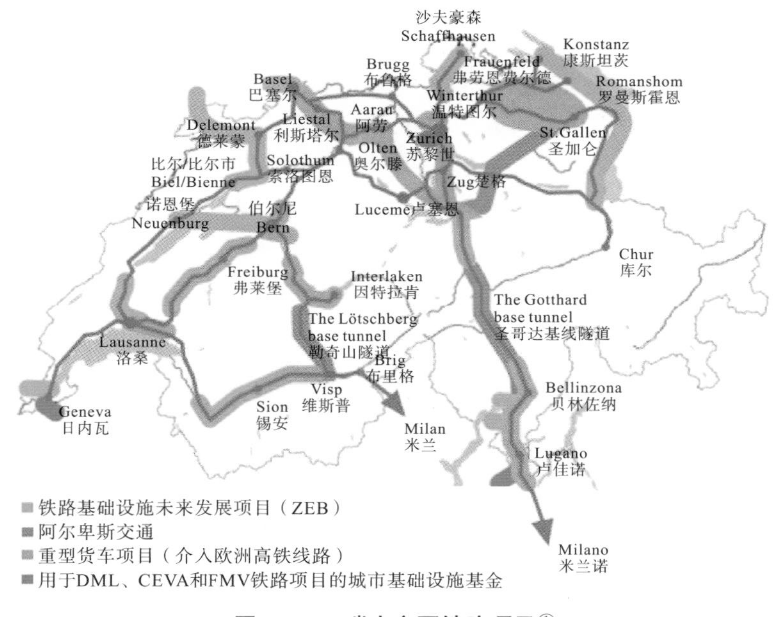

图5－14　瑞士主要铁路项目[①]

① 图片来源：https://www.voev.ch/de/index.php?section=downloads&cmd=1680&download=2208，2019年10月30日。

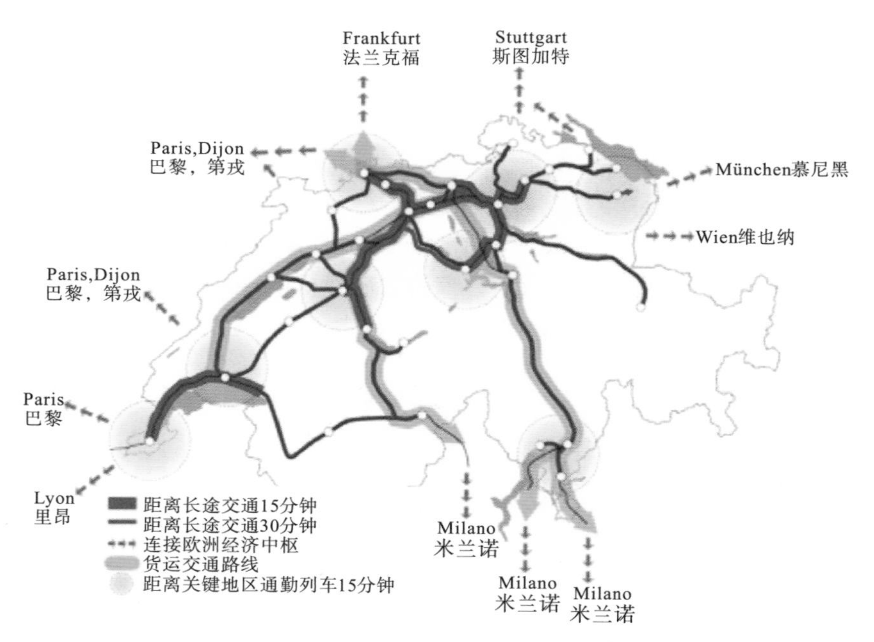

图 5—15 瑞士长期铁路发展计划①

3. 铁路基础设施基金（RIF）

为了保障铁路交通扩张与运营所需要的资金，瑞士于 2014 年通过了项目资助和扩大铁路基础设施提案（FERI），为瑞士铁路网络的可持续长期融资奠定了基础。项目资助和扩大铁路基础设施提案的核心内容包括：建立永久性铁路基础设施基金（RIF）及持续至未来几十年的战略性铁路基础设施发展计划（STEP）。

自 2016 年 1 月 1 日以后，瑞士所有与铁路基础设施的运营、维护和扩建有关的费用都由新的永久铁路基础设施基金出资，经费主要来自联邦预算，此外，还有其他融资措施：采取税收抵免以降低运输成本、实行更高的列车运行价格和向政府大额捐款。

表 5—1 所示是瑞士铁路基础设施基金的主要收入和支出情况，可以看出这些资金主要用于维护和运营铁路基础设施。每隔四年，瑞士联邦都会与铁路公司签署一项关于资金分配的协议，而铁路扩建工程则由瑞士联邦议会讨论决定。

① 图片来源：https://www.voev.ch/de/index.php?section=downloads&cmd=168&download=2208，2019 年 10 月 30 日。

表5—1　瑞士铁路基础设施基金收入和支出情况[①]

<table>
<tr><td>收入项目</td><td rowspan="8">铁路基础设施基金（RIF）：
收益=支出</td><td>支出项目</td></tr>
<tr><td>重型货车收费</td><td>扩建费用</td></tr>
<tr><td>增值税</td><td>预付利息</td></tr>
<tr><td>矿物油税</td><td>偿还预付利息</td></tr>
<tr><td>一般联邦预算</td><td rowspan="2">基础设施运营</td></tr>
<tr><td>州资金</td></tr>
<tr><td>铁路的价格上调</td><td rowspan="2">设备维护</td></tr>
<tr><td>减少交通费用的
联邦税收减免</td></tr>
</table>

5.2.2.2　公路运输

瑞士公路交通是瑞士运输业的支柱。瑞士完全融入了欧洲高速公路网，与德国、法国、意大利、奥地利等相邻国家共有7条国际高速公路相连。瑞士在1960年通过了国家公路计划，经过多年建设，目前国内各城市之间均有高速公路、普通公路相互连接，公路总里程达71149公里，路网密度170公里/百平方公里，建立起了以高速公路为骨架、干道公路网为主干、地方道路为支线的发达公路网。其中，18097公里为州政府公路，由州政府斥资建造、维修和保养；51397公里为地方公路，由地方政府斥资建造、维修和保养。瑞士联邦政府根据具体情况，对各类公路的新建、维修和保养予以补贴（李忠林、吴江萍，2012）。

瑞士是有名的隧道之国。阿尔卑斯山和汝拉山脉占瑞士国土面积的70%，为了不破坏自然风光，瑞士有七分之一的公路为隧道。瑞士拥有全球第二长的公路隧道——圣哥达隧道，全长16.32公里。山区公路的安全管理在瑞士特殊的地形下显得十分重要。瑞士大多数山区公路被设计为曲线隧道，尤其在洞口端，尽量设置为曲线段。这样不仅有利光线的过渡，有效地调节驾驶人的心理，不至于受出口"白洞"的影响而引起交通事故，而且也能通过曲线隧道避开不良地段。

以下先简单介绍瑞士的市内公共交通系统，并就组成公路运输交通的有轨电车、公共汽车、无轨电车及辅助的市郊铁路和自行车交通进行介绍。

瑞士的城市公共交通十分发达。市内公共交通组织中，以轨道交通为主，无轨电车、公共汽车、市郊铁路作为补充，还有大量自行车供市民使用。多种市内公共交通方式之间有机配合，换乘方便，管理服务高效统一。如今，瑞士小城市和乡镇中拥有汽车的家庭不到80%，在公共交通发达的大城市甚至一半居民都没有汽车（李忠林、吴江萍，2012），市内公交系统是瑞士市民日常通勤的第一选择。

① 资料来源：https://www.voev.ch/de/index.php?section=downloads&cmd=1680&download=2208，2019年10月30日。

瑞士城市公交系统服务十分完善。公交站台上均安装有电子信号盘，设有公交线网图和线路运行时刻表，LED显示屏可实时报送车辆到站动态、乘客所需等待时间等信息（戴帅、虞力英，2013）。在公交车厢内也设有液晶屏，可显示实时动态的线路运行时间、换乘信息。在日内瓦和宽特兰机场路线上的电车，甚至配备了无线电话，乘客可以随时免费进行3分钟的市内通话。

除了增加便民服务以吸引国人及旅客使用公共交通，瑞士政府还通过多种经济激励方式鼓励人们乘坐公共交通，如25岁以下的青年买票可以享受七五折优惠、持有预付费交通卡可以免费参观全国400多个博物馆等。苏黎世市中心区的公共交通，票价收入仅占运行费用的65%，亏损达到35%。公共交通作为一种社会福利，主要靠政府公共财政补贴（张镒，2005）。

1. 有轨电车

瑞士有轨电车经历了兴起、没落和恢复的过程。有轨电车于20世纪初兴起，在第二次世界大战前后得以全盛发展，到了20世纪50年代末，瑞士各城市纷纷拆除了电车轨道，但是70年代末，有轨电车又重回到城市中扮演起公共交通的重要角色。目前，瑞士通过扩展原有的城市有轨电车系统及采用新型环保车辆和先进的电子信息管理系统，基本建成了现代有轨电车系统。例如，瑞士第一大城市苏黎世已建成15条有轨电车线路（见图5－16），覆盖城市的所有主要街道①；第二大城市日内瓦共有4条有轨电车线路，并且正在规划进行进一步的扩大发展②。新型有轨电车吸引了大量乘坐小轿车和常规公交的乘客，有效缓解了瑞士市区内的交通压力，降低了汽车尾气排放和减少了噪声污染。

图5－16　苏黎世有轨电车③

① 资料来源：http://www.shijiebang.com/u7484/blog－14425/。

② 资料来源：http://www.cclycs.com/r174521.html。

③ 图片来源：https://images.pexels.com/photos/773471/pexels－photo－773471.jpeg?auto＝compress&cs＝tinysrgb&dpr＝2&h＝650&w＝940，2019年10月30日。

新型有轨电车在快速、准时、运能、舒适、安全性等方面接近地铁、轻轨等交通工具，在市区短途运输中，其具备的灵活性、高可调度性、综合造价低和建设周期短等特点，具有地铁、轻轨等无可比拟的优势。首先，有轨电车造价远低于地铁，成本仅是轻轨的三分之一到二分之一，而且目前其造价主要受制于车辆依赖进口，一旦车辆能够实现国产化，其成本将大幅下降；其次，新型有轨电车线路的平曲线半径达到15米以下，爬坡能力强，能够适应有地形高差、道路布局复杂的城市的特殊要求；最后，瑞士有轨电车站相距400～800米，还可根据交通高低峰灵活调整车辆编组，满足不同时段的运能要求（刘国信，2002）。

2. 公共汽车

瑞士邮政公司运营着国内众多公共汽车线路和著名的黄色邮政巴士。瑞士公共汽车运营管理科学。在一般工作日，每辆公共汽车的发车间隔时间为4～6分钟，晚上7点以后和休假日发车间隔延长到10～15分钟。在瑞士综合公共交通系统中，整合着全国所有公共汽车的时刻表和车票信息。任何人只要登录瑞士综合公共交通系统的门户网站，就可以随时获取包含在线票价在内的所有信息①。瑞士公交汽车实行如下票制：买1.2瑞士法郎的票能乘坐3站；购买2瑞士法郎的车票，可以在60分钟内随意换乘任意市内车辆。未满6岁的儿童免票，未满15岁的少年和狗均享有半票优惠。市民一般会持有月票或可以乘12次或20次的专用次数卡进行乘坐。

瑞士公交系统实时会进行优化，非常准时。瑞士公交系统借助严格的数学模型和计算机模拟运算，提前设计好每一班行车线路、频次以及运行时刻表，甚至可以在其三维地图上提供每一班公交车在任一时刻的位置。瑞士公交系统的实时优化包括如下方面：首先，根据不同的季节性（比如学校开学和假期），规划不同的班次数；其次，按照每天不同时段，设置不同的车辆的运行频率和长度。另外，瑞士采用的潮汐车道与国内固定车道不同，其车道更改时间并不固定，而是根据当天具体路况做实时变更。

瑞士公共汽车采用先进的无人售票体系。乘坐瑞士公交车不需要刷卡，持卡便可直接上下车。在瑞士公交车站，设有售票、打卡一体机，售票机上可查询各种类型的车票。购买次卡的乘客在上车前必须在打卡机上打孔，同时打上乘车时间，便于查票（张鑑，2005）。逃票者面临的罚款达到40瑞士法郎，但是如果逃票者没带足钱可以收下罚款单，稍迟去交钱。若是偶然忘带月票，乘客去中心车站出示月票后，就能获得35瑞士瑞郎的返回金（即被罚款5瑞郎）（均，1994）。

瑞士公共汽车乘坐体验很舒适。在瑞士，公共汽车基本上都是新车，即使是小部分的老车，车内也时刻保持整洁卫生。车内安静，鲜有乘客大声喧哗。公共汽车行驶平稳，内部照明条件好，乘坐时完全可以读书写字②。

3. 无轨电车

20世纪60年代，瑞士的卢加诺、巴塞尔、温加图尔的部分地区拆除了无轨电车线

① 资料来源：https://travelguide.all-about-switzerland.info/swiss-transportation-systems.html。

② 资料来源：https://www.sohu.com/a/234181242_167473。

路，近年来才开始建设和改建无轨电车线路。目前，瑞士共有 14 个城市建有无轨电车系统，共运营 500 辆无轨电车。无轨电车具备一系列自身独特优势，如利于在山区线路上稳健行驶的加速性能、良好的环保优势，以及水力发电带来的电价优势等。

瑞士无轨电车在市中心区域的覆盖率不及有轨电车，大多数无轨电车将首、末站点设在城市郊区。瑞士无轨电车网络使用 600V 直流架空线路进行供电，与有轨电车共享同一个供电网络。以苏黎世为例，苏黎世市所有的无轨电车都是铰接式客车，其中有 17 辆是超长双节车。该电车网络每年载客 5400 万人次，乘客乘坐总里程达到 1.19 亿公里。

4. 市郊铁路

市郊铁路是铺设在城市中心到城市近郊、城镇之间的铁路线，也是瑞士重要的市内公共交通工具之一。以苏黎世为例，苏黎世市郊铁路于 1990 年通车，该铁路共设 120 个车站，采用四节式双层客车组，运行速度可达 80～100 公里/小时（胡卓人，1983）。

5. 自行车交通

为了鼓励人们使用绿色交通，减少对私家车的依赖，瑞士为自行车交通提供了完善且人性化的道路设施和服务网络体系。于 1995 年开始，瑞士实施了“在瑞士骑车”项目（金旭，2013），这是瑞士全国范围内开展的最具代表性的项目之一。目前，瑞士境内共有 9 条国家级自行车道（见图 5－17），全长 3300 公里，沿途设有 1.5 万个自行车专用交通标志。红色的自行车交通标志上显示有目的地、方向、路线号码等信息。瑞士自行车路线还具备不同的难易程度，比如有平坦的沿河沿湖道路、适合家庭集体骑行的家庭路线，也有难度较大的山地自行车和越野自行车路线（郭小艳、郑敏，2013）。

图 5－17　自行车专用道①

对于国家级自行车线路而言，9 条线路长度从 152 公里到 505 公里不等，3 条山地

① 在瑞士，市内的自行车道非常明显，路面或红色或黄色，颜色与机动车道有明显的区别，而且路面（特别是交叉路口）标有自行车图案。

图片来源：https://c2.biketo.com/d/file/tour/inspiration/2013－07－03/e2bad4d24031cc3e7add6e4945f4898f.jpg，2019 年 10 月 30 日。

车道最短为355公里，最长为665公里。“在瑞士骑车”项目还提供相应的服务，如在自行车道沿线开设旅馆，有专门的公司提供行李运送服务，网站上提供有关自行车线路及住宿等相关信息等。在每条自行车线路上都设有多个服务站点。

在瑞士，自行车分布广泛，使用起来非常便利。瑞士火车站共为游客提供了4000辆自行车，只需办理简单的手续，游客便可以在任一火车站租借、归还、免费停放自行车（郭小艳、郑敏，2013）。为了方便骑行乘客进行多交通工具的转换，瑞士的火车还为自行车预留了专用车厢，方便骑行人士乘坐火车时运输自行车。自行车专用车厢标有很明显的自行车标志，内部设置有专门的错位自行车停车架。同时，瑞士的公共场所都建有自行车公用停车架，停车便捷快速，错位的设计可大量压缩停车空间（刘少才，2016）。

5.2.2.3 其他交通系统

1. 水上运输

水运是瑞士交通旅游业的重要组成部分。瑞士位于欧洲大陆中部，境内分布着众多河流湖泊，因此境内水运方面以内河、湖泊运输为主。瑞士共有12个主要湖泊可通航，其境内水道主要不是用于货物运输，而是在城市观光旅游中发挥重要作用。在瑞士国内20多条水运航线上，共运行着近170艘联邦船只，每年运送近1300万名乘客。

近年来，瑞士湖泊和河流上的体育娱乐交通蓬勃发展，全国体育娱乐休闲船只增至约10万艘①。平稳的蒸汽艇上配有餐厅，有的还设有酒吧（郑功，2002）。此外，瑞士国内各大湖泊上还行驶着私人游艇，瑞士市民拥有私人游艇的比例达到1/69，远高于世界1/179的平均水平。在苏黎世、洛桑、日内瓦等湖区城市，私人游艇的拥有率更是超过1/8（刘保锋，2011）。水上运输为瑞士市民提供了独特的出行与休闲方式（潘有成，2012）。

海运方面，截至2014年，瑞士的水路航线总长1230公里，共拥有33艘海运货轮，在全世界156个国家中排第56位，其中在内陆国家中其海运能力排名第二。瑞士海运总吨位近80万吨，重要内河港口为巴塞尔。海运在瑞士货物运输中起着重要作用：每年瑞士水域约有260架货船的货物运载量达到400万吨左右。莱茵河从北海流经巴塞尔的瑞士边境，是瑞士唯一的入海水道，一部分外贸商品从巴塞尔的码头装运，通过莱茵河入海运往世界各地，因此莱茵河成了瑞士重型货物进出口的重要运输通道。

2. 航空运输

瑞士航空交通主要发挥对外交通功能，航班多为国际航班（潘有成，2012）。苏黎世和日内瓦机场是瑞士两大主要国际机场，也是重要的世界航空枢纽，苏黎世机场更是连接着世界174个城市的国际枢纽港。此外，还有瑞士与法国城市米卢斯共享的巴塞尔—米卢斯国际机场②。瑞士伯尔尼和卢加诺等城市也有起降国际航班的机场，但规模

---

① 数据来源：https://www.bav.admin.ch/bav/en/home/modes-of-transport/navigation.html。

② 资料来源：https://travelguide.all-about-switzerland.info/swiss-transportation-systems.html。实际上位于法国境内。

不大。

据可查资料[①]，早在2011年，在瑞士注册的各类飞机共计1932架，直升机334架。另外，瑞士还有61个机场和起落坪，可供小型飞机使用。瑞士国际航空集团是世界最大的航空公司之一，其全球雇员数超过了3万（刘保锋，2011），集团旗下另一家较小的航空公司十字航空（Cross Air）则主要负责经营瑞士的境内航线和包机业务。

在苏黎世、日内瓦机场，铁路、市政公交直接连接到两大机场的航站楼，实现了公路、铁路、航空的无缝衔接。机场甚至成了交通换乘的枢纽。两大机场直接衔接往来于各主要城市的火车和巴士。以机场为起点，瑞士所有主要城市和旅游地区都可在1～3小时内到达（郭小艳、郑敏，2013）。

3. 高山缆车

瑞士是多山的国家。2012年，在瑞士运营有约1800个索道装置，很多旅游景点都以高山缆车作为交通工具，为游客提供观光服务。瑞士联邦运输局负责约650个联邦索道，各个州则负责不作商务载客的牵引车、小型缆车和缆车等。由于旅游市场竞争逐年激烈，瑞士不断致力于投建新索道的同时，也专注推进现有索道的现代化改造（潘有成，2012）。

5.3 瑞士城市交通规划

瑞士联邦政府认为，公共交通是一种非竞争的交通系统，一方面是为了调整交通供给与需求，另一方面是为了维持路线的经营，政府对交通运营企业提供财政补助。瑞士城市交通规划主要围绕以下目标推进：促进交通方式从私家车向利于环境保护的公共交通的转变；合理疏导机动交通，创造宁静的居住环境；限制停车泊位；减少机动交通流量，减轻汽车尾气污染；在市区中心减少停车场，增加步行区。

本节将从瑞士交通相关主体、瑞士城市交通政策与法律法规、瑞士城市交通系统对瑞士城市交通规划（如图5－18所示）进行具体的介绍。

① 资料来源：https://travelguide.all－about－switzerland.info/swiss－transportation－systems.html。

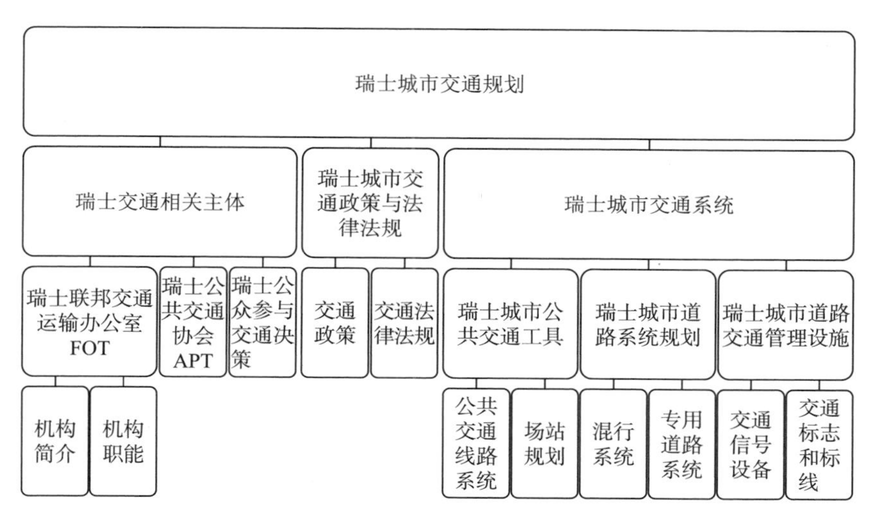

图 5－18　瑞士城市交通规划

5.3.1　瑞士交通相关主体

5.3.1.1　瑞士联邦交通运输办公室

1. 机构简介

瑞士联邦交通运输办公室（Federal Office of Transport，FOT）是瑞士联邦环境、交通、能源和通讯部（Federal Department of Environment，Transport，Energy and Communications，DETEC）下属机构，专门负责瑞士公共交通经营管理和日常安全保障工作。DETEC 是联邦层面主管一切与公共交通有关事务的机构。除 FOT 外，DETEC 还下设联邦道路办公室和特别发展部，前者专门负责与瑞士境内公路基础设施和道路交通运输相关的日常事宜，后者专门负责州与州之间、与邻国之间的公路交通的新建、维修和保养等方面事宜。

在 DETEC 可持续发展战略的基础上，各联邦办公室制定了以下发展目标：①协调联邦、各州和城市之间的公路、铁路和航空运输；②开发智能交通基础设施和高效的交通管理或“智慧道路”；③进行长期可持续的投资，以维持交通系统的功能，且做后续费用的长远考虑；④设计简单透明的筹资方案，不仅旨在提供资金来源，而且要鼓励交通发展符合市场需要①。

瑞士联邦交通运输办公室作为瑞士公共交通（铁路、索道、船舶、电车和公共汽车）和大宗货物运输的监管部门，其工作目标是竭力改善公共道路交通服务质量，提高道路货运服务水平。工作内容是负责公共交通的安全、财务和基础设施，以及制定相关

① 资料来源：瑞士联邦环境、运输、能源和通信部门的运输政策原则，https://www.uvek.admin.ch/uvek/en/home/transport/transport－policy.html，2019 年 10 月 30 日。

公共法律和政策框架[①]；同时对瑞士的过境客运和货运车辆实施配额限制和额外收费，如机动车道路费为 34 美元/辆，载重量超过 3.5 吨的长途车辆必须缴纳重型车辆费和车辆废气排放费等（张荣忠，2004）。

2. 机构职能

高质优效、无歧视准入的基础设施，是公共交通系统提供优质服务的基础。瑞士联邦交通运输办公室为瑞士铁路网制定发展战略和基础设施规划，使之与城市空间规划和道路网络规划相互适应。此外，瑞士联邦交通运输办公室还对瑞士大型铁路建设项目进行监督、协调和指导，如跨阿尔卑斯山的新铁路线、连接瑞欧的高速铁路网、铁路发展计划（Zukünftige Entwicklung Bahninfrastruktur，ZEB）、铁路基建战略发展计划的 2025 扩展阶段、圣哥达隧道路线上的 4 米走廊建设，以及铁路降噪等。瑞士联邦交通运输办公室代表联邦政府借助经济手段有针对性地保证这些项目的按期完成，同时，也会对某些项目进行审批，如修建铁路、索道、公共船舶停靠站和安装无轨电车等。它还负责颁发相关的经营许可证和基础设施特许权，如向铁路运营商发放网络牌照和安全证明书[②]。

瑞士联邦交通运输办公室的具体职责如下：

（1）政策——代表议会、联邦委员会和选民执行运输政策。

瑞士联邦交通运输办公室负责执行联邦委员会、瑞士议会和公众制定的政策。瑞士联邦交通运输办公室的专家持续跟踪国际运输政策的发展，并分析其对瑞士的影响，为瑞士联邦政府制定国内的交通政策和法律提供专业支撑。瑞士联邦交通运输办公室还负责筹办道路运输方面的国际谈判和会议，并协调瑞士联邦在公共交通领域的国际活动。

一旦瑞士联邦政府决策（例如将跨阿尔卑斯山货运公路隧道改为铁路隧道、铁路基础设施的扩建等）制定好，瑞士联邦交通运输办公室就必须积极实施，主要工作包括确定相关利益方，并在必要时为其提供资金等[③]。

（2）资金——为公共交通融资。

瑞士作为一个适宜生活、工作的国家，先进的交通基础设施、优质的公共交通服务是其中不可或缺的重要因素。然而，瑞士公共交通的成本很高，自 2012 年以来，平均成本年增长率为 0.6%。为了促进公共交通的长期发展，瑞士公共部门大力支持公共交通和铁路货运：联邦、州和城镇政府对公共交通和货运补贴一半左右的费用，而另一半则由公共交通经营收入补充（即由瑞士居民支付的乘车费用）。

瑞士联邦交通运输办公室代表联邦政府，每年用于公共交通和铁路货运领域的投资约 60 亿瑞士法郎，其中投资最多的项目是铁路线路的维护和扩建（2017 年约投资 45 亿瑞士法郎）。此外，瑞士联邦交通运输办公室还对区域客运业务进行补贴（2017 年约

① 资料来源：瑞士联邦运输局，https://www.bav.admin.ch/bav/en/home.html，2019 年 10 月 30 日。

② 资料来源：瑞士联邦运输局的代表议会、联邦委员会和全体选民执行交通政策，https://www.bav.admin.ch/bav/en/home/the-fot/the-offices-tasks/policy.html，2019 年 10 月 30 日。

③ 资料来源：瑞士联邦运输局的公共交通融资，https://www.bav.admin.ch/bav/en/home/the-fot/the-offices-tasks/finance.html，2019 年 10 月 30 日。

为10亿瑞士法郎），向铁路货运改善项目进行投资等（2017年约为2.1亿瑞士法郎）。

瑞士联邦交通运输办公室主要有三种资金来源：①铁路基础设施基金：自2016年以来，铁路基础设施基金代替公共交通项目融资基金（FinPTO）为整个铁路基础设施的运营、维护和扩建提供资金。②一般联邦预算：联邦、各州和城镇总共预留了大约64亿瑞士法郎，作为公共交通的一般资金。这一款项用于为铁路基础设施的运营、维修提供资金，如用于改善横跨阿尔卑斯山的铁路线，以及向联合交通和区域客运的各个交通运输公司提供补偿。③国家道路和城市交通基金：为大城市群的铁路基建项目提供资金（包括扩建电车网络等）[①]。图5－19是2014年瑞士公共交通资金的来源图。

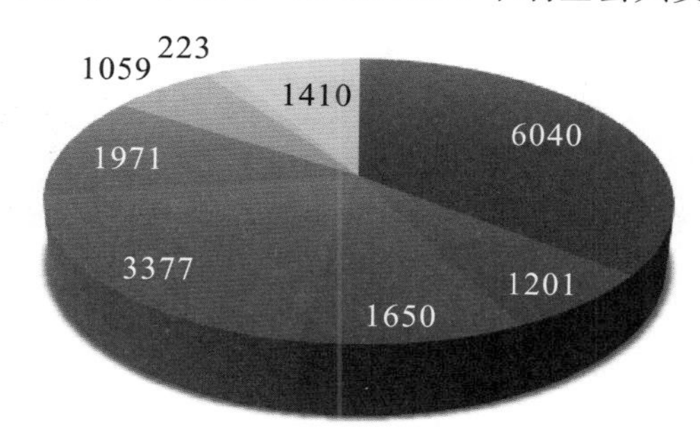

图5－19　2014**年瑞士公共交通资金来源（百万瑞士法郎）**

（3）安全——保障公共交通安全。

公共交通不仅要提供舒适的体验，更重要的是要确保安全。除了运行速度、密集的线网和先进的技术，安全是交通运输过程中最重要的因素。所有公共交通部门都需要重视交通的安全性。除了各交通部门对自身安全及建筑、设施和公共交通工具的安全负责，瑞士联邦交通运输办公室也将对交通安全提供保障，并将公共交通安全监测（见图5－20）置于工作的核心地位。瑞士联邦交通运输办公室在履行监管职责时做了大量工作，如迅速查明各交通部门在安全管理方面的不足，并立即予以纠正等[②]。

① 资料来源：瑞士联邦运输局的公共交通安全方案，https://www.bav.admin.ch/bav/en/home/the-fot/the-offices-tasks/safety.html，2019年10月30日。

② 资料来源：https://www.bav.admin.ch/bav/en/home/the-fot/the-offices-tasks/safety.html。

图 5－20 公共交通安全监测[①]

在瑞士，公共交通的使用者能够享受安全出行。以每公里为单位计算，铁路交通死亡率为公路交通的 1/20（见表 5－2）。根据 2015 年的事故统计数据看，电车、公交、轮船和索道的安全标准也非常高。在过去的几十年里，公共交通变得更加安全，交通事故数量下降了大约一半。如果将大幅增加的交通量考虑在内，与长途旅行交通事故发生概率相比，公共交通的安全要高三倍以上。现在，瑞士仍然将大量资金用于保障公共交通安全，以求更低的事故发生概率。

表 5－2 交通工具安全性比较（2005—2014 年）[②]

交通工具	每百万客运周转量死亡人数（人）	单位里程死亡率（以最安全的火车为基准）
火车	12770	1
汽车	556	20
自行车	58	204
摩托车	28	399

5.3.1.2 瑞士公共交通协会（APT）

瑞士公共交通协会（APT）是瑞士国家公共运输公司的联合体，内部共拥有 127 个固定会员，它们都是运营铁路、公共汽车、船只或索道以提供客运和货运服务的公司。另外，瑞士公共交通协会还拥有 180 家工商企业为该协会提供支持。

瑞士公共交通协会的主要职责包括：发展瑞士公共交通系统；赞助各种培训课程；

① 图片来源：https://www.bav.admin.ch/bav/en/home/the－fot/the－offices－tasks/safety/_jcr_content/par/textimage/image.imagespooler.jpg/1528276500144/original/51－sicherheit.jpg，2019 年 10 月 30 日。

② 资料来源：联邦交通局（FOT）、联邦统计局（FSO）、瑞士公共交通协会（APT）。

建立公共交通技术标准；作为公共交通纠纷监察专员，管理自我监察组织；担任瑞士火车线路分配主体特拉斯施威茨股份公司（Trasse Schweiz AG）的合伙人；为公众和政府提供有关公共交通的信息；促进成员交流讨论等。

5.3.1.3　瑞士公众参与交通决策

瑞士公共交通获得成功的主要原因之一是交通决策具有很高的公共参与程度：瑞士人民对联邦政府有直接的发言权，从而民众可以决定公共交通计划项目和相关预算。乘客直接参与公共交通决策，促进了有利于提升公共交通发展的提案获准通过的可能性（表5－3总结归纳了一些交通相关的瑞士公众投票情况）。例如，修建跨阿尔卑斯山新铁路的计划（NRLA）、融资和扩建铁路基础设施的提议——“铁路2000”，以及发展通勤列车、地铁、有轨电车和公交线路等州级和城镇级项目……这些均通过了瑞士选民的批准。几乎所有的投票表决结果最终都是对瑞士公共交通系统有利的，如根据“阿尔卑斯地区限制过境运输”的倡议，瑞士选民投票通过了对过境重型货车实施收费的提案，这是一项有利于控制阿尔卑斯山交通容量、保护环境并有助于提升交通安全性的有益措施。

表5－3　公共交通的公众投票①

日期	公共投票名称	投票内容	支持票比例
1987.12.6	Rail+Bus 2000 concept	四条新铁路线路的建设决定，包括近51亿瑞士法郎的预算拨款	57%
1988.6.12	Coordinated transport policy	为公共交通提供更坚实的财政支持，在环境影响方面需要评估的运输方式	45.5%
1992.9.27	NRLA	高速铁路网络与阿尔卑斯山高效联运服务的基本决定	63.6%
1994.2.20	Alpine Initiative	改变阿尔卑斯山的货运交通铁路，不设立新的过境道路通过阿尔卑斯山	51.9%
1994.2.20	Continuation of flat－rate HGVC	引入一个远程基地重型车辆前固定费率重型货车的延续收费	72.2%
1994.2.20	Distancebased HGVC	基于距离对过境重型货车实施收费的基本决策	67.1%
1998.9.27	HGVC Act	对过境重型货车实施收费的实施规则	57.2%
1998.11.29	FinPTO	关于铁路2000年融资的投票，阿尔卑斯铁路新干线（NRLA），高速铁路网连接及噪音保护（总值305亿瑞士法郎）	63.5%
2005.11.27	Shop opening hours in railway stations	延长开放时间	50.6%

① 资料来源：https://www.voev.ch/de/index.php?section=downloads&cmd=1680&download=2208，2019年10月30日。

续表

日期	公共投票名称	投票内容	支持票比例
2014.2.9	FERI	资金和扩大铁路基础设施草案，包括成立铁路基建基金及战略性的铁路基础设施开发计划署	62%

5.3.2 瑞士城市交通政策与法律法规

5.3.2.1 交通政策

1. “公共交通能源战略 2050（ESPT 2050）”计划

瑞士有 1/3 的能源消费来自运输业，这使得交通运输成为能源战略 2050（the Energy Strategy 2050）的核心主题。能源战略 2050 规定，到 2050 年，整个运输部门将缩减一半的能源消费。

公共交通符合节能的要求，它主要有如下节能特性：运力相同的情况下，公共交通的耗能是私家车的 1/3；在效率上，铁路货运的效率比公路运输高出十倍。同时，公共交通可以承担更多的交通容量，进而提高整个交通部门的能源效率。为了保持这种节能环保优势，公共交通成了瑞士实现能源战略目标的重要手段。为此，瑞士联邦交通运输办公室推出了“公共交通能源战略 2050（ESPT 2050）”计划，并致力于提高公共交通工具的能源使用效率，以及可再生能源的利用效率。

“公共交通能源战略 2050（ESPT 2050）”计划的目标是：①提高能源效率；②退出核能；③降低二氧化碳排放量；④生产可再生能源。这些目标要求较为严苛，它要求政府、运输行业的企业对车辆、基础设施和运营各环节都需采取高效、协调的措施。

该计划主要有三种实施方法：①制定激励制度促进措施实施；②建立坚实的支撑基础，促进信息交流和协调统一；③识别、资助和支持创新项目。

根据该计划，瑞士联邦交通运输办公室将帮助公共交通部门选择、实施合理利用能源的创新项目[①]，并鼓励可再生能源的使用。此外，瑞士联邦交通运输办公室还在研讨会和能源效率年度论坛[②]上促进国际交流。“公共交通能源战略 2050”计划，使得这些创新项目不只是停留在想法阶段，而是得以真正实现。实际上，瑞士联邦交通运输办公室早期的部分举措也为该战略创造了一定的条件（如设定履约协议、公共交通立法等），使各公共交通部门快速、流畅和务实地开展节能项目[③]。

此外，瑞士联邦交通运输办公室还为“公共交通能源战略 2050”计划的创新项目提供资金。

① 每年 1 月，瑞士联邦交通运输办公室都会通过自选主题来征集项目建议书。主要考虑以下项目：①研究和创新项目；②试点项目；③优秀实践案例的交流活动；④技术专利的获取和转让；⑤创新的商业模式等。

② 该论坛自 2013 年以来于每年秋季举行。

③ 资料来源：https://www.bav.admin.ch/bav/en/home/topics/environment/energie—2050/programm.html。

2. 交通安全管理与宣传教育

瑞士十分重视交通安全的管理与宣传教育。在交通安全管理方面，瑞士在大量隧道入口处设有红绿灯和公路监控联网系统。如果在80公里/小时限速内，隧道内交通流量超过1800辆/小时，或者出现堵车现象，则红灯亮，禁止车辆再进入隧道。如果隧道内发生突发事件，系统会在第一时间发现后进行报警，隧道中每隔800米加宽一段断面，为出故障的汽车提供避险的地方。

在交通安全宣传教育方面，主要体现在以下几点：

首先，瑞士的驾驶证取得制度十分严格。瑞士驾驶证分为临时驾驶证（实习驾驶证）、暂准驾驶证和驾驶证。在每个阶段，驾驶人都要参加强制培训。在瑞士必须首先完成8小时的急救课程、通过急救和理论驾驶理论考试，方可获得临时驾驶证，有效期为2年；2年内，驾驶员需完成8小时的道路交通意识课程，以及通过实际道路考试，才能获得暂准驾驶证，有效期3年。路考两次不通过的人，必须去看指定的医生，检查身体条件是否适合驾车；取得暂准驾驶证的3年期间，需要完成16小时的驾驶技能提高培训课程，才能获得终身有效的驾驶证。如果期间因为违法被暂扣驾驶证1次，缓期1年；如果被扣2次，将没收驾驶证，必须重新申领驾驶证。

其次，在儿童交通安全教育方面，瑞士警方发挥了重要作用。1950年至2011年，瑞士的儿童交通意外发生概率逐年下降。在苏黎世，全市有16名经验丰富且受过应用心理学培训的警察作为交通导师，分片包干社区的儿童交通安全宣传，负责从幼儿园到五年级的交通安全教育。学校每个学期都有理论和实际相结合的必修课，学生从学走路开始，到过街、骑自行车都有相应的培训。此外，课程内容的实用性很强，能解决儿童在遇到各种交通问题时的困惑，如让学生实际体验卡车视线的盲点。对于家长，警方为其提供了从一岁到五岁家长对孩子的交通安全教育方案，并让家长以身示范；对于学校，警方要求其提供必要的交通安全培训场地和设施。此外，幼儿园小朋友出行必须穿统一的反光背心，学生必须背有反光织物的书包。

最后，瑞士注重培养人们规范驾驶的习惯，每逢节假日或度假出行高峰期，政府都会投入大量经费开展交通安全宣传活动。据统计，2011年，瑞士的驾驶人员由于注意力分散、不集中造成的交通事故比超速和酒驾还要多。因此，交通安全委员会决定，2012年以“没有分心，减少事故”为主题，在9月、10月集中开展交通安全宣传活动。瑞士对幼儿和驾驶人的交通安全宣传常抓不懈，有效提高了交通参与者的文明和安全意识。2011年，瑞士驾驶员的安全带系扣率高达89%，副驾驶和后排乘客的安全带系扣率也达到了88%和79%，高居世界前列。

3. 限速

目前，瑞士交通安全管理部门重点实施“零死亡愿景”（vision zero）规划，争取把道路交通死亡率和严重交通事故发生率降低到接近零。在瑞士，一般车辆的限速为：高速公路120公里/小时，一般公路80公里/小时，城镇公路50公里/小时；另外，规定在商业、学校、医院、机关以及住宅社区等重要场所附近公路，行驶的车辆速度不得超过30公里/小时。

从2004年3月以来，瑞士联邦政府的环境、交通、能源和通讯部（DETEC）积极筹划交通运输车辆缓速规划工程（slow－moving traffic），该工程总投资达4000万美元，内容包括修建和延长人行通道网络，简化批准限速30千米路段和划定限速20千米地区的申请手续等。

4. 限流

从2004年以来，瑞士联邦政府抓紧与欧盟组织及邻国讨论交通运输的小流量系统（trickle system）事宜，及时整合每日通过瑞士圣哥达隧道（St. Gotthard Tunnel）的车流量。经协商，有关国家与瑞士达成协议，规定每小时通过圣哥达隧道的大型运货卡车的车流量在3000～4000辆。这种主要针对大型运货客车车流量的小流量系统的执行，是为了保障其他车辆（如小轿车、救护车、消防车、公务车、旅游车、商务车和警务车）的正常通行，确保瑞士境内各条道路交通运输的安全。

根据小流量系统规划，从2001年起，凡是通过瑞士的过境大型货运车辆必须缴纳235美元的过境费以及其他费用，以后再逐年增加收费。执行该规定的第二年，通过瑞士圣哥达隧道的大型运货车流量为125万辆，与2001年同比下降9%。除瑞士政府鼓励集装箱的铁路运输外，瑞士圣哥达隧道和圣贝纳迪诺隧道对有关大型运货车辆的严格限制规定也起了一定作用（张荣忠，2004）。

5. 交通违规处罚

瑞士交通管理严格，违规处罚严厉。早在1996年，瑞士对各种交通违章的罚款额就开始大幅增加，在当时罚款就已经很高：开车闯红灯罚款相当于人民币（下同）1750元，不系安全带罚款420元，市内行车超速6～10公里罚款840元，在高速公路上超速行驶罚款1680元，行人闯红灯罚款140元，骑自行车带人或双手离把罚款140元（佚名，1996）。瑞士的违法处理和电子号牌识别系统早已实现全国联网。瑞士警方在每一个交叉路口、易超速行驶路段都装了摄像机，当违章车辆通过时，摄像机就会将其车牌号捕捉，警方很快就能找到违章者，在对其进行教育的同时，处以重罚（徐艳文，2010）。此外，瑞士10座以上的客车都安装有限速器和行车记录仪，这个“黑匣子”会向公共或私人管理中心报告行驶信息。严格管理和严厉处罚保障了瑞士道路使用者的安全。据统计，2006年瑞士交通事故致死人数比2002年降低39%（王和、杜心全，2009）。

（1）交通事故处理。

瑞士交通事故的处理快捷有效。瑞士每辆汽车上都有交警印发的表格，对于不涉及人员伤亡的普通交通事故，警察不予受理，由双方司机自行协商解决：填写事故现场情况并标图，签名寄保险公司理赔。这种无人员伤亡的事故，警察出警需要收费，若有一方当事人报警，就要由报警方支付出警费29欧元。对于涉及人员伤亡的重大事故，警方有一支专门的办案队伍。其办案的程序为照相、勘查现场、询问证人/目击者、做当事人笔录、当场制作事故报告、移送法院。

（2）严格的交警管理制度。

瑞士交通警察待遇较高，保障完善，同时对其管理监督制度也非常完善的严格。一是入警必须经过严格的培训，经一年实习考核合格方能上岗，淘汰率在 10%～30%；二是警察条例非常详尽，一旦违反其中的重要条款就会被开除；三是突出绩效管理，对绩效实行量化，奖罚办法透明公开；四是民众可以直接向监督机构投诉，一旦发现违纪行为，警察将受到相应处罚（崔宗建，2006）。

5.3.2.2　交通法律法规

1.《残疾歧视法》对交通的规定

《残疾歧视法》规定，瑞士公共交通必须最迟在 2023 年底之前满足残疾人和老年乘客的需求。《残疾歧视法》主要对运输公司和基础设施运营商提出要求。瑞士联邦交通运输办公室作为授予铁路部门经营许可权的监管机构，也受到《残疾歧视法》的影响，并对《残疾歧视法》中规定原则的施行起监督职责。

目前《残疾歧视法》在交通领域正在逐步实施中，并且取得一些成绩。铁路运输方面，行动不便的人可以自主使用带有地面连接通道的列车，这种列车已经在跨城市运输中大量投用（如图 5－21）。对于长途交通，瑞士联邦交通运输办公室规定，在 2023 年底之前，每小时每个行驶方向必须至少有一列火车带有自动地面连接通道。《残疾歧视法》中的相关规定在火车站和各个站点的实施已造福超过 2/3 的乘客。公共汽车方面，对于有视力障碍的人士，公交车站的地上会有一块特殊的类似盲道的盲人站立区域，公交车最前面的车门会不偏不倚地停在这个区域前，盲人一抬腿就能上车[①]。此外，售票机和信息系统（在车上显示出发等信息）在 2013 年底之前完成改造。2017 年，瑞士联邦交通运输办公室决定投入额外资金，用于改造火车站和各个站点，并对基础设施运营商提出规划要求。

图 5－21　以人为本的公共交通：方便残疾人进出的设计[②]

① 资料来源：https://www.sohu.com/a/234181242_167473。

② 图片来源：https://www.bav.admin.ch/bav/en/home/topics/accessible-public-transport/_jcr_content/par/image/image.imagespooler.jpg/1462518571642/original/kinderwagen_in_niederflur.jpg，2019 年 10 月 30 日。

由瑞士联邦残疾人平等局（the Federal Bureau for the Equality of People with Disabilities）委托进行的一项评估表明，与其他领域相比，公共交通领域中已经做了大量工作来实施《残疾歧视法》。公共交通无疑取得了最大的进步，但在这一领域最需要做的仍然是公交车站的改造①。

2. 新汽车和轻型商务车的二氧化碳排放法规

瑞士的主要环境问题中，空气问题主要来自车辆排放和露天燃烧，以及酸雨造成的空气污染；水问题主要是由于农业肥料的增加，以及运输和工业中的碳氢化合物污染造成的水污染②。2012 年 7 月，瑞士《联邦二氧化碳法案》中对新汽车实施了二氧化碳排放规定。在瑞士，新注册汽车的平均二氧化碳排放量不得超过 130 克/公里，从 2020 年起，汽车二氧化碳排放水平将降至 95 克/公里。与此同时，还将对轻型商用车和轻型铰接式车辆实施额外的二氧化碳排放规定，这些车辆必须达到二氧化碳排放量 147 克/公里的目标水平。进口车辆必须符合相关规定，如果超过排放标准，进口车商必须支付罚款。

二氧化碳法规适用于所有新汽车和轻型商务车进口商（对后者，从 2020 年开始生效）。大型进口商是指每年登记至少 50 辆新汽车或至少 6 辆轻型商务车的进口商，这些进口商必须向瑞士联邦能源署登记。各进口商可以联合起来，共同登记符合大型进口商资格的车辆，并集体遵守指定的目标水平。这种联合体与大型进口商具备相同的权利和义务。只进口一辆新汽车的公民被归为小进口商，他们可以通过减少二氧化碳排放量来交换进口汽车。通过这种方式，他们可以减少罚款，并获得进口高效能汽车的奖金。小型和私人的进口商，以及想要注册车辆却没有许可证的大型进口商，在登记车辆之前，必须持有由瑞士联邦道路办公室发放的二氧化碳排放证书。

根据发动机排量的大小，汽车每年缴纳的交通税有所不同。每个城市还会根据自己城市的需求制定不同的标准。例如，沙夫豪森轻型商务汽车不同排量（最大重量为 3500kg）每年缴纳的交通税不同（见表 5－4）。对于首次注册的汽车，当发动机排放量在 1～800cm^3 时，每年缴纳税费 120 瑞士法郎，此后每多排放 100cm^3，多缴纳 12 瑞士法郎的税费，最大的排放量区间为 9901～10000cm^3。对于二次更换车牌的汽车，当发动机排放量在 1～800cm^3时，每年缴纳税费 48 瑞士法郎，此后每多排放 500cm^3，多缴纳 12 瑞士法郎的税费，最大的排放量区间为 11801～12300cm^3。苏黎世小型进口商（每年少于 6 个新登记车辆）新注册轻型商务车的交通税金额不仅取决于二氧化碳排放量，还取决于新注册车辆的空载重量（见表 5－5）。

① 资料来源：https://www.bav.admin.ch/bav/en/home/topics/environment/energie-2050.html。

② 资料来源：https://baijiahao.baidu.com/s?id=1575681412826173&wfr=spider&for=pc。

表5—4　沙夫豪森轻型商务汽车交通税①

首次注册的车辆		二次更换车牌车辆	
发动机排量（cm^3）	每年税费（瑞士法郎）	发动机排量（cm^3）	每年税费（瑞士法郎）
1～800	120	1～800	48
801～900	132	801～1300	60
901～1000	144	1301～1800	72
1001～1100	156	1801～2300	84
1101～1200	168	2301～2800	96
1201～1300	180	2801～3300	108
1301～1400	192	3301～3800	120
1401～1500	204	3801～4300	132
1501～1600	216	4301～4800	144
1601～1700	228	4801～5300	156
…	…	…	…
9801～9900	1212	11301～11800	312
9901～10000	1224	11801～12300	324

表5—5　苏黎世小型进口商新注册轻型商务车交通税②

基于二氧化碳排放量标准		基于空载重量标准	
二氧化碳排放量（cm^3）	每年税费（瑞士法郎）	空载重量（kg）	每年税费（瑞士法郎）
1200以下	69	1200以下	50
1201～1400	88	1201～1400	70
1401～1600	108	1401～1600	100
1601～1800	128	1601～1800	130
1801～2000	148	1801～2000	160
2001～2500	208	2001～2200	190
2501～3000	358	2201～2400	310
3001～3500	508	2401～2600	430

① 资料来源：https://www.bfs.admin.ch/bfs/de/home/statistiken/mobilitaet－verkehr.html，2019年10月30日。

② 资料来源：https://www.bfs.admin.ch/bfs/de/home/statistiken/mobilitaet－verkehr.html，2019年10月30日。

续表

<table>
<tr><td colspan="2">基于二氧化碳排放量标准</td><td colspan="2">基于空载重量标准</td></tr>
<tr><td>二氧化碳排放量
（cm³）</td><td>每年税费
（瑞士法郎）</td><td>空载重量
（kg）</td><td>每年税费
（瑞士法郎）</td></tr>
<tr><td>3501～4000</td><td>658</td><td>2601～2800</td><td>550</td></tr>
<tr><td>4001～4500</td><td>808</td><td>2801～3000</td><td>670</td></tr>
<tr><td>4501～5000</td><td>958</td><td>3001～3200</td><td>790</td></tr>
<tr><td>5001～5500</td><td>1108</td><td>3201～3500</td><td>930</td></tr>
<tr><td>5501～6000</td><td>1258</td><td colspan="2" rowspan="7">空载重量超过 3500kg 后，每增加 500kg 多征收 260 瑞士法郎</td></tr>
<tr><td>6001～7000</td><td>1558</td></tr>
<tr><td>7001～8000</td><td>1858</td></tr>
<tr><td>8001～9000</td><td>2158</td></tr>
<tr><td>9001～10000</td><td>2458</td></tr>
<tr><td>10001～11000</td><td>2758</td></tr>
<tr><td colspan="2">二氧化碳排放量超过 11000cm³ 后，每多排放 500cm³ 多征收 260 瑞士法郎</td></tr>
</table>

5.3.3 瑞士城市交通系统

5.3.3.1 瑞士城市公共交通工具

1. 公共交通线路系统

目前，瑞士城市公共交通线网以有轨电车为主，公共汽车、无轨电车、市郊铁路作为补充。以高度重视城市交通规划的城市苏黎世为例，其城市线路系统一直在不断地完善中，城市路网规划的重点是完善四张图：第一是步行交通规划图，第二是自行车交通规划图，第三是小汽车交通规划图，第四是公共交通规划图。在这四张规划图上，分别用实线标明现状，虚线标明规划路网。其中包括路网的走向、场站和停车设施等信息。路网规划的内容实用、操作性强，一旦按程序批准，就必须按规划实施（张镒，2005）。

2. 场站规划

根据有轨电车的特点，有轨电车的车站大都设置在道路中央。两个方向的电车可以共用一个车站，节约空间，方便换乘。乘客通过人行横道线从道路两侧的人行道进入车站，运行有序（张镒，2005）。每个公交站台的建设成本达 6 万瑞士法郎。因此，政府每年要补贴 50％的成本费用才能保证公交运营和建设成本的平衡（戴帅、虞力英，2013）。瑞士的火车站完全是开放的，不分设进出站口。苏黎世主要火车站不设检票闸口，可高效完成人员集散[①]。

5.3.3.2　瑞士城市道路系统规划

1. 混行系统

瑞士城市道路混行系统对各种交通工具的路权进行了明确划分。对于公共交通混行系统，大部分瑞士城市（如日内瓦、苏黎世、洛桑、伯尔尼等）公交系统以有轨电车为主，在较窄的城市道路上，道路中央布置上下行有轨电车，单方向布置一个机动车道。在瑞士一些中央商务区，只允许有轨电车和公共汽车进入，其他车辆禁止驶入。此外，为吸引更多的人乘坐公交车，瑞士制定了公交优先政策要求，划定公交专用车道，确保公交车快速运行，实现了公交路面优先。对于机动、非机动车混行系统，在苏黎世、巴塞尔等城市，两个机动车道中间设置有专供自行车左转的自行车专用道，避免与直行机动车辆发生冲突。比如，尽管卢塞恩的机动车道仅3米左右，在路中间或两侧都设置有红色自行车专用道，利用安全岛分流车辆，为自行车预留通行空间（陈斐华，2015）。

2. 专用道路系统

（1）自行车道路系统。

连续的自行车线路规划是瑞士城市的一大特点。在有限的道路资源中将资源分配给非机动车系统，反映了瑞士政府在交通治理方面保护特殊群体、尊重个性、以人为本的理念。一方面，瑞士政府在核心区、外围区都布置有自行车专用道路。瑞士已建成9条全长3300公里的国家级观光自行车道和3条山地车道、55条地方性自行车道和14条越野自行车道，其中95%为自行车专用道，沿途设有大量专为自行车提供的交通标志。另外，瑞士在普通道路中也设置了大量的自行车道，如为自行车提供的跨高速公路的专用立交桥等。

（2）步行系统。

瑞士各大城市的步行系统包括人行道、人行横道线、商业步行街、桥下步行空间、步行桥、宅前步行小道、沿河步行道路、沿湖步行道路、公园步行道路等多种形式，形成了连续步行系统，充分体现了瑞士城市交通“以人为本”的规划理念。瑞士国土面积不大，城市规模偏小，在步行系统的规划中，充分考虑了与滨水、绿地系的融合。在苏黎世、日内瓦等城市，沿湖布置有步行连廊、步行通道及绿地系统中的步道，为市民提供了舒适的步行环境。

（3）城市停车设施。

瑞士停车场的布局以零星分散为主，以方便交通参与者的使用，少有大型停车场地。停车设施主要包括露天停车场、地下停车场、“楼房式”停车场、立体停车场和城郊停车场等。其中，城郊停车场是为了缓解市内交通拥堵修建的，方便郊区居民将车停放在城郊，然后乘公交车进城上班。此外，瑞士的停车位有黄线和白线标志的区别：黄线为收费位，白线为免费位。路边收费的车位旁边有自动投币设备，司机根据自己要停

---

① 资料来源：https://www.sohu.com/a/234181242_167473。

的时间投币，然后把收据放在车窗里面（徐文，2010）。

另外，日内瓦等城市的很多场所还规划有摩托车、自行车停车场，机动车与非机动车之间用硬隔离分开。

5.3.3.3 瑞士城市道路交通管理设施

1. 交通信号设备

瑞士公交设置有自动化的交通信号管制系统，以准确的运营时间、便于公众掌握的运行图而广受推崇。例如，苏黎世采用交通信号灯动态控制系统，在每个交叉路口都安装有特殊的传感器，当公交车距离路口还有200米左右时，传感器被触发，及时将信息传递给交通信号控制系统，由其调整交通信号灯，保证公交车辆到达路口时是绿灯畅行的状态。这一设备和系统提升了公共交通运行效率，进一步体现了瑞士的“公交优先”策略。

2. 交通标志和标线

瑞士每一条道路都有关于是否允许停车、停车时间规定的标志；在路口均用标志、标线对车辆、自行车和行人的通行进行引导；交通标志的配套性和系统性很强，如30公里限速区均有限速和解除限速标志配套使用，道路施工、路口让行等采用标志和标线配合使用等（戴帅、虞力英，2013）。瑞士的自行车公路沿途共设有1.5万个专为自行车提供的交通标志，采用统一的红色，交通标志上显示有目的地、方向、路线号码等信息。

5.3.4 技术支持

1. 瑞士公交票务的全国性服务网络——直接服务网络

瑞士公共交通有一种独特的票务系统：直接服务（Direct Service，DS）。该系统是经过时间考验的全国性服务网络，为用户提供了不少便利。通过直接服务网络（DSN），客户可以购买简单而统一的多式联运卡、旅行证，以及适用于由不同运营公司提供的诸如火车、公共汽车、轮船和高山索道多种交通方式的单程车票。直接服务网络几乎覆盖了整个瑞士的公共交通网络，大约涵盖了250家运输公司。虽然现在几乎没有人使用“直接服务”这个词，但是其产品却家喻户晓。最有名的直接服务产品是全价旅行卡和半价旅行卡，后者是公共交通里面销售最广泛的打折卡。直接服务系列产品还包括旅游预订和门票销售，这些门票几乎在任何地方都能买到。直接服务网络下设秘书处，其主要任务是规范直接服务网络的收入和成本。

公共交通用户也能获得一种距离折扣。直接服务网络下属的运输公司使用一种专门的系统来计算价格，该系统根据行驶距离来确定折扣，折扣最高达到25%。表5-6是对直接服务折扣计算的举例，阿彭策尔（Appenzell）—英格堡（Engelberg）路线（距离222公里）的直达总收费为32瑞士法郎，若按分段计价，总价为43.6瑞士法郎，直达总折扣为11.6瑞士法郎，共折价26.6%。

表 5－6　直接服务的折扣举例[①]

路段与运营公司	总价（瑞士法郎）	距离（公里）	单价（瑞士法郎/公里）
阿彭策尔—英格堡的总收费	32.00	222	14.41
阿彭策尔—黑里绍（AB）的收费	5.90	26	22.69
黑里绍—华迪微流（SOB）的收费	5.90	33	17.87
华迪微流—拉珀斯维尔（SBB）的收费	5.90	27	21.85
拉珀斯维尔—阿尔特—戈尔道（SOB）的收费	10.60	55	19.27
阿尔特—戈尔道—卢塞恩（SBB）的收费	6.40	31	20.65
卢塞恩—英格堡（ZB）的收费	8.90	50	17.80
阿彭策尔—英格堡各分段总收费	43.60	222	19.64

2. 瑞士旅行通票卡（SwissPass）——开启公共交通智能化时代[②]

2015 年 8 月 1 日，瑞士推出了全新的公共交通智能卡片——瑞士旅行通票卡（如图 5－22），每一位使用瑞士公共交通工具的用户都可以申请一张智能卡片。它由塑料制成，不易损毁，易于携带。在“SwissPass”卡内安装有电子芯片，上面能记录持有人购买的各种年度通票、半价通票等信息。用户只需携带这一张卡片，即可在铁路、公共汽车、船舶和山地缆车之间无缝转换进行搭乘。人们也可以在线管理订阅服务，并能够访问合作伙伴服务信息，如移动拼车或滑雪通道等。

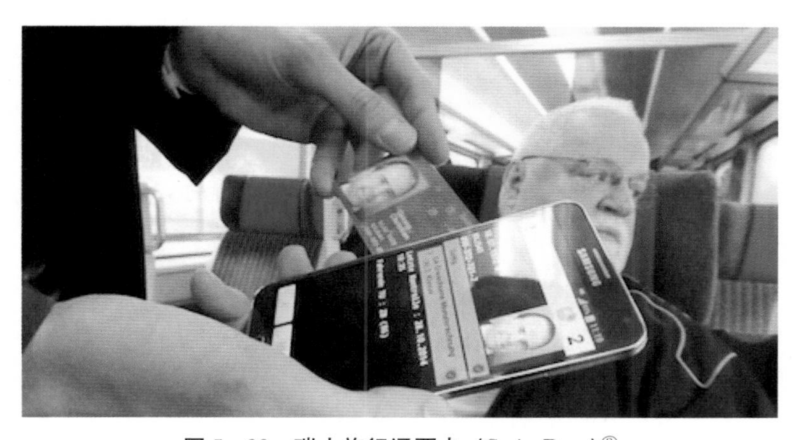

图 5－22　瑞士旅行通票卡（SwissPass）[③]

① 以阿彭策尔—英格堡路线的总收费为例：途径黑里绍（Hersaur）—拉珀斯维尔（Rapperswil）—阿尔特（Arth）—戈尔道（Goldau），单程二等座，半价旅行卡，基于 2014 年的票价。

② 资料来源：https://www.thelocal.ch/20141209/public－transport－smart－card－set－for－use。

③ 图片来源：https://www.thelocal.ch/userdata/images/article/3327a650c13a13afc2da798635eeebf4970a5c2f7442fae4e171da1de133905b.jpg，2019 年 10 月 30 日。

在为用户带来方便快捷之外，瑞士旅行通票卡为公共交通无人查票提供了支持。另外，塑料制卡的循环使用，有利于节约资源、爱护环境。在未来，持卡人还可以将其他更多的服务加入卡片中，如自行车租赁、汽车共享服务等，真正实现“一卡在手，走遍全国”的公共交通智能化。

3. 多种新技术方便乘客使用公共交通

在瑞士的公共站点随处可见各种技术的应用：在城市每个公共交通车站都设有一块液晶屏，上面动态呈现在该站停靠的每一路公共车辆的到达时间，并滚动报出剩余等待时间。在站台上还设有扬声器装置，当列车遇到堵车或发生故障晚点时，扬声器将发出声音提醒乘客（倪秉书，2005）。

瑞士的公交车辆还配备了非常现代化的自动门，可由乘客自己操作。这个门的开关按钮通常位于门外和门内的支柱旁边，按下即可开门。乘客需要上下车时，只需按下按钮，车门自动打开，并保持 3 秒钟的打开状态①。

4. 未来城市交通展望——日内瓦快速充电公交系统（TOSA）

在瑞士，一种新型的电动公交系统将城市公共交通电气化向前推进了一大步（白文亭，2016）。往返于日内瓦机场和城郊地区的 23 号线上的新型无轨电动公交系统采用革命性的新技术，消除了电动公交对高架电线的依赖，同时凭借着无噪声、零排放的优势替代了传统的燃油公交车（见图 5－23）。

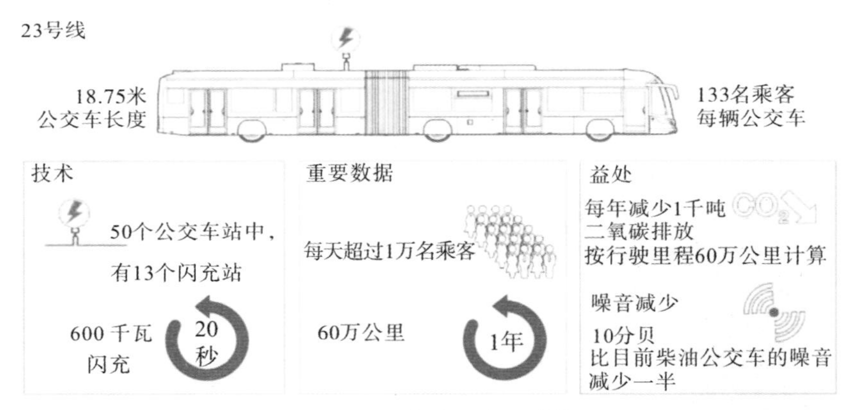

图 5－23 电动公交系统②

与普通的电车通过车顶集电杆连接到高架电线来获取电力不同，这种新型的快速充电公交车车顶安装了采用激光控制的移动臂，当公交车行驶到中途的站点时，在不到 1 秒的时间内就能接入安装在候车亭顶部公交站的充电点，利用乘客上下车的 15～20 秒的时间，在 600kW 的功率下进行充电（见图 5－24）。这样的充电方式一直持续到终点站，到终点站后再充电 3～4 分钟即可完全充满。

① 资料来源：http://www.geneva.info/transport/。

② 资料来源：https://electriccarsreport.com/wp－content/uploads/2016/09/tosa－electric－bus_1.jpg?8dadba，2019 年 10 月 30 日。

图5-24　TOSA电动公交车及站点充电设置①

5. 动车与地铁的无缝对接——CC750MS型双流制牵引辅助集成变流器

为实现动车组和地铁列车在同一车站的无缝对接，近年来，瑞士ABB公司成功研发出一款轨道交通CC750MS型双流制牵引辅助集成变流器，能让同一列车同时适应动车组所采用的交流25kV供电系统和地铁所采用的直流1500V的供电系统，从而实现两种交通工具的无缝对接。该变流器主要有以下特点：

（1）高效水冷系统。

CC750MS型变流器内部的功率模块均适用水冷散热模式，并采用防泄漏的快速接头以保障更换模块时不会发生冷却液泄露的状况。所使用的冷却液为特制的纯净水和Antifrogen-N防冻液的混合液，其热容量大，防冻，不腐蚀水管也不积水垢，工作温差大。值得一提的是，冷却系统集成于CC750MS型变流器的内部，外循环进风口设置有离心沉渣分离器，具有自清洁功能，从而避免让用户频繁拆洗滤网，使冷却系统的系统寿命可达30年之久。

（2）CC750MS型变流器内专门设计有用以与整车外部接口进行通信控制的模块——MTC（Multi Train Controller）。

MTC相当于一个通信及控制通道，负责外部信号与变流器牵引控制单元信号之间的传递，并且对整个牵引系统的保护起着重要作用。不同供电系统的切换也由MTC对变流器进行主导控制。在供电制式转换过程中，CC750MS型变流器内部需要进行相应的动作转换，这一工作就由MTC来完成。

CC750MS型变流器能够在不同的供电制式下工作，且凭借高效的水冷系统可以满足列车大功率的要求。

6. 欧盟智慧通勤项目

欧盟智慧通勤项目是指凭借智能手机/信息技术等各种方式的支持，为包括公共交

① 图片来源：https://actu.epfl.ch/image/23944/original/2880x1920.jpg，2019年10月31日。

通、私人及商务车辆共享和附加交通服务在内的领域提供服务。其内容包括：①为可持续交通[①]提供支持；②应对由于世界变化引起的各种未来问题；③确定“交通即服务”的解决方案。

瑞士专家通过调研，得出了以下关于可持续交通和“交通即服务”解决方案的SWOT分析结果（见表5—7）。

表5—7 关于可持续交通和“交通即服务”解决方案的SWOT分析结果

优势（strengths）	1. 高质量的公共交通方式 2. “简单实用”的公共交通体验 3. 已建立瑞士、德国、法国三国合作机制
劣势（weaknesses）	1. 新的解决方案缺乏机会窗口 2. 持续性的传统投资导致大量沉没成本 3. 新的移动出行解决方案缺乏开放性
机会（opportunities）	1. 公共交通可提供“旅行享受” 2. 有助于提高公共交通的舒适度 3. 增加私家车出行的费用
威胁（threats）	已有的移动出行的习惯及其高通达性

5.4 瑞士低碳交通案例

在瑞士，公共交通的使用率很高，这在一定程度上减少了公共运输对环境和气候的负面影响。为了更好地理解瑞士城市公共交通特点，本节将选取瑞士的两个典型城市——苏黎世和日内瓦，进行案例分析与经验介绍。这两个城市在交通方面都具有代表性。苏黎世是瑞士最大的城市，是全国政治、经济、文化和交通中心，其交通系统方便、安全、普及，是世界上具备最好的公共交通系统的城市之一。日内瓦是瑞士第二大城市，尽管这个城市仍然保留着近百年街道狭窄的特征，但是由于其道路规划和交通体系设计合理，交通运行十分高效。另外，日内瓦交通体系在湖上小船、摩托车交通、停车场和科技运用等方面也具备许多鲜明特色。

5.4.1 苏黎世公共交通

苏黎世位于瑞士联邦中北部，是瑞士联邦最大的城市、苏黎世州的首府，是全国政治、经济、文化和交通中心，也是全欧洲最富有的城市。苏黎世全市人口为40.3万（2018年），占地面积91.9平方公里。市区被利马特河分为东、西两岸，西岸是苏黎世的老城区，而东岸则是苏黎世的新城区[②]。虽然苏黎世是欧洲最富裕的城市之一，人均

---

① 可持续交通的主要原则是高效性、充分性和弹性，主要目标是提高生活质量、增加经济竞争力和环境影响最小化。

② 资料来源：https://baike.baidu.com/item/%E8%8B%8F%E9%BB%8E%E4%B8%96/763726?fr=aladdin。

收入很高，但是苏黎世的公共交通使用率非常高，这反映出了政府和社会两方对使用公共交通的支持态度。苏黎世的公共交通系统由以下部分组成：远距离区域性铁路、郊区铁路、有轨电车、无轨电车、城市巴士、远郊/内陆巴士和需求响应式交通。

苏黎世的可持续公共交通为居民带来了诸多福利。该市生活质量多次在全世界城市排名中名列前茅，其中一部分原因在于其便捷的公共交通系统和具有吸引力的城市空间。该市的公共交通使用率在欧洲排名最高，同时，汽车拥有率仅为 37%，同爱丁堡 70%的拥有率和阿伯丁的 60%拥有率形成鲜明对比。从经济的角度考虑，公共交通对企业具有一定的吸引力，而汽车低使用率减少了空气污染，节省了医疗开支；从环境的角度考虑，苏黎世人均年温室气体排放量是欧洲最低的，2010 年每人仅 5 吨；从社会的角度考虑，苏黎世综合性的土地利用和良好的交通规划提高了城市生活质量。本小节将按照以下结构展开，首先阐述为什么苏黎世的交通系统是典范；然后介绍苏黎世的两个交通管理机构，包括苏黎世交通委员会和苏黎世交通局运输公司；接着介绍苏黎世的两大计划——汽车共享计划和公交优先计划；最后从公共交通种类、公共交通管理系统和居民交通环保意识三个方面介绍苏黎世的公共交通管理体系。

5.4.1.1　为什么苏黎世的交通系统是典范

苏黎世拥有世界上最好的公共交通系统之一。在过去的 20 年里，该市的温室气体排放量大幅减少，从 1990 年的约人均 6 吨降至 2010 年的约人均 5 吨，而其他地方，如苏格兰的人均温室气体排放量为 10 吨，远超苏黎世的排放量。2010 年，苏黎世通过火车、电车、无轨电车、公共汽车、自行车和步行等各种出行方式满足了其人口 60%的交通需求。据估计，44%的苏黎世居民乘坐公共交通工具出行，而苏格兰只有 15%。2008 年，苏黎世人民通过投票，将“2000 瓦社会”这一项原则纳入宪法。这一原则具体来说，是指在 2050 年，实现人均能源消耗降至 2000 瓦及以下，人均二氧化碳排放量降至 1 吨。

苏黎世这一城市具有强大的活力，而公共交通是这座城市的核心。苏黎世州的所有公共交通供应商都通过瑞士公共交通委员会连接在一起。瑞士公共交通委员会提供了轻轨车、无轨电车、柴油巴士、渡轮和区域性铁路服务密集的线路网络。当到达苏黎世国际机场时，地铁站就位于机场内，方便乘客前往市区。由于它位置便利、标牌显著，从到站到购票缴费完毕乘坐地铁前往苏黎世市中心仅需 10 分钟。10 分钟一班的运送频率使得乘客仅需要短暂等待。当到达苏黎世中央火车站后，人们可以选择多种方式抵达最终目的地。苏黎世交通局轻轨系统的 13 条线路大部分都经过中央火车站。轻轨系统包含 334 辆电车，载客量占整个系统载客量的 70%以上。整个网络有超过 300 英里（约 483 公里）的路线里程和足够多的停靠站点，每个苏黎世的市民在其居住地方圆 1/4 英里（约为 402 米）内都可以找到公共汽车或火车站。

瑞士公共交通的票价系统非常人性化，乘客只需一张票即可搭乘所有类型的交通工具。对于在高峰期出行的上班族，办理一张彩虹卡季票就可以在既定区域内无限次出行。大多数瑞士居民居住地距离区域性或全国性铁路很近，因此出行很方便。对于不愿意坐火车的居民，也可以选择巴士、渡轮或其他交通方式到达目的地。

苏黎世无疑是世界上使用公共交通最频繁的城市之一。在苏黎世，更多的人青睐公共交通，而非私家车。如今，苏黎世居民平均每人每年使用公共汽车、地面轻轨或渡轮超过 500 次，是伦敦、巴黎和柏林等欧洲城市人均公共交通出行次数的两倍以上。苏黎世居民对关于公共交通的共识很高，这与苏黎世交通系统的方便、快捷和可靠是密不可分的（见图 5—25）。

图 5—25 苏黎世有轨电车街景①

5.4.1.2 苏黎世交通管理机构

1. 苏黎世交通委员会

苏黎世交通委员会（Zürcher Verkehrsverbund，ZVV）是负责整个苏黎世州客运的交通委员会，由州政府和下辖的 171 个市镇共同管理。针对苏黎世的交通服务、票价制定、拨款和预算等事项，由州政府负责确立基本原则，市政府在制定交通时刻表或者票价时必须参考此原则。苏黎世交通委员会职责广泛，包含交通规划、营销策划、融资和票务系统管理等。委员会共与 8 家交通服务供应商签订了协议，其中有 7 家负责特定区域的客运服务，而苏黎世交通局运输公司则负责苏黎世市内及其周边地区的客运服务。这 8 家运输公司进一步与众多的客运运营商签订协议，为苏黎世州提供客运服务，而这些客运运营商本身并未与交通委员会签订协议。

作为苏黎世州交通系统的协调者，苏黎世交通委员会并未积极参与交通政策的执行。作为苏黎世州的公共权力机构，苏黎世交通委员会负责为 8 家运输公司提供资金支持。其中，大约 60%的资金来自交通收入（大约 90%的交通收入来自车票销售，剩下的则来自车站广告等），其余资金（即赤字）来自州和市财政：50%来自州，50%来自

① 图片来源：https://www.bahnhofstrasse-zuerich.ch/medien/bilder/downloads/pic10_bahnhofstrasse_zuerich_by_futurestudios.jpg，2019 年 10 月 31 日。

市。由于交通委员会提供了充足的资金，运输公司和运营商的收入根据合同确定。

2010年，苏黎世运输公司和运营商共有51家，除了铁路服务的市郊铁路（S-Bahn）雇员，整个苏黎世交通系统共雇佣人数近四千人。整个运输系统共有391条线路，其中包括28条市郊铁路线、9条市郊铁路夜线、13条电车线、7条船线、4条山道和330条巴士线（包括47条夜间巴士线）；线路总长4080公里，其中800公里是夜间线路；共有2685个站点，其中210个位于苏黎世州边界以外；共1281辆车辆船舶，其中有732辆轮胎车、260辆有轨电车、256辆铁路（火车）、25艘船和8辆山地车；共140个员工售票点，其中3个在苏黎世州边界以外，大约有1600台自动售票机（Christodoulou，2012）。

由于所有运输公司和运营商均由苏黎世交通委员会协调，因此可以对票价、预算和资金进行统一规划和整合，并为全市服务。这种整合有利于实现多式联运、高频率的昼夜行驶、有目标的减价和定期的消费者交流，从而满足苏黎世市民不断变化的需求。同时，公共交通一体化也延伸到其他政策领域，包括住房和规划，从而将公共交通与商店、工作场所和学校等联合起来作为整体进行发展考虑。

2. 苏黎世交通局运输公司

苏黎世交通局运输公司（Verkehrsbetriebe Zürich，VBZ）成立于1896年，前身为苏黎世城市轻轨（Städtische Strassenbahn Zürich，StStZ），1950年改名为现在的苏黎世交通局运输公司。苏黎世交通局运输公司是苏黎世仅有的几家运输公司之一，由苏黎世全资拥有。苏黎世的公共交通由苏黎世交通局运输公司提供，该公司拥有苏黎世的有轨电车、无轨电车、公共汽车和索道缆车的所有权和经营权，其中有轨电车是整个系统的支柱。本节将介绍苏黎世交通局运输公司的历史概述、工业技术中心（ITS）的应用、运营管理、票价及其他业务结构。

（1）历史概述。

1927年，苏黎世交通局运输公司的前身苏黎世城市轻轨推出了第一条汽车巴士路线；1939年，苏黎世城市轻轨引入第一条无轨电车路线；1940年，苏黎世城市轻轨开始了有轨电车的现代化改造，推出了瑞士标准电车的首批原型。1950年，苏黎世城市轻轨更名为苏黎世交通局运输公司，以反映其服务的广泛性。1990年，苏黎世交通局运输公司成为苏黎世交通系统的合作伙伴，如今苏黎世交通局运输公司负责苏黎世市内及其周边地区的客运服务①。

（2）工业技术中心（ITS）的应用。

自20世纪70年代中期以来，苏黎世市政府就一直大力推行公共交通政策。政府负责为苏黎世公共交通创造一个良好环境，苏黎世交通局运输公司则负责提供准时的交通服务。苏黎世交通局运输公司的服务宗旨是严格按照时刻表运行，为客户提供引导服务。服务的重点是：第一，保持服务质量；第二，将苏黎世的客运服务向外延伸，与邻近地区结合起来；第三，确保紧密的换乘流程，使乘客可以进行无缝、可靠的旅行。

① 资料来源：https://en.wikipedia.org/wiki/Verkehrsbetriebe_Zürich。

为了实现苏黎世交通运营管理系统高质、准时的交通服务，苏黎世交通局运输公司使用了以工业技术中心为核心的技术支持。20 世纪 70 年代，苏黎世交通局运输公司首次使用了工业技术中心系统，该系统对于苏黎世交通局运输公司的运行、组织、业务流程、操作过程、数据和管理都是不可或缺的。多年来，工业技术中心系统不断完善，科技含量逐渐上升。苏黎世交通局运输公司从仅仅使用工业技术中心来获取车辆的位置，发展到了运用该系统实现对车辆的精确控制，从而保障车辆的顺利运行。

具体而言，工业技术中心的应用如下：自动车辆定位；运营管理，包括事件管理；交通信号优先级处理；售检票；实时面向旅客提供信息；自动乘客计数；制定时间表；车辆和司机安排。同时，工业技术中心也支持交换司机名单、维护计划、旅游和交通信息信息。工业技术中心经历了四个阶段的发展。1974 年是第一代的、最初的计算机辅助自动定位（AVL）系统，可以实现与车辆的语音和数据通信；1982 年是第二代，全面实现全景影像系统（AVM）与工业技术中心辅助的运营管理；1993 年是第三代，允许将信息覆盖扩展到乘客端；2011 年以后工业技术中心进入第四代发展阶段，对整个苏黎世州进行整合，实现无缝出行，从而使苏黎世交通局运输公司愈加成熟和完善。

（3）运营管理。

作为一家综合性运营公司，苏黎世交通局运输公司隶属于苏黎世，拥有苏黎世地区的客运经营权，负责经营有轨电车、无轨电车、公共汽车和缆车等客运服务；该地区的铁路服务由市郊铁路提供。苏黎世交通局运输公司的运营系统总共有 451 个站点，在乡镇地区另有 330 个站点，共设 553 个候车室；设有 5 个仓库，其中两个单独存放有轨电车，一个存放无轨电车，一个存放公共汽车，还有一个是存放混合的。能查到的数据表明，早在 2008 年，苏黎世交通局运输公司总收入就达到 4.67 亿瑞士法郎（约 5.2 亿美元），成本回收率约为 64%。

苏黎世交通局运输公司所运营的交通工具每天运行约 9 万公里，运送约 80 万名乘客，其系统每天大约处理 6 次街道堵塞和 4 次碰撞。所有线路都根据精确的时刻表运行，基本原则是：线路和时间表设计合理，运行时间合适，城市交通控制中心提供良好的运行条件和交通信号，车辆、员工按时安排，服务准时，等等。

苏黎世交通局运输公司有一个集中控制中心（见图 5－26），该控制中心共有 5 个工作站，其中 4 个用于常规操作控制，第 5 个用于事故/紧急管理和培训。公共交通服务时间为 04：20 到次日 01：45，这段时间都需要控制中心不间断工作支持。通常调度员只负责控制中心分配给他的线路，每名调度员大约管理 10～15 条线路，在发生事故或紧急情况时，系统允许其他调度员访问其他相关屏幕来共同完成任务。通常情况下，每辆电车和公交车上的调度员都应该至少有一年做驾驶员的经历。控制中心和调度员的职责包含：监督公共交通线路的运行；尽可能遵守时刻表；管理突发事件；对于短暂的几分钟延迟，解决延迟并迅速使服务回到正常时刻等。在苏黎世，车辆不应提前 30 秒以上到达指定位置，且不应迟到超过 1 分钟。

图 5－26　苏黎世交通局运输公司的运营集中控制中心①

（4）票价及其他业务。

苏黎世交通局运输公司的售票业务采用验证付款系统，只要乘客在上车前购买车票，就可乘坐任何苏黎世交通局运输公司的交通工具，并且无须在上车时出示车票。苏黎世交通局运输公司的所有电车站和公共汽车站都有售票机（见图 5－27）。即使在没有售票机的公共汽车站，乘客也可以从前门上车并向司机购买车票。虽然在乘客上车时不会被要求检查车票，但是有票务检查员在车上巡回随机检查车票，会对没有车票的乘客实施处罚。

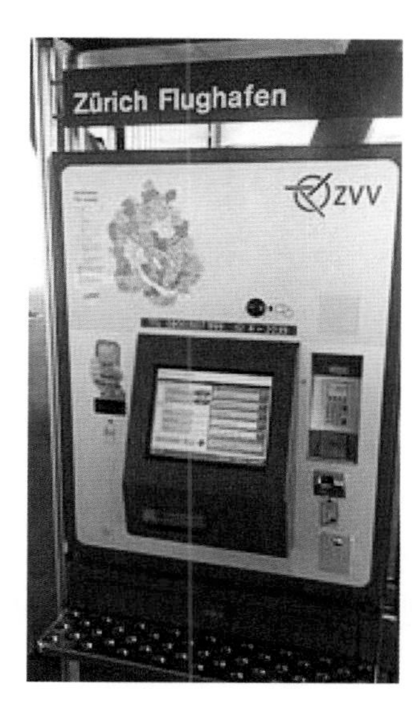

图 5－27　苏黎世交通局运输公司的公共交通售票机②

① 图片来源：https://www.ssatp.org/sites/ssatp/files/publications/Toolkits/ITS%20Toolkit%20content/assets/img/case-studies/zurich/image04.jpg，2019 年 10 月 31 日。

② 图片来源：https://upload.wikimedia.org/wikipedia/commons/4/4c/Ticket_machine_at_Zurich_Airport_tram_stop_03.jpg，2019 年 10 月 31 日。

苏黎世交通局运输公司的客运服务在苏黎世交通委员会提供的运价和票务系统内运营。该系统覆盖整个苏黎世区，因此也覆盖了包括苏黎世郊区铁路网在内的许多其他运营商提供的服务。只要全程持有有效车票，就可以在不同的车辆、路线、交通工具和运营商之间免费换乘。如前所述，苏黎世交通委员会的系统根据线路经过的区域不同来设置独立的票价，不同区域间的定价是不同的，一些地区的定价要相对更高。苏黎世整个市区都位于同一个区域内，但由于一些路线超过了苏黎世的城市范围，可能需要多重区域车票。

苏黎世交通局运输公司提供的年度彩虹卡给予乘客最优惠的折扣，乘客仅需支付相当于九个月的费用便可以享受整年的出行服务。瑞士公共交通协会提供一系列出行车票，旨在满足客户的多样需求。所有车票均可在位于车站、邮局、瑞士国家铁路和遍布苏黎世区域火车站的2000多个售票机上购买。票价手册向乘客说明了如何选择最理想的车票以及瑞士国家铁路的联系信息。瑞士公共交通协会还在网站上提供完整的时间表和旅行计划。而对于访问苏黎世的游客，则可以购买名为*Welcome 24*或*Welcome 48*的通行证，无限制地使用苏黎世市及周边地区的所有公共交通工具，价格为8美元（一天）或18.5美元（两天）。为了鼓励非高峰时段利用公共交通出行，瑞士公共交通协会还提供了9日通行证，从上午9点开始无限制地出行，直到整个苏黎世大区的工作时间结束。

除客运业务之外，苏黎世交通局运输公司还与城市垃圾回收部门共同运营货物电车来收集城市垃圾。苏黎世交通局运输公司还提供一系列其他服务，比如传统有轨电车的使用、现代车间维修服务、运输咨询服务[①]。

3. 两大计划

苏黎世长期执行两大计划：汽车共享计划和公交优先计划。这两大计划在一定程度上为苏黎世公共交通的顺利运行提供了保障。

（1）汽车共享计划。

独特的汽车共享计划自1995年开始实行，苏黎世交通委员会与全球最大的汽车共享公司即瑞士移动汽车共享公司建立了合作关系。瑞士移动汽车共享公司的市场目标是少于两天的短期租赁，该公司的会员可以在线或通过电话预订车辆，并在超过850个指定地点取车，其中包括250个火车站站点。取车之后，汽车共享计划开始实施自助服务。汽车配备了一张芯片卡（图5-28），该芯片卡允许会员在电子感应区域上滑动会员卡，从而打开车门并取得位于车上的钥匙。移动汽车共享计划还囊括了戴姆勒-克莱斯勒公司（Daimler Chrysler）[②]，形成“铁路连接计划”，即瑞士公共交通的乘客因商务或旅游出行到达火车站时，可直接乘坐汽车前往目的地。瑞士移动汽车共享公司还提供中央预订、车辆维护、供机载使用的电脑和车辆问题处理技术。苏黎世交通委员会负责

① 资料来源：https://www.ssatp.org/sites/ssatp/files/publications/Toolkits/ITS%20Toolkit%20content/case-studies/zurich-switzerland.html。

② 戴姆勒-克莱斯勒公司由德国原戴姆勒-奔驰汽车公司与美国克莱斯勒汽车公司合并而成。2007年戴姆勒-克莱斯勒集团公司完成分拆，联手9年后，戴姆勒-奔驰与克莱斯勒又各奔东西。

提供中心车站，销售和营销网络以及车辆停车设施。戴姆勒—克莱斯勒公司负责提供小型车辆和车辆技术知识。参加该计划的客户可享受车辆和火车使用折扣。近年来，瑞士移动汽车共享公司收入稳步增长。据统计，在成为会员之前，个人使用公共交通的比例为 63％，而获得会员资格后则上升为 75％。

图 5－28　汽车共享计划芯片卡[①]

此外，汽车共享服务公司还和“苏黎世公交联合体”有合作业务，比如一位乘客去市郊办事，可先乘公交车到火车站，然后换乘快速市郊火车，下车后再租用汽车共享服务公司的小汽车到达办事地点。截至 2015 年，在“苏黎世公交联合体”已开设 700 多个汽车共享停车点（徐艳文，2016）。

（2）公交优先计划。

为减少车辆拥堵，方便乘客出行，苏黎世加快了城市智能交通系统建设。他们的做法是采取“公交优先计划”，保证公共交通优先。尽管苏黎世的地面轻轨系统并不复杂，但已成为世界范围内的典范[②]。很有意思的是，该计划实际上源于一个建设失败的地铁计划。1978 年，苏黎世居民投票通过一项决议，决定在 10 年内提供 1.475 亿美元的资金来实施公交优先计划以改善现有的地面轻轨系统。公交优先计划即是在此投票决议后逐步建立起来的。

公交优先计划对苏黎世公交系统至关重要，它是一项综合性的计划。根据计划，交叉路口前 300 米处均安装电子感应器，当公交车接近路口时，感应器将信号传递给交通信号控制系统，确保公交车到达路口时，信号灯能及时由红色变为绿色，从而减少运行时间。他们还为公交车划定专用路线，严禁其他车辆占用。在公交候车亭，不仅印有车辆运行时刻表，而且还安装了扬声器，以便在交通堵塞或车辆出现故障不能准时到达时，及时通知旅客。同时，停车站的路牌上都设有电子显示器，乘客可以清楚知晓下一辆车何时到达此地。此外，苏黎世交通管理局还设立了公交无线电指挥中心，使应急车辆、车载电话和候车亭扬声器成为公交车辆指挥调度系统的一部分，大大提高了运行质

---

① 图片来源：https://encrypted－tbn0.gstatic.com/images?q=tbn:ANd9GcRfjC37nujpYYR6wJOYAJp4wOej－Fb8vJHu4GpRBwmW8oTWwR8dPQ&s，2019 年 10 月 31 日。

② 资料来源：https://www.railway－technology.com/projects/glattalbahn/。

量和效率，也方便了乘客（徐艳文，2016）。

5.4.1.3 苏黎世公共交通管理体系

作为世界上最富有和最宜居的城市之一，苏黎世的公共交通服务密度高于大多数欧洲城市，全市近50%的通勤出行依靠公共交通。尤其是在苏黎世中心市区，近76%的通勤出行依靠公共交通完成。此外，苏黎世还有完善、舒适、安全的自行车和步行网络，以及相对较低的私家车保有水平。这一节将按照公共交通种类、公共交通管理系统、居民交通环保意识几个方面来介绍苏黎世的公共交通管理系统。

1. 公共交通种类

（1）区域性铁路和郊区铁路。

区域性铁路和郊区铁路是乘客前往苏黎世市区最主要的交通工具。郊区铁路在苏黎世地区拥有176个站点，每天大约有950辆列车在26条线路上运行，输送共38万名乘客。有轨电车是苏黎世城市交通系统的骨架，公共汽车和无轨电车则起到补充作用。然而，即便是在苏黎世城内，人们也更喜欢选择郊区铁路出行，因为这是最快的交通工具，并且可以很好地衔接其他类型的交通工具。

在1962年和1973年的两次投票中，苏黎世的议员都否决了修建地铁的提案，转而推出了完善地面交通和限制私家车的交通规划，这巩固了苏黎世一直以来坚持的交通政策。尽管为了完善郊区铁路和有轨电车线路，苏黎世曾修建了地下交通设施，但这只是为了解决特定问题，而非有意修建地铁系统。

（2）有轨电车。

电车网络是苏黎世城市内部的公共交通骨干，在大部分城市地区提供服务。大多数电车路线的起点和终点均是市郊地区，横穿了市中心。

苏黎世公共交通以有轨电车为主，14条线路覆盖了城市的主要街道，形成一个密集的网络，在城市中心区任何地点到达最近的站点的步行距离都在150米范围之内。有轨电车方便快捷，深得苏黎世市民的喜爱（见图5－29）。同时，有轨电车很环保，这是汽车无法代替的。有轨电车的运营时间从早上6点一直到次日凌晨，给人们出行带来了很多方便。苏黎世最繁华的大街——班霍夫大街上也通有轨电车，蓝色的车体穿行在繁华的大街之上，形成了一道独特的风景线。据统计，苏黎世有轨电车的线路总长度有113.1公里。这些电车由苏黎世交通局运输公司经营，每年大概有3.18亿人次乘坐该公司的公交车辆，其中约2.02亿人次乘坐的是有轨电车（刘少才，2016）。

（3）无轨电车。

苏黎世的无轨电车系统于1939年开通，与通勤快速铁路、有轨电车网络以及苏黎世的普通公共汽车共存互补。目前，苏黎世的无轨电车系统有6条运营线路，线路总长54公里。与有轨电车一样，大多数无轨电车路线也是起点和终点均在郊区，但是它们在市中心区域的覆盖率不如有轨电车。无轨电车网络与有轨电车一样使用600V直流架空线路进行供电，因此它们使用同一个供电网络，并不需要单独构建线路。

图 5－29　**典型的两节“2000”有轨电车**①

目前苏黎世有 80 辆无轨电车为市民们提供服务，每年的行车里程为 500 多万公里。苏黎世所有无轨电车都是铰接式客车，其中 17 辆是超长的双节车（见图 5－30）。该电车网络每年载客 5400 万人次，乘客乘坐总里程达到 1.19 亿公里。

图 5－30　**无轨电车** 0405 GTZ②

① 图片来源：https://en.wikipedia.org/wiki/Verkehrsbetriebe _ Z%C3%BCrich#/media/File:Zurich _ Be _ 4－6 _ Tram _ 2000 _ 2024 _ Kreuzbuehlstrasse.jpg，2019 年 10 月 31 日。

② 图片来源：https://upload.wikimedia.org/wikipedia/commons/6/61/Zurich _ Mercedes－Benz _ O _ 405 _ GTZ _ offside.jpg，2019 年 10 月 31 日。

与苏黎世的有轨电车与普通公共汽车一样，无轨电车也由苏黎世交通局运输公司掌管运营。随着苏黎世不断发展无轨电车系统，无轨电车技术也在不断进步（刘少才，2016）。

（4）公共汽车。

苏黎世交通局运输公司还运营 60 条公共汽车路线，公交线路可分为城市线路（共 18 条线路）、区域线路（9 条城市内运营支线）和周边线路（33 条城市周边线路）。在苏黎世交通局运输公司运营的 181 辆公共汽车中，85 辆为标准公共汽车（见图 5－31），73 辆为铰接式公共汽车，23 辆为小型公共汽车。除铰接式公共汽车外，其余公共汽车都是低底设计。苏黎世交通局运输公司的城市线路上公共汽车每年行车里程接近 600 万公里，区域线路每年行车里程为 100 万公里，而周边线路每年的行车里程有 200 万公里。此外，大部分周边服务由代表苏黎世交通局运输公司运营的承包商提供，这些服务每年还将进一步增加 400 万公里行车里程。

城市公共汽车是城市公交系统的有力补充，每年载客 3700 万人次，乘客乘坐总里程达到 7500 万公里。其中，区域线路网络每年载客 200 万人次，乘客乘坐总里程累计为 300 万公里；周边线路网络公交网络每年载客 2000 万人次，乘客乘坐总里程累计为 6200 万公里。

图 5－31　公共汽车“尼奥普兰 N4516”①

（5）索道缆车和齿轨铁路。

苏黎世交通局运输公司在苏黎世市内还运营着两条索道缆车［瑞吉布里克（Rigiblick）索道和城市（Polybahn）索道（见图 5－32）］和一条齿轨铁路［多尔德号

① 图片来源：https://upload.wikimedia.org/wikipedia/commons/c/c9/Neoplan_N_4516_Zurich.jpg，2019 年 10 月 31 日。

(Dolderbahn 齿轨铁路)]。瑞吉布里克索道的运营权和所有权归苏黎世交通局运输公司所有，它位于城市东北部，将通有电车的低处站点与位于苏黎世堡山（Zürichberg）上的瑞吉布里克的高处站点连接起来。城市索道的所有权属于瑞士联合银行集团（UBS AG)，由苏黎世交通局运输公司代理经营。它位于市中心，将市中心与大学连接起来。多尔德号齿轨铁路的所有权则属于多尔德号铁路服务有限公司（Dolderbahn－Betriebs AG)，由苏黎世交通局运输公司代理经营。多尔德号齿轨铁路位于苏黎世东郊，将通有电车的低处站点与毗邻多尔德大酒店的高处站点连接起来①。

图 5－32　polybahn **索道缆车**②

2. 公交交通管理系统

苏黎世公共交通准时、方便、快捷，这得益于其完善的公共交通管理系统。具体来看，可以将苏黎世的公共交通管理系统归纳成以下几个方面：完善的铁路交通、系统的路网规划、明确的公交优先策略、辅助措施、技术与设备支持以及灵活的公交票制。

（1）完善的铁路交通。

瑞士的区域交通很大程度上依靠铁路，据统计，瑞士全国 2002 年的铁路总长度为 5049 公里，铁路网密度达到了 12.3 公里/百平方公里。其中，普通铁路长度为 3657 公里，密度达到了 8.9 公里/百平方公里。这是一个相当高的铁路网密度。铁路运输相对于其他交通工具而言速度很快。城际铁路的设计时速约 160 公里/小时，运行速度约 120 公里/小时；市郊铁路的设计时速约 120 公里/小时，运行速度为 80～100 公里/小时。

瑞士的铁路运营一般都准时准点，而且相互之间具有良好的衔接，换乘也都十分方便。铁路车站都是开放式的，买票后可以直接上车。票制种类也很多，但其目的都是方便乘坐、鼓励乘坐，如买年票可享受半价优惠。上车时不用检票的制度节约了乘客的许多时间，但在车上配有专人查票。由于铁路系统良好的服务，据苏黎世州统计，按出行里程计算，在各种交通方式中铁路占 23%，比例很高。另据统计，从各地进出苏黎世机场的人员，有 50%的人选择乘坐铁路。

---

① 资料来源：https://en.wikipedia.org/wiki/Verkehrsbetriebe_Zürich。

② 图片来源：https://upload.wikimedia.org/wikipedia/commons/5/55/Zurich_Seilbahn_Rigiblick.jpg，2019 年 10 月 31 日。

（2）系统的路网规划。

苏黎世高度重视城市交通规划工作，虽然城市的工程建设很少，道路的建设更少，但路网的规划仍在不断地完善中。城市路网规划的重点是完善四张图，即步行交通规划图、自行车交通规划图、小汽车交通规划图和公共交通规划图。在这四张规划图上，不仅标明现状路网，而且标明规划路网；不仅标明路网的走向，而且标明场站和停车场所等设施。相对而言，路网规划的内容操作性很强，也很实用。但实际上，由于社会体制的原因，任何一条路网的规划，任何一条道路的建设都要经过漫长的协调过程，以平衡各方的利益。苏黎世有一段 3 公里长的道路从规划到建成曾用了 6 年的时间，这在中国是不能想象的。但是，规划对问题研究得很透，一旦按程序批准，就必须按规划实施。正是城市规划和相应的城市交通规划的科学合理，苏黎世的城市道路和有轨电车上百年来始终运转良好，并且在运转过程中不断完善，深受市民喜爱。

同时，苏黎世通过建设封闭式公共汽车和有轨电车专用道，升级有轨电车、交叉口公交优先信号控制及公交智能调度管理等手段，全面提升公交服务水平。在苏黎世城区，开辟了大量的公交专用道、自行车专用车道和合理的人行横道，部分区域禁止小汽车通行，更多的道路则禁止路边停车并实施禁左等交通管制，真正成为行车和停车有序、交通肇事率较低的城市之一（刘少才，2016）。

（3）明确的公交优先策略。

苏黎世的城市交通井然有序，得益于苏黎世明确的城市交通策略——公交优先。这种策略的影响从规划设计到财政支持，无处不在，无处不有。

一是路权分配上体现公交优先。上百年来，苏黎世的城市道路并没有不断拓宽，苏黎世所做的是对路权不停进行重新分配和优化，将更多路权分配给公共交通。例如，班霍夫大街、利玛特河大街都是著名的商业街，都确定为公交专用道，禁止私家车通行。

二是交通结构上体现公交优先。在苏黎世的交通结构中，公共交通占 30%，私家车占 30%，步行占 20%，自行车占 10%。在私家车拥有量达到 40 辆/百人的经济发达国家的城市，公共交通能够在交通结构中占 30%，是很高的比例。

三是交通管理上体现公交优先。由于苏黎世的公共交通采用有轨电车，在管理上就保证了公共交通的专有路权。在信号控制上，道路交叉口的信号按有轨电车的运行要求，自动转换信号，保证有轨电车的正常运行，确保公交优先并准时准点（张鑑，2005）。

四是财政政策上体现公交优先。公共交通被认为是一种社会福利，主要靠政府公共财政补贴。瑞士是一个高福利的国家，国家为了鼓励国民乘坐铁路和城市公交，票价相对低廉。据介绍，瑞士的铁路运行得比较好的地区，其票价收入只占运行成本的 60%，亏损 40%。苏黎世中心区的公共交通，票价收入也仅占运行费用的 65%，亏损 35%。苏黎世的公交系统效率非常高，设备也很先进，这是它吸引人的一面，同时也面临着造价很高、维护费用很可观的困境。公交部门每年大约有 50%的支出需要州政府或市政委员会补助（邹晶，2005）。如果没有州政府的帮助，公共交通体系不可能生存。

（4）辅助措施。

为了缓解交通压力，苏黎世同时采取了一系列的辅助措施，主要包括限制私家车出行、鼓励自行车使用以及鼓励步行三种。

第一种是限制私家车出行。苏黎世的私家车拥有量高达40辆/百人，平均每2.5人就拥有一辆小汽车。虽然大量拥有私家车，但周一到周五使用私家车上下班的比例并不高，主要出行都依靠公共交通。高质量的公共交通使得私家车在城市交通中的优越性不足，与其使用私家车，还不如乘坐公共交通。公共交通的良性运行反过来也限制了私家车的使用。由于城市路权向公共交通倾斜，许多道路开辟为公交专用道，禁止或限制私家车通行，如此一来，可供小汽车通行的道路空间越来越少，私家车的通行也就越来越不方便。

不仅如此，苏黎世鼓励使用铁路和公交优先的交通政策，决定了限制私家车及其停车场所的政策趋向。在苏黎世尤其是城市核心地区，私家车的停放是很不方便的，成本也是很高的。虽然法律规定公民有自主选择交通方式的自由，但在城市中限制私家车的倾向还是占主导地位，一些原本是停车场的地方，经过全民公决以后，全部改成了绿地。目前在苏黎世大约有10万个停车位，其中公共停车位3万个。在苏黎世的中心地区，停车位的数量严格控制，停车是一件十分困难的事情。尤其在城市核心区1平方公里的区域内，由于公投的结果要求区域内停车位只能保持在1990年以前的停车配置水平，因此苏黎世核心区的停车位从1990年以后就再也没有增加。这样也限制了城市的私家车交通的使用便利性。

由于城市中私家车的使用受到限制，许多道路改成单向交通，把其中的一个或两个车道用于停车，因此苏黎世路内停车的比例很高。收费标准随地段而有所区别，越靠近城市中心收费越高。在城郊接合部和交通枢纽，如火车站、飞机场的停车场规模和车位的数量配备得较为充足，尤其是公交和自行车的停放考虑得很周到（张鑑，2005）。从出行的方便性看，居民会首先考虑的是步行，其次考虑的是自行车，再次考虑的是公共交通，最后考虑的才是私家车。

第二种是鼓励自行车出行。在苏黎世，自行车作为一种环保的交通方式倍受推崇。据统计资料，苏黎世拥有自行车16万辆，平均每4人拥有一辆，这个比例非常高。在出行比例中，自行车交通也占到10%。为了鼓励市民使用自行车，在道路规划中，专门有自行车路网规划；在路权分配中，即使是很狭窄的道路，也明确划定了自行车专用道，保证自行车的通行。为了鼓励市民使用自行车，苏黎世政府将2004年设立为“自行车交通年”，组织自行车免费游览城市，参观市容。自行车的停车也十分方便，在飞机场、火车站和交通枢纽，都设有自行车停车设施，在学校、商场和旅游点等地也均有自行车停车设施，十分方便，有利于换乘其他交通工具。在苏黎世，自行车还是锻炼身体的重要工具，一家几口人一起骑着自行车锻炼身体的情景并不少见。在旅游区，也有许多人专门骑着自行车登山。

第三种是鼓励步行。步行作为一种健康的交通方式，在苏黎世也同样受到鼓励。为了鼓励市民步行，苏黎世市政府把2005年定为“步行交通年”。在道路规划中，苏黎世专门有步行系统规划，结合地处山地、高度差比较大的特点，利用城市道路的人行道和山地的台阶形成完整的步行系统。在城市中，有些道路尽管很狭窄，但仍然留有步行系统的通道。一些河边缺乏步行系统的空间，甚至用木材在河上或悬空建成步行道与城市步行道组成完整的系统。在有些地方，步行的途径成为捷径。在道路内，行人过街横道线很完备，过街也很方便。行人过街必须遵守交通规则，依据信号在行人横道线过街。行人过街横道线处大都有信号控制，可以通过自己按控制按钮、改变信号灯实现行人优先过街。在没有信号控制的行人横道线处，汽车会主动避让行人，让行人优先通行。

（5）技术与设备支持。

苏黎世使用了若干先进的技术与设备支持公共交通网络的构建。

第一种是优越的快速公交系统（BRT）。苏黎世公共交通主要依靠BRT，运营线路总长为284公里，其中有轨电车线路长度为109公里。BRT的运行速度可达15～18公里/小时，平均站距300米，站点总数为419个。一条BRT线路每小时的运量可达6000～12000人，是普通公交每小时运量（约3000～4000人）的2～3倍，是小汽车每小时运量（约1000人）的7～10倍。一辆可容纳240人的BRT的长度大约为42米，相应运力的普通公交车需要3辆，占地相当于BRT的2倍；换算成小汽车则要177辆，占地相当于BRT的6倍。

苏黎世的公共交通运行时间都能精确到分钟，而且一般都准时准点。有轨电车拥有专用路权，在运行过程中容易控制时间。有轨电车及其轨道的建设费用也相对较低，单位长度BRT的造价大约是地铁造价的1/5，对于一般城市来说，比较容易实施。

第二种是完善的交通标志和信号系统。苏黎世有序的城市交通，离不开完善的交通标志和信号系统。在苏黎世，无论是城市公交、私家车，还是自行车、行人都会严格按照交通标志和信号行事。为了保证城市公交的优先和准时，根据公交优先计划，在信息控制上，当公交车辆驶近交叉口时，信号会自动转换，确保公交车辆的优先通行。在公交行驶会与私家车行驶发生矛盾的交叉口，如私家车从支路进入主路时，路口会画实线并标示STOP，这样私家车就会在路口停车后再进入主路。

为了鼓励市民步行，苏黎世在行人优先上也做了技术支持，行人过街横穿城市道路很方便。在没有信号灯的地方，行人从横道线过街时，汽车会主动等候。在市内以及旅游地、机场，都可按照交通标志到达目的地。在旅游地不仅标明前后方地名和设施，而且标明不同路径的步行时间，为旅行者选择不同的交通方式（乘车、骑自行车、步行）提供明确的指引。

第三种是有机衔接的公共交通。苏黎世的公共交通，包括有轨电车、普通公交、市郊铁路、城际铁路都很准时，站台上的时刻表都精确到分钟，这就为公共交通的有机衔接创造了条件，能够精确计算出发转车到达的时间，任何时候都使人很踏实。各条公共交通线路之间的换乘也很方便，同一公共站点的不同公共交通线路的车辆会同时到达，有利于乘客的换乘，减少了乘客等待的时间。在交通高峰时段，公交车辆发车的密度会提高，每条线路平均每6分钟有一辆公交，每小时发车10辆。例如，城市的中心阅兵广场（禁止小汽车通行）共有7条公交线路，每小时就有70辆公交车通过。

城市公共交通与铁路、机场也都有良好衔接，城市公交场站直接与全市14个铁路（包括市郊、城际铁路）车站衔接，由于城市公交和铁路都无须检票，所以换乘十分方便快捷。城市公交场站也可以直接进入机场，这样乘坐飞机的乘客可以随时转乘城市公交或市郊、城际铁路到达目的地（张鑑，2005）。

第四种是简洁的公交车站。根据有轨电车的运行特点，有轨电车的车站大都设置在道路的中央。这样，两个方向的公共交通可以共用一个车站，节约了地面空间的同时又方便乘客换乘，乘客可以通过行人横道线从道路两侧的人行道进入车站。

苏黎世的公交车站一般占地不大，用材都比较简单，大多为玻璃和不锈钢，配有遮雨篷和木制座椅。功能上，能满足使用的要求；景观上，比较通透、明亮；空间上，比较轻巧，不遮挡视线。公交车站尽管简单，但是都必备售票机和打卡机。售票机和打卡机是放置在一起的：首先在售票机上售票，可以用硬币也可以用信用卡，各种类型车票都可以在售票机上直接查询；上车以前在打卡机上打一孔，同时会打上时间，便于查票。

第五种是人性化的配套设施。苏黎世的火车、电车、公交车全部装有暖气，配备软座座椅。在现代化的高速列车上，设有挂衣钩，还有供儿童玩耍的滑梯。一等车厢有彩色电视机，厕所里有卫生纸、洗手液、擦手纸等卫生用品。公交车发车间隔一般为10分钟。车辆行驶通畅，即便是在上下班的交通高峰期，也不会出现堵车现象。这些成就归功于州政府的利民政策和“苏黎世公交联合体”的创造性工作（徐艳文，2013）。

（6）灵活的公交票制。

苏黎世公交实行一票制，可乘坐除飞机以外的火车、汽车、有轨电车、公交车和轮船等公共交通工具。在火车站和公共汽车站都设有自动售票机、列车时刻表和交通线路图，乘客可以根据需要选择往返或单程票。当地乘客可以买月票、日票、提供给学生和士兵的优惠半价票，以及晚上7点以后的年票等多种类型票。公交车站设有车票打卡机，上车前打卡，检票采取不定时的抽查方式。无票乘车通常要受到约80瑞士法郎（相当于人民币450元）的罚款。乘客如果忘带月票，验票员会登记乘客的证件号码，回去后主动送来验证可免交罚款，但要交几瑞士法郎的手续费。

苏黎世是按区域制作车票的，人们可购买若干区域的车票。月票和年票价格较低，适合经常乘坐公交车的人。目前，全市已有超过半数的居民持有年票卡。

3. 居民交通环保意识

（1）自觉的交通意识。

交通行为的主体是人。因此，人的交通意识决定着交通秩序的好坏。苏黎世有序的城市交通与全体市民具有的高度自觉的交通意识是分不开的。

在苏黎世，各种交通各行其道，严格按照信号和规则进行。汽车会严格按照交通信号和交通标志行驶，在道路的行人过街横道线处，如果没有交通信号，也会停车或减速避让行人。在支路与主要道路的交叉口，如果没有交通信号，汽车进入主要道路时，会在交叉口主动停车，确认安全后进入主要道路。市民骑行自行车也会严格按照交通信号和交通标志行驶，即便自行车道路很狭窄，许多路段只有一条车道，自行车仍然严守交通规则。行人会严格按照行人通道步行，在有交通信号的交叉口按交通信号通行；在没有交通信号的普通路段，行人会寻找过街横道线进行优先通行，但是在有轨电车的轨道通过的路面，行人会主动避让有轨电车。

（2）清晰的环保意识。

苏黎世鼓励居民使用铁路和公交优先的交通政策，是苏黎世清晰的环保意识的集中体现。在交通方式上，苏黎世不仅鼓励居民使用铁路，实行公交优先的交通政策，而且鼓励居民使用自行车或步行。这样，不仅有利于减少能源的消耗，也有利于国民身体素质的提高。在车辆的选购和使用上，不追求豪华，而是侧重实用。在城市中有许多小型车，其长度只有普通小汽车长度的一半左右，还有一些有顶篷的自行车，可以替代私家车出行。这些交通工具，不仅消耗能源少，而且节约用地空间。在这样的政策保障下，私家车的实际使用量明显下降，汽油消耗量减少，城市的空气质量明显提高。

在有轨电车的轨道沿线，苏黎世还尽可能利用有孔地砖种植绿化，改善景观环境，收到了良好的效果。

5.4.2 日内瓦公共交通

日内瓦位于日内瓦湖西南角，是瑞士联邦的第二大城市。由于这个城市没有经历战争，因此近百年依然保留着原本的样子。当然，这也导致日内瓦具有街道狭窄的特征。狭窄的街道会压缩机动车的行驶空间，但是在日内瓦却很少发生严重堵车的现象。这是因为日内瓦在保持道路街道的原有状况基础上，不断完善优化道路规划，目前整个交通体系设计非常合理，交通运行十分高效。本节按照以下思路展开：首先介绍日内瓦交通概况，引入日内瓦的几种典型交通方式；然后介绍近几年日内瓦重要的公共交通举措，包括有轨电车建设和市郊快速铁路建设；接下来对日内瓦缓解交通压力的停车场进行说明；最后介绍 TOSA 新型无轨电动公交系统的科技运用。

5.4.2.1 日内瓦交通概况

尽管日内瓦道路狭窄，但其交通系统非常方便高效，有多种交通方式可供人们选择，在这里重点介绍日内瓦的公共汽车、湖上小船、摩托车和自行车、火车、出租车。

1. 公共汽车

日内瓦的公共汽车（见图 5－33）和有轨电车系统几乎覆盖了这个城市的每个角落，而且效率很高。每一辆车的行车路线规划非常合理，去任何一个地点，几乎都不用换乘超过两次以上。日内瓦天气潮湿且雨水较多，每个公交站都有供乘客休息的长椅，所有站牌都配备有遮雨棚。日内瓦城市道路非常复杂，几乎找不到几条笔直的路，外地人到这里更是一头雾水，为此，日内瓦使用了一种特别的公交站牌。如图 5－34 所示，公交站牌下半部分是公交车行驶的总路线，而上方是一个当前路口站牌的铺设位置，这种直观的路牌可以方便人们选择路线。公交站站台的高度高于路面，当公共汽车进站之后，车门处的地板高度正好与站台相同，以方便残疾人士上下车。车厢内的座位很多，但只占据了 40％左右的最大负载①。

① 资料来源：https://chejiahao.autohome.com.cn/info/2237392。

图 5－33　日内瓦的公共汽车①

图 5－34　日内瓦公交指示站牌②

同苏黎世类似，公交车票可以在大多数车站或报摊旁边的机器上买到，票价根据经过区域的数量和票的有效时间而变化。车票由通常被称为“绿色夹克”的流动控制器随机检查。

① 图片来源：Stefan Kunzmann 摄影。

② 图片来源：http://5b0988e595225.cdn.sohucs.com/images/20180321/941af0dde357452b83c76d94da128511.png，2019 年 10 月 31 日。

2. 湖上小船

日内瓦依湖而建，虽然东岸和西岸直线距离不远，但如果是陆路交通就得从市区里面绕行，因此人们可以选择使用渡轮来实现跨湖交通。在日内瓦标志性景点——大喷泉的南面不远处就是2号码头，湖对面也有一个2号码头，这两个码头是相互对应的（见图5-35）[①]。当地交通系统或公共交通系统（TPG系统）的其中一部分就包括连接着城市右岸和左岸的渡轮。这项服务全年都在白天运行，可以让游客无须花费太多便可以从一个新的角度来浏览整个城市。渡轮每10～30分钟便有一班，成年人的价格为2瑞士法郎。

图5-35 日内瓦码头[②]

3. 摩托车和自行车

与一般城市不同的是，日内瓦的摩托车多到令人羡慕。在日内瓦，摩托车骑士不会被交通体系排挤，这里没有警察会躲在暗处突然蹦出来把你从摩托车上拽下，也没有什么所谓城市主要道路禁止摩托车行驶的规定。只要是合法上路，并且车辆安全性合乎规定，摩托车就享有与所有四轮机动车一样的路权。即便在车道的侧边行驶，也不会有四轮机动车超上来和你并排行驶，同样也不会出现摩托车在汽车车流中钻缝飞驰的现象。摩托车在一定程度上缓解了这座城市的交通压力。在马路旁边或者中间的停车位不仅有汽车车位，还有大量的摩托车专用停车位。包括摩托车在内的每一种交通工具都有专门的道路，用醒目的颜色规划到地面上（图5-36），甚至在机动车道最前面有一排黄色区域是专门给摩托车留出来的信号灯等待区[③]。

---

① 资料来源：https://chejiahao.autohome.com.cn/info/2237392。

② 图片来源：http://5b0988e595225.cdn.sohucs.com/images/20180321/439a70b9c26141aa839ee58c02f67b15.png，2019年10月31日。

③ 资料来源：https://chejiahao.autohome.com.cn/info/2237392。

图5—36　交通工具路面标识①

除了摩托车，日内瓦还提供大量的自行车供市民使用。位于科纳温车站（Gare Cornavin）酒店后面的存放处和勃朗峰湖畔码头（Quai du Mont—Blanc）的存放处都提供免费的自行车。由于在城市内部大部分区域都有平坦的路面，并提供有充足的自行车道，这为骑行者提供了良好的骑行条件，而环湖道路上美丽的景色更是吸引了人们加入骑行中来。

4. 火车

日内瓦的铁路交通也很发达。中央火车站（Gare Cornavin）是一个活跃的交通枢纽，有铁路通往机场以及其他乘客能想到的任何目的地。类似的重要站点还有日内瓦南部的朗西（Gare de Lancy—Pont—Rouge）火车站。更多的站点还在翻新建设中，如位于城市郊区的渥芙依（Eaux—Vives）火车站从2011年开始重建，于2019年重新开放。

5. 出租车

日内瓦的出租车为24小时服务，起价6.3瑞士法郎，3.2瑞士法郎/公里；夜间如果超过4名乘客，或目的地在日内瓦州外，则费用改为3.8瑞士法郎/公里，等待费用60瑞士法郎/小时，携带行李或动物需加收1.5瑞士法郎②。在日内瓦，乘客可以随时与出租车司机联系以预订豪华轿车或SUV，以方便前往任何指定的目的地③。

5.4.2.2　日内瓦公共交通举措

日内瓦公共交通100%属于国营。2011年，日内瓦公交系统共有职工人数1599人，市区和郊区公交线共59条，年公交客运量1.7亿人，市民年人均乘公交出行380次。有轨电车线路长24.65公里，无轨电车线路长35.68公里，公共汽车线路长319.66公里，拥有68辆有轨电车、89辆无轨电车和225辆公共汽车。

为了给人们提供更好的交通服务，日内瓦政府一直在不断完善交通体系，满足人们的公共交通需求。作为瑞士第二大城市，日内瓦2011年约有人口19万，预计到2030

① 图片来源：http://5b0988e595225.cdn.sohucs.com/images/20180321/fb970da3170e4cf3a621c54338962997.png，2019年10月31日。

② 资料来源：http://ask.qyer.com/question/3100368.html。

③ 资料来源：http://www.geneva.info/transport/。

年人口将增加18%，交通需求在未来15年内将增加40%。市政府要求公共交通承担居民70%的出行需求，即要凭借公共交通方便快捷的特点吸引人们放弃使用私家车，改乘公共交通出行。为此，日内瓦市政府在2009年6月通过了一项大力发展公共交通的计划，提出在接下来的4年内使公共交通的客运能力增加34.9%。从2014年开始，政府提高了对公共交通的补贴，将原来每年给公共交通的补贴金额由1.75亿瑞士法郎增加到2.13亿瑞士法郎。另外，对公共交通的建设再投资3.92亿瑞士法郎，比原计划提高了1.77亿瑞郎。具体来说，近年日内瓦公共交通举措又可以具体划分有轨电车建设和市郊快速铁路建设等，以下将一一阐述。

1. 有轨电车建设

2011年，日内瓦拥有6条有轨电车线，年客运6100万人，占公交全年客运量1.7亿人的27%。

日内瓦不停地进行有轨电车轨道建设，力图使轨道线路更为完善，覆盖面更广。例如，2010年日内瓦通往梅日尔德的有轨电车延长线已建成3.3公里，2011年5月，这条线再修建9公里的延长线，目的地是欧洲中部尼克莱尔市。另外，由科尔尼至贝尔尼克斯也修建了一条10公里长的有轨电车线，并于2012年12月开通。这些有轨电车项目的建设资金由日内瓦政府负担，而与阿纳马斯市共同建设的长3公里连接两个城市的有轨电车线则由双方出资。

由于日内瓦市民喜爱有轨电车的出行方式，客运量不断增加，有轨电车运能远远满足不了人们出行需求。因此，在铺设轨道的同时，日内瓦也致力于提升有轨电车的运力。日内瓦公交在2016年前加订了46辆有轨电车，同时，根据日内瓦公交公司董事长巴迪克表示：日内瓦将在未来采用更大容量的有轨电车，尤其优先选用53米长的车辆（载客量325人）和载客量240人的双向牵引有轨电车。

2. 市郊快速铁路建设

2016—2017年，由法国通往瓦尔多市再到日内瓦市的市郊快速铁路建成，该段铁路长16公里（双轨），建设有5个车站，由瑞士与法国共同出资完成，法国境内由法国政府和奥特艾贝斯地区政府出资，瑞士境内由日内瓦市和艾尔维迪克地区政府承担。市郊快速铁路的落成是该地区居民盼望已久的事情。人们认为，在该地区建设一条市郊快速铁路绝不是一件奢侈的举动，因为该地区每天有50万人过境和35万辆小汽车通过。该铁路的建成可以确保瑞士与法国实现连接，促进两国社会经济的发展。市郊快速铁路的建成可以有效缓解城市交通拥堵。

5.4.2.3 修建停车场缓解交通压力

日内瓦已有一座容量为2500个车位的城郊停车场，目前正在兴建第二座能提供900个车位的城郊停车场。人们从城郊停车场可直接换乘各种公交车进城。日内瓦的公交车月票为70瑞士法郎，城郊停车场的联合月票费用只会增加40瑞士法郎的出行成本，用较低的费用既满足了人们出行的需要，又达到了减少污染、缓解城市交通压力的目的。

不仅如此，尽管修建地下停车场耗时费力，但一劳永逸，避免了一些老建筑区居民没有停车场的尴尬，因此瑞士从第二次世界大战以后就开始注意修建地下停车场。除部分老建筑以外，瑞士几乎所有建筑都有地下停车场，日内瓦居民住宅地下车位的比例大约为住宅区人数的一半（刘军，2017）。

5.4.2.4　科技运用

日内瓦城市交通线路采用了新型无轨电动公交系统（TOSA），这种系统采用革命性技术、无须高架电线、无噪声、零排放，替代了传统燃油公交车，并且拥有全世界速度最快的闪充连接技术。与普通电车通过车顶集电杆连接到高架电线获取电力不同，TOSA 公交车车顶的移动臂采用激光控制（图 5－37），能够在不到 1 秒的时间内连接到安装于候车亭顶部的插座（充电点），利用乘客上下车的 15～20 秒时间进行充电。如果车载电池在中途站以 600kW 的功率充电 15 秒，到终点站时再充电 3～4 分钟即可完全充满。这项创新技术由 ABB 工程师在瑞士开发。TOSA 电动公交车全长 18.75 米，可搭载 133 名乘客，自 2013 年 5 月 26 日起至 2014 年底，已经开始在日内瓦机场与 Palexpo 国际展览中心之间进行试运行。在试运行获得成功后，日内瓦公共交通局决定在 23 号线全面部署 TOSA 电动公交车。2018 年线路全面投入运行后，高客运量铰接式电动公交在高峰时段以 10 分钟的间隔从两个终点站对发，全天可运送乘客 1 万人次（见图 5－38）。

图 5－37　TOSA **公交车车顶**[①]

① 图片来源：https://actu.epfl.ch/image/23944/original/2880x1920.jpg，2019 年 10 月 31 日。

图 5－38　TOSA 公交车驶入车站[①]

作为柴油公交车的替代，TOSA 电动公交车噪音大幅降低，同时减少温室气体排放。ABB 集团电网业务部总裁表示："这项突破性技术能够助力日内瓦实现其低噪声、零排放的城市公共交通愿景。"日内瓦城市交通线路沿途安装了 13 个闪充站，同时 3 个终点站及 4 个停车场都有提供充电设施。ABB 集团与日内瓦公共交通局（TPG）和瑞士客车制造商（HESS）签订合同，为 12 辆 TOSA 全电动公交车提供闪充及车载电动汽车技术，与传统燃油公交车相比，每年可减少 1000 吨碳排放（白文亭，2016）。

5.5　瑞士交通经验启示

瑞士卓有成效的交通规划、交通治理、公共交通提供和营运模式为我国提供了丰富的经验，适当地借鉴瑞士经验，可以更快更好地推进中国城市公共交通建设。总而言之，瑞士成功的低碳交通建设所带来的经验启示可以总结为以下五点：高效的公共交通换乘体系、精准同步的全网时刻表、科学的道路资源分配机制、完善的政府购买服务机制和丰富的公共交通票制类型。以下依次加以总结。

5.5.1　高效的公共交通换乘体系

交通衔接是促使城市交通线路形成网络的纽带，对线网的功能发挥有着重要的影响。以乘客使用便捷性为主导的理念在瑞士公共交通发展过程中得到了充分的体现，无论是铁路、有轨电车、公共汽车、渡船或是索道缆车，各种交通方式都尽可能地实现了无缝衔接，为乘客提供了良好使用体验以及便捷性。这种无缝换乘，包括空间上、时间上和信息服务的无缝衔接（范健，2013）。

在空间规划上，瑞士的火车站大多建在市中心，不设检票口和围墙，与其他交通方

① 图片来源：https://actu.epfl.ch/image/23920/1108x622.jpg，2019 年 10 月 31 日。

式紧密结合。一般火车站地上地下相结合，实现了土地的综合开发，不仅为居民提供交通服务，车站同时还结合了商业、银行、超市等提供其他服务。

在时间上，瑞士政府在制定时刻表时，充分考虑了不同交通方式间班次时刻表的相互衔接，确保乘客下车就有换乘车辆乘坐，实现了客流的快速集散。如果发生火车延误，则会及时通知前方车站，电车和公共汽车会自动调整班次时刻表进行衔接。

在信息服务上，公交车内有显示屏幕，显示到站、下三站和终点站的站名和到达时间，火车上还有换乘交通方式的班次信息服务。此外，公交站点信息准确详尽，每个公交站点都配备了本区域的交通线路图以及本站的行车时刻表，大部分车站设有电子站牌（杨天人，2014）。

5.5.2　精准同步的全网时刻表

瑞士的公共交通网络时刻表由政府负责制定，运行时刻表精确到分，城际火车、城郊火车、有轨电车、无轨电车、公共汽车等各种交通方式均严格按照时刻表运营，不同运输方式之间相互协调，保证了公共交通运输的便捷、准时和高效。不仅如此，瑞士于 1982 年开始实施定期交通时刻表（见图 5－39）。定期，代表火车往同一目的地的发车时间每小时的节奏相同，即每小时发出的具体时间相同。列车遵照“未必最快，但尽量准时”的原则，同时铁路和其他公交方式衔接良好，形成了完整的公交网。根据瑞士定期时刻表，只要沿用较大站 15 分钟间隔、普通站 30 分钟间隔的定期时刻表，在同一时刻到达，数个站台可集结大量的到达列车。同样的，一到出发时刻，大量的列车一并从车站发出。来自欧洲和国内其他城市各个方向的列车一并到达，10 分钟后再一起发车。这一循环 1 个小时内共有 4 次。这一到发规则在瑞士全国所有铁路线上均予以了彻底的实施，是瑞士的一大特色，提高了当地居民对公共交通的信赖。并且，在当地主要的改乘站和换乘站，因为所有列车同时到发，所以各个方向的换乘能够顺利实现。

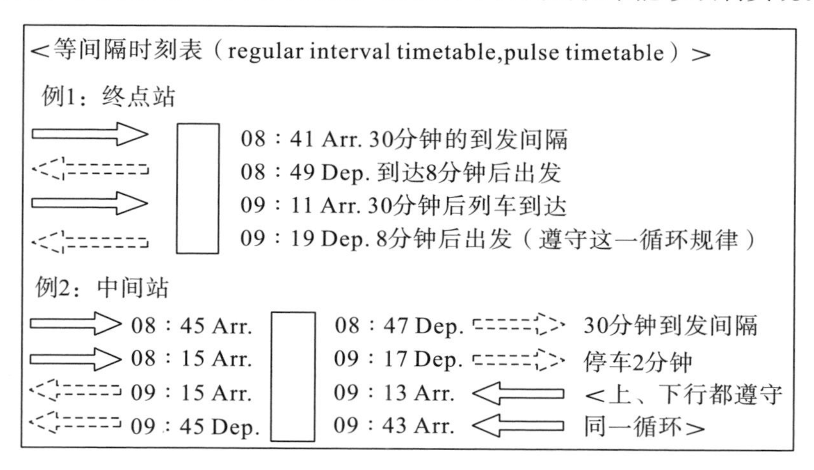

图 5－39　定期时刻表①

① 资料来源：https://www.sciencedirect.com/science/article/pii/S0967070X16301469＃f0005，2019 年 10 月 30 日。

定期时刻表的优点在于：①依据时刻表，列车周转能得到最大限度的提升；②网络资源能充分有效地被利用；③使用者激增。为了适应定期时刻表，与铁路站接驳的公交线路时刻表也实现了同步（许彦，2012）。为了遵循这一既定时刻表，瑞士政府对列车提速、站台改良、支路路线建设等的基础设施建设进行了大量专项投资，即投资并不是为了适应交通需求的增长，而是为了贯彻定期时刻表。上述措施最为显著的成果，如苏黎世主火车站（HBF）的到发时刻表实现率高达 91.4%（允许 3 分钟以内的到发延误）。正因为定期时刻表保证了交通出行时间的可预期和换乘的便利性，所以瑞士总人口 780 万中的 300 万人持有季度票，在苏黎世，这一比重占到 1/2。

除了大力推行铁路定期时刻表和与之配套的公交线路时刻表，瑞士公共交通系统还在个性化服务上投入了大量资金。比如，交通 App 系统的开发使得使用者只需要在手机上输入起始地和目的地，就能获得最快抵达以及花费最少的路径选择，并能告知不同班次组合所需要换乘的车次、拥挤程度等。其中，拥挤程度是一般我国的交通 App 所忽视的服务内容。

5.5.3 科学的道路资源分配机制

定期时刻表的精准实施的背后，离不开科学的道路资源分配机制。相对国内城市的道路，瑞士的城市道路并不宽敞，大部分道路为双向四车道或两车道，且部分道路为有轨电车和普通车辆混行，但路网结构合理，支路微循环系统十分通畅，为城市公共交通系统线网的布设提供了前提条件，有利于实现公共交通的点到点服务。同时，瑞士大量设置了公交专用道网络，在道路资源紧张的情况下充分保证了公共交通的道路使用优先权，极大提高了公交运效，保证了运行时刻的精准，增强了公共交通的可靠性和吸引力（范健，2013）。但凡有条件的路面均设置了自行车道和宽阔的步行道。通过科学的交通规划和组织引导，瑞士城市交通运行有序、顺畅（陈斐华，2015）。

此外，缩减机动车道数量和宽度，设置安全岛、减速带、单行线，拓宽人行道等是欧洲城市常见的机动化管理措施，通过这些道路技术工程将有限的道路资源划分给公交和慢行交通。由于路权向公共交通、自行车和步行倾斜，公共交通和慢行交通空间得到了极大的拓展，比较优势明显上升。而可供私家车通行的道路空间越来越少，相对而言，也限制了小汽车交通。中心城区还通过停车位的稀缺和相应停车费用的提高，促使居民自动向公共交通转换。前面所述的苏黎世做法就是很典型的例子：苏黎世核心区的停车位，从 1990 年以后只减不增，一些原有的停车场，经过全民公决后，改成了供市民休憩的绿地或步行公共空间；城区的单位不给员工提供停车位，鼓励通过公交、骑车或步行来完成通勤交通；市中心区的路内停车限定在 0.5～2 小时以内，停车楼收费可高达 8 瑞士法郎（约 52 元人民币）/小时，同时对违法停车行为严厉打击，从而极大抑制了城区内的小汽车交通需求，改善了城市中心区的环境（戴帅、虞力英，2013）。

5.5.4　完善的政府购买服务机制

公共交通是政府为市民提供的一项基本公共服务，其公益性属性在瑞士政府得到了充分体现，联邦、州和城市三级政府共同投入资金发展公共交通。与国内城市公共交通补贴补偿普遍实行“一事一议”、年底经过审计再给予一定补贴的方式不同，瑞士实行政府购买公共交通服务的机制，并实施票运分离（范健，2013）。

瑞士公共交通发展资金列入年度预算，市政府根据确定的公共交通发展目标，制定出时刻表，明确线路的班次和服务要求，然后通过服务价格的谈判确定运营商，明确可量化的考核指标，并实施契约管理，运营商只需按照政府制定的时刻表运行，即可按照合约得到补贴。

同时，市场化手段在公共交通的发展中也得到了充分应用，交通管理部门每月有专人在车上调查乘客的出行路线、目的地、手持车票类型等，确定运营商运送乘客的人数和里程，实现票价收入的精准、合理分配，并及时进行公共交通容量的预测和提升。这种举措充分调动了运营商的积极性，促使运营商不断提高服务质量，吸引乘客，从而提高企业的运营收入，企业可持续发展的动力不断增强（杨天人，2014）。

5.5.5　丰富的公共交通票制类型

瑞士自 1857 年开始采用通票制。目前瑞士有超过 400 家不同的交通运输公司提供交通服务，消费者无论采用哪个公司的交通工具，全程一张票，便可以乘坐除飞机之外的火车、汽车、有轨电车、公交车和轮船等所有客运车船（徐文，2011）。例如，瑞士通票持有者能在选定的有效期内，无限次搭乘全瑞士陆路和水路公共交通（范健，2013）。消费者可以从网上、售票机或者柜台方便地买到通票，同时还可以按照公共陆路交通里程累积计划，享受到客观的全程折扣（佚名，2010）。据瑞士官方统计，超过半数的瑞士居民拥有全家通票、半价通票（学生或军人专用）或者同城通票（杨天人，2014）。

瑞士公共交通的票制种类丰富，主要有通票、弹性通票、通行通票、弹性通行通票、青年通票、转乘票等，能够满足不同人群的不同需要，乘客可以根据自己的需求进行选择，此外，根据适用区域和有效期长短也分为不同的票种，有单程、来回，汽车、火车、火车汽车联运，一日、多日，区域、全国票等，还有为学生和士兵提供的半价票，以及晚 7 点以后的夜票等多种类型（徐文，2011）。在票价设置上，充分体现了鼓励和吸引居民乘坐公共交通的理念，乘坐越多，有效期越长，票价优惠幅度越大（范健，2013）。

铁路的票制分年票、月票、周票和天票等，乘客可以根据各自的需要购买，在车票规定的时间和通行区域内都是有效的。政府为了鼓励乘客乘坐铁路，推出铁路年票，乘客购买后在当年度乘坐铁路，享受半价优惠。

城市公交车票分年票、月票、周票和天票等，另外还有按次或若干次合一的城市公交车票等。按次计的城市公交票，每打一次卡，在一小时之内有效，可以换乘所有的城市公交（张镫，2010）。

针对自有私家车的消费者，瑞士铁路系统专门针对有车族出售一种停车换乘公交服务卡［P+R（park-and-ride card)］，方便其在私家车出行与公共交通之间进行转换。比如，在苏黎世郊区有很多停车场专供进城的开车族停车，买了这种 P+R 卡，不仅可以免费停车，还可以随便乘坐市内任何公共交通工具，这样就避免了早晚高峰期给市区造成大规模的交通拥堵（向遥，2013）。

【第6章】
瑞士低碳发展的其他案例

除了能源、交通和绿色建筑，低碳城市的实践还包括很多内容。限于本书篇幅，本节仅收纳了瑞士三个比较具有代表性的低碳实践案例，分别为低碳农业、绿色山地经济模式和“人造山城”（Hillcity）。其中，低碳农业由瑞士专家费马丁（Martin Fritsch）博士提供资料，课题组翻译整理而成；绿色山地经济模式主要来自资料整理（张宇、谢春芳，2013）；而“人造山城”的内容总结归纳自2014年春季学期瑞士洛桑联邦理工学院环境科学与工程专业“ENV－596设计项目”硕士课程的成果。

瑞士专家费马丁（Martin Fritsch）博士是索菲（Sofies）公司的董事兼高级顾问、合伙人。在苏黎世联邦理工学院（Eidgenössische Technische Hochschule Zürich，ETH Zürich）担任助理教授期间，费马丁（Martin Fritsch）博士开展了大量的研究工作，在土地和水资源管理领域参与了瑞士国内外各种研究课题，并撰写了大量研究论文。此后，费马丁（Martin Fritsch）博士创建了咨询公司EMAC。自2010年起，他开始担任Sofies的高级专家，并在2016年成立Sofies的分公司Sofies－EMAC。他的工作重点是空间规划、区域开发、土地管理以及商业和工业园区的基础设施建设和场地开发。在为公共当局开展的大量项目中，费马丁（Martin Fritsch）博士特别注重对参与性规划和决策制定程序的调整，还为瑞士联邦编制了一份措施和准则清单。在过去10年里，费马丁（Martin Fritsch）博士将“资源效率和清洁生产”（RECP）作为第二专业开展研究工作，特别是在优化农业食品处理系统相关的方面与土地管理的研究相结合。作为一名资深的高级专家，费马丁（Martin Fritsch）博士在亚洲、东非和西非拥有丰富的工作经验，并长期在联合国工业发展组织（United Nations Industrial Development Organization，UNIDO）、联合国粮食及农业组织（Food and Agriculture Organization of the United Nations，FAO）、联合国环境规划署（United Nations Environment Programme，UNEP）或世界卫生组织（World Health Organization，WHO）等国际组织中积累了大量的咨询经验。

6.1 低碳农业——气候智慧型农业

本部分将着重介绍由瑞士联邦农业局支持的低碳农业技术方案——先锋项目AgroCO$_2$ncept。

6.1.1 为什么要发展气候智慧型农业?

在全世界范围内，农业都面临着双重的挑战：农业不仅会增加温室气体排放，其本身也极易受到气候变化的影响。一方面，水资源短缺和干旱会导致农业产量和生物多样性的降低；洪水、土壤侵蚀和退化及极端温度等会影响甚至破坏已有的完善的作物系；变化多端的降水天气和未知的新型病虫害将带给农业生产系统额外的压力。因此，农产品的价格、数量和质量将受到难以预估的影响，进而将对农民的收入和生计，以及全球、区域范围内的食品安全产生冲击（Fao，2016）。另一方面，农业部门需要投入更多的努力和资金应对气候变化导致的各种后果，如灌溉、作物变异等。总而言之，歉收、不可挽回的自然资源损失从而导致农民经济效益和生存能力的下降是气候变化带给农业部门最主要的影响。

因此，农业部门防范和适应气候变化需要双重战略。一方面，农业食品生产和加工系统需要在生产和环境保护之间维持可持续的平衡；另一方面，维持农业部门在可持续经济发展和适应过程的地位需要长期的参与。要实现这一点，需要农业部门价值链和生产链上所有参与者的共同努力。这个链条包括从农场到加工商，再到消费者，以及各级政府部门的服务投入。此外，这还需要人们调整认知，对新的解决方案和合作伙伴持更敏锐的觉察、更开放的心胸、更积极主动的心态。

气候智慧型农业是一项新的解决方案，由此产生了一种新的合作关系，并且具备成功运用到实践的潜力，由此成了每个国家的经济和战略发展中无可争辩的选择。在粮食生产和自然资源的可持续管理方面，气候智慧型农业被视为保持经济稳定和实现增长的关键因素。

从排放角度来看，农业部门是导致气候变化的主要力量。为开发耕种和畜牧用地造成的森林砍伐所产生的二氧化碳排放量约占世界总量的12%。除此之外，农业部门还排放了约占全球10%的人为来源的温室气体。这使农业成为继运输、迁移、居住和能源生产之后的又一个重要的温室气体排放源。

大多数与农业相关的碳排放物是以甲烷（CH_4）的形式排放的。甲烷源于牛反刍时喷出的胀气和向土壤施加的天然或合成肥料和废物所产生的一氧化氮（N_2O）。这两种主要来源约占全球农业排放量的65%，其他排放源还有化肥使用、秸秆焚烧、农业机械使用和灌溉燃料耗费以及水稻种植。这些来源的强度和组合很大程度上取决于农耕方式、生产体系、农产品，以及天气、地形、水文和区域气候/天气系统等自然因素。

从生产角度来看，根据联合国粮食及农业组织（FAO）的估计结果，到2030年，全球农业部门的粮食产量将增加50%。其主要因素之一依然是世界总人口持续增长。中国、印度和巴西等快速增长的新兴市场国家正在发生消费模式的转变，这使得畜牧生产增加更甚，从而导致了温室气体排放增加。

因此，如今的食品生产受到了双重挑战：既包括全球和大规模的层次，又包括更小的和更加区域化的层次。全球大规模农业系统，如小麦、水稻、大豆和玉米生产系统，它们的生产过程对生态环境变化比较敏感，应对经济风险上存在脆弱性。此外，这种全球性大规模系统需要大量投资，因此在成本下降的同时，通常也伴随着集群风险。它们还需要不断加强自身抵御能力以对抗气候变化的影响。然而，在地方层面上，气候智慧型低碳农业则提供了一种综合互补的方法。它是基于当地生态经济系统发挥作用的，可以更多地考虑到当地资源系统、生产系统、区域价值链，并使消费者通过提高农业实践的参与度，加强对农业实践的了解。

总而言之，气候智慧型低碳农业具备以下几个关键特征：

（1）更高的附加值：更好的产品质量，从而使得产品价格更高；更大的市场潜力，从而市场地位更高；更好的社会形象，从而增强产品的可靠性和声誉。

（2）更低的费用：能源、燃料、农用化学品、包装材料等的生产成本下降，以及能源、水、生物质、生物多样性、设备投资与维护、土壤肥力和水质的利用效率提高。

（3）减少排放：减少温室气体排放，增加生物废料的利用效率和利用价值。

既适应全球化导向的大规模生产，又开展更加因地适宜的农业，这二者的结合将会使农业生产系统更为稳定，并提高其食品安全性。

6.1.2　农业如何为气候保护做出贡献?

农业对气候保护的贡献包括农场层面采用的整合的方法，以及区域价值链层面对循环经济模式的运用。对一个农场系统进行分析可以看出，低碳农业包括四个关键领域（见图 6－1）：

图 6－1　低碳农业：在四个关键领域整合农场措施，并结合地方和区域价值、供应和加工处理系统[①]

① 资料来源：https://www.agroco2ncept.ch/cms/upload/PDF/AgroCO2ncept _ sofies－emac _ flurygiuliani _ Projektpra776sentation.pdf，2019 年 10 月 30 日。

对于图 6－1 所示的“种植和耕作制度”“畜牧”“碳隔离”和“能源使用”这四个关键领域来说，每一个领域都可采取一些有助减少温室气体排放量以及能源资源使用量的措施。这些措施要么是在农业过程中实施，要么是以“灰色能源”的形式发挥作用，如在农业系统外生产化肥。

基本上这些措施都具有一定的缓解作用，但其效果因农场而异。最重要的是，它们之间可以进行组合应用以适应个体农场系统的个体差异。这使得在选择最佳组合之前了解并判别农业类型变得十分必要。

此外，该选择中包含的一系列简单的、成本措施的组合还可以对其他要素领域产生作用，如在见效迅速的节能领域（“低垂水果”）采用良好的家庭管理或过程优化等措施实现操作调整、减少运作时间及驾驶距离，再加以对在建设设备和节能设备的投资。这一系列措施最终也在畜牧领域实现了复杂的结合。

与工业优化相类似，这些措施在很大程度上与联合国工业发展组织（UNIDO）制定和推广的著名的“清洁生产”方法相对应（见图 6－2）。

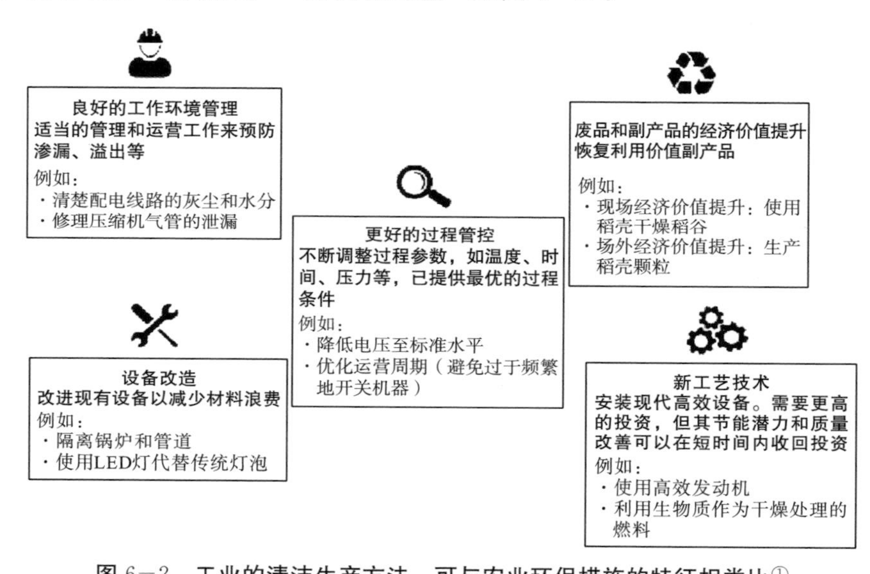

图 6－2　工业的清洁生产方法，可与农业环保措施的特征相类比①

这些措施可以在全世界大多数农业系统中进行应用，但相应地，也要考虑如何节约成本，使低碳农业广泛被农民接受，最重要的是要证明它可以为其带来足够多的收入。因此，需要证明气候友好下的低碳农业可以保障农民收入、提高农业生产力、降低生产成本、提高产品整体市场价值的同时开拓新市场，或者满足其中任一项即可。这种组合最终使农民能够适应气候变化，并且减少生产中的碳排放量。然而，如果低碳农业的经济可变性和可持续性无法实现，那么农民就有可能拒绝改变他们的农业系统，甚至可能选择对农业食品系统、环境和气候造成负面影响的、不可持续的做法。

将农业系统转换为经济上可行的商业模式需要四个因素：气候友好的前提、B2B

① 资料来源：费马丁（Martin Fritsch），索菲（Sofies）国际公司，气候智慧型农业及农业食品加工系统。

（企业对企业）投资（如与农业食品加工业或零售商）、加强区域价值链以及对各利益相关方的统筹宣传。

最后，现有市场价值常常没有包含农民从事低碳农业所提供的生态系统服务的价值，因此，还需要对低碳农业实际贡献的附加价值进行深入研究，从而证明气候智慧型农业具备多重附加价值效应，以便引领消费者意识，使其对更高价格也具备接受意愿，最后使气候智慧型农业的内在价值得以全部体现。

在瑞士，越来越多的农民开始对气候智慧型农业以及采取气候适应性措施产生兴趣，并积极参与其中。2018 年夏季瑞士干旱，人们又一次认识到气候变化的影响，也进一步认识到可利用资源尤其是土地、水和生物多样性的有限性。

事实上，气候智慧型农业的技术可行性似乎并不是主要障碍。当被问及目前哪些因素限制了向气候智慧型农业转变的时候，农民们认为，时间、资金的短缺（如对机械的投资），以及信息可得性、政治支持和消费者意识的限制是基本的障碍因素。作为一个瑞士的示范和先驱项目，AgorCO_2 ncept 项目正是以此为切入点，于 2012 年成立并启动。

6.1.3　低碳农业意味着什么?

6.1.3.1　AgroCO_2ncept 的案例——瑞士联邦农业局支持的先锋项目

AgroCO_2 ncept 项目由苏黎世法莱塔尔（Flaachtal）（地理位置见图 6－3）的 12 个农民参与组建而来（如图 6－4）。法莱塔尔靠近德国边境，距离瑞士最大的城市苏黎世 30 公里，该项目广泛涵盖了多种类型的农业处理系统，从传统的集中式育肥农场，到具有哺乳奶牛饲养、种植农场集于一体的混合生态农场，甚至到专业性很强的葡萄栽培农场。

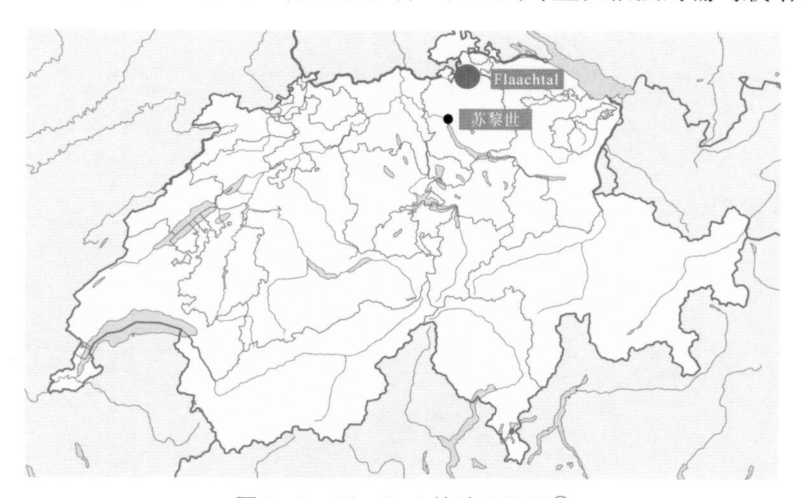

图 6－3　Flaachtal 的地理位置①

① 图片来源：https://upload.wikimedia.org/wikipedia/commons/thumb/8/83/Switzerland_adm_location_map.svg/800px－Switzerland_adm_location_map.svg.png，2019 年 10 月 31 日。

图 6－4　AgroCO₂ncept 项目的三个发起人①

项目的总目标是基于农场的现有基础设施，发展气候友好和资源节约型农业；宗旨是保护区域农业气候，以及为后代区域和全球的高质量生活创造条件。该项目及其参与者主要通过采取一系列可行的举措来开发农业气候保护的潜力。因此，$AgorCO_2ncept$ 项目并未制定统一的实施措施，而是通过以农场为单位自下而上的方法，为每个农场各自编制一套适合自身的措施目录。

6.1.3.2　项目目标

从瑞士气候保护的背景和项目采用的方法入手，可以定义 $AgorCO_2ncept$ 项目的三个主要目标：减排、提升资源效率和提高附加值。也就是说，该项目既要满足竞争性经济目标，同时又要满足生产的生态目标。

按照这一整体思路，制定出了目标公式“20/20/20”：通过资源节约、碳储存及可再生能源生产（参见下文的 ACCT），使温室气体排放量减少 20％；通过生产端降成本、提效率，使支出减少 20％；通过知识转移、气候智慧型产品分销以及改善农民和区域形象，使附加值增加 20％（见图 6－5）。

① 图片来源：苏菲・司第阁（Sophie Stieger）摄影。

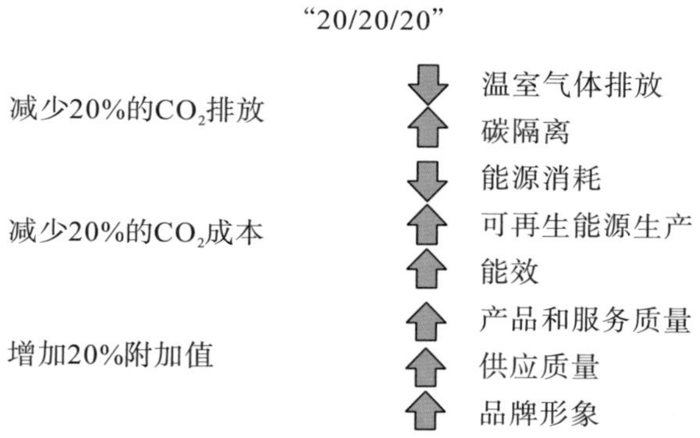

"20/20/20"

减少20%的CO_2排放	↓ 温室气体排放 ↑ 碳隔离
减少20%的CO_2成本	↓ 能源消耗 ↑ 可再生能源生产 ↑ 能效
增加20%附加值	↑ 产品和服务质量 ↑ 供应质量 ↑ 品牌形象

图 6—5　项目目标（计划在 2020 年实现）①

6.1.3.3　气候变化与农业项目工具包 ACCT——平衡环境影响

气候变化与农业项目工具包 ACCT 是从农场层面上评估能源消耗、温室气体排放和碳储存的工具。该工具在 AgorCO_2ncept 项目中发挥着重要作用，可以评估在项目开始时一个农场的初始状态，以及项目实施过程中的效果和对气候变化的缓解作用。从这个意义上说，ACCT 工具有助于 20％的二氧化碳减排目标的实现。

该工具由康斯坦茨湖基金会（Bodensee Stifting）开发，是基于一个名为 *Agri Climate Change*（2010—2013）的欧洲项目的研究成果，同时结合了欧洲农场能源消耗和温室气体排放量通常可以减少 20％到 40％的经验数据建立起来的。

ACCT 通过同时平衡温室气体总排放量目标和实际的排放量来对整个农场进行评估。这些平衡评估是单个农场制定气候保护具体措施的基础。

在 AgorCO_2ncept 项目中，为了评估参与项目的 26 个农场，ACCT 早已经投入使用，并且沿用至今，此间每隔 3～4 年就要进行重新测量和调整。

结合相关专家咨询意见，项目根据 2016 年第一次平衡评估结果决定了选择方案。此后，ACCT 将根据其后续平衡评估结果（分别在 2019 年和 2021 年）对该方案进行调整或扩展（参见图 6—6 中的程序）。

在农场层面上，该项目使用 ACCT 平衡评估工具对农场进行测量交互的例子有以下两个：

案例农场 1：通过用自己的白色苜蓿代替预混合饲料来优化饲料成分和饲喂策略，达到每年减少 9.4 吨二氧化碳当量的效果。

案例农场 2：更换旧的伸缩式装载机以显著降低柴油消耗量，达到每年减少 19 吨二氧化碳当量的效果。

① 资料来源：费马丁（Martin Fritsch），索菲（Sofies）国际公司，气候智慧型农业及农业食品加工系统。

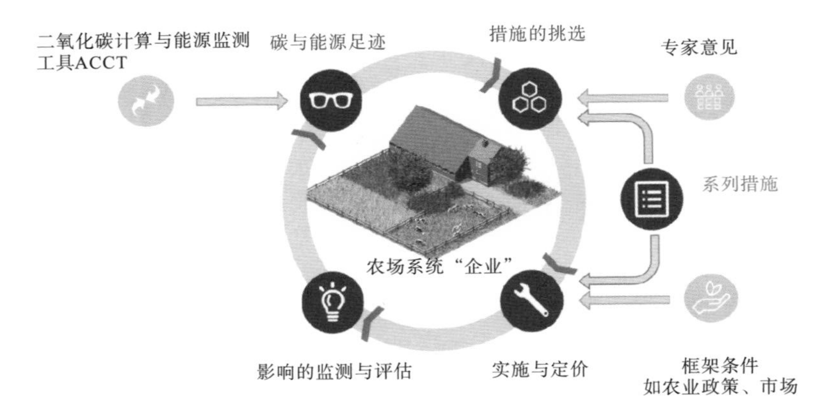

图 6－6 ACCT 工具在自下而上的项目过程中的功能，同时采用了公众参与和专家咨询的方法，并与法莱塔尔（Flaachatal）的农民紧密合作以取得单独措施及其组合的最终确认、应用和评估①

6.1.3.4 项目方法与程序

该项目旨在在农场层面上组合应用大量的气候保护措施，并借助所有农民的参与以发挥更大的作用。为了实现上述“20/20/20”目标，总共制定了 39 项措施（见图 6－7）。

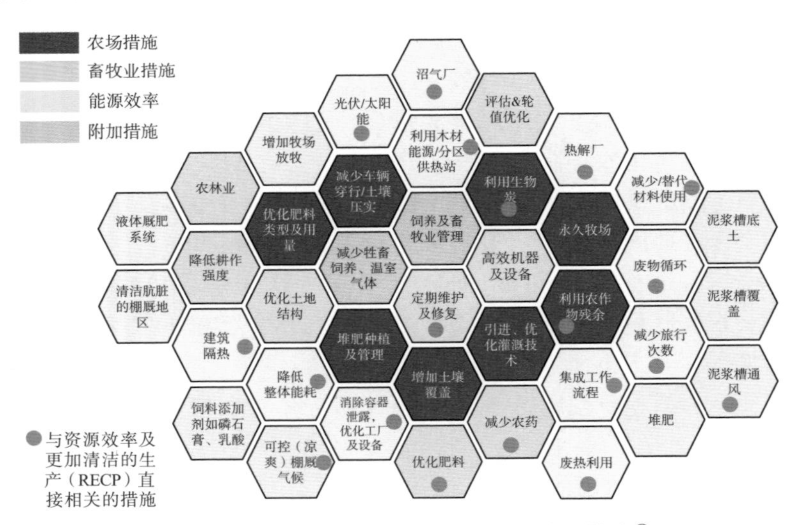

图 6－7 AgroCO₂ncept 项目的 39 项核心措施②

AgorCO₂ncept 项目内部的 26 个农场都已经实施了初始的能源和温室气体排放平衡措施，并且分别在 39 项措施（见图 6－8）中确定了最适合各自农场、达到 20％的二氧化碳减排量和降低成本的措施组合。39 项措施中有 12 项措施作为瑞士联邦农业局的“资源项目”受到资助。这个“资源项目”的目标是通过补贴促进具体措施的实施，并

① 资料来源：费马丁（Martin Fritsch），索菲（Sofies）国际公司，气候智慧型农业及农业食品加工系统。

② 资料来源：费马丁（Martin Fritsch），索菲（Sofies）国际公司，气候智慧型农业及农业食品加工系统。

对学习培训和经验分享过程提供支持。之后，“资源项目”的成果将作为低碳农业的成功案例在整个瑞士农业部门传播，介绍其经验方法。

图6—8　得到“资源项目”赞助的方法①

另外，其余28项措施也具有获得其他融资的可能性。“资源项目”构成了整个AgorCO_2ncept项目的第一部分。它包括了农场的温室气体平衡方案措施的制定与实施。

1. 金山城堡酒庄（Castle Goldenberg）酿酒厂的案例

金山城堡酒庄酿酒厂选择了7项措施，使每瓶酒的生产能耗降低，并进一步实施了玻璃酒瓶的定制方案。

（1）优化酒桶的冷却措施。

——储酒罐直接加热或冷却（即通过室温加热或冷却），从而减少加热所需的能量，最终每年节省2885升加热油耗。

——与住宅的供暖系统相连，从而实现废热再利用，最终每年减少457升加热油耗。

——二氧化碳总减少量：16％。

（2）引入酒瓶的自我回收体系：回收完整玻璃相比通常的碎玻璃回收更能显著地降低环境污染。

（3）利用光伏板进行再生能源生产满足自用需求。

（4）降低玻璃瓶厚度。

——玻璃使用量减少。

——酒瓶可以在更近的范围内生产，从而节省运输距离。

——每个酒瓶运输所需燃料减少（每1000瓶燃料耗费由12.9升下降到1.7升）。

——酒瓶生产过程的二氧化碳排放量减少了51％。

（5）在葡萄园中使用生物碳作为土壤肥料，进行碳隔离。

（6）建筑保温隔热。

（7）定期保养维护。

2. 具有较高减排潜能的跨公司措施案例

当农民开始参与制定联合措施时，有可能使项目充分开发节能减排的潜能。为此，

① 资料来源：http://www.agroco2ncept.ch/cms/upload/PDF/AgroCO2ncept_sofies-emac_flurygiuliani_Projektpra776sentation.pdf，2019年10月30日。

项目专门建立了农民和专家间的直接交流渠道，共同制定各种跨农场措施。这些交流渠道包括例行会议和秋季专家专题会议。

跨农场合作的案例见图 6－9。

（1）阻止苜蓿变干，并改为直接从田间获取苜蓿，共减少 9500 升的加热耗油。

（2）用畜牧场的剩余粪便和泥浆代替肥料，同时降低成本和温室气体排放量。

（3）由于临近农场的再生浆槽作为临时存储设施，实现粪便供应和需求在时间上独立。

（4）跨农场合作可以降低个人成本和技术成本。

（5）停止使用燃烧器来干燥草，使能源供应和温室气体排放量减少约 50％，相当于将每年的二氧化碳净排放量从 57 吨减少到约 30 吨。

这些案例反映了跨农场、跨部门组织以及进行土地管理实际上提高了能源效率。在这个系统中，可实现每年减排 42.6 吨二氧化碳。

图 6－9　农场间以及农业与工业之间“产业共生”①

6.1.3.5　中间结论和建议

总的来说，AgroCO₂ncept 项目产生了许多重要并且可行的成果，对农民、研究人员、工程师、农场顾问和农业服务代表都有重大意义：

（1）减少 20％的二氧化碳排放量的目标是切合实际的。事实上，一些农场（包括上述例子中的酒厂）已经达到远超 20％的二氧化碳减排量。这些农场运用了图 6－7 中所有可行的减排措施。相比而言，那些仅关注瑞士联邦农业局“资源项目”中的 12 项措施的农场实现的减排率大大减少，只有大约 5％。这表明了为每个农场选择所有可能的措施组合的重要性。只有以一致的方法应用一整套措施，才能实现 20％甚至更多的减排目标。

（2）减排潜力与牲畜管理有关。然而，即使在优化的畜群管理、良好的饲料比例和草地管理下，甲烷的减少也是有限的。减少量最终取决于由市场需求和消费模式驱动的畜牧量的数量。因此，消费者必须提高相关意识，认识到他们的行为也是影响低碳农业

① 资料来源：http://www.agroco2ncept.ch/cms/upload/PDF/AgroCO2ncept _ sofies－emac _ flurygiuliani _ Projektpra776sentation.pdf，2019 年 10 月 30 日。

成功的一个非常重要的因素。

（3）在成本方面，通过提高效率降低 20%成本也是一个现实可行的目标。虽然所有农民达到的效果不同，但是成本已经得到了降低。投资成本有时会降低前几年的节约潜力，与二氧化碳排放量相似，降低成本也需要长期的持续参与和农场所有成本过程的持续优化。

（4）附加值增加 20%似乎是最难的目标。在这一点上，农民需要依赖市场和消费者，而市场和消费者尚未充分了解并愿意为积极的影响气候付出代价。

为了实现第三个目标和最后一个目标，可以根据后续步骤总结一些建议：

——农业实践需要成为国家、区域和社区层面上政策变革的固有组成部分。这需要为农业部门的具体行动制订长期的国家和区域计划，并结合具体目标，得到政治层面的支持和承认。如果能够依靠更广泛的政治和社会接受度，那么农民更有可能接受并推动向低碳农业的转变，这最终也将有助于实现有着更好的“市场接受度”的气候智慧型农业生产。

——作为回报，气候变化政策需要更好地融入农业和食品部门。各国和各地区应制定和实施与长期脱碳战略相一致的农业和粮食战略。这需要与供应链和价值链上的所有参与者——特别是与食品加工业和零售商开展密切的合作，同时进行密集的沟通工作，尤其是接触气候智慧型生产的客户。

——以可持续的方式减少温室气体的排放需要采用多目标的方法，这有助于将单一的粮食生产系统变成可持续粮食系统。AgroCO_2ncept 项目已经在这种意义上进行了设计（见图 6—10）。然而，作为先锋项目，AgroCO_2ncept 需要更多有利的外界条件，以使低碳农业更具有市场兼容性，例如：

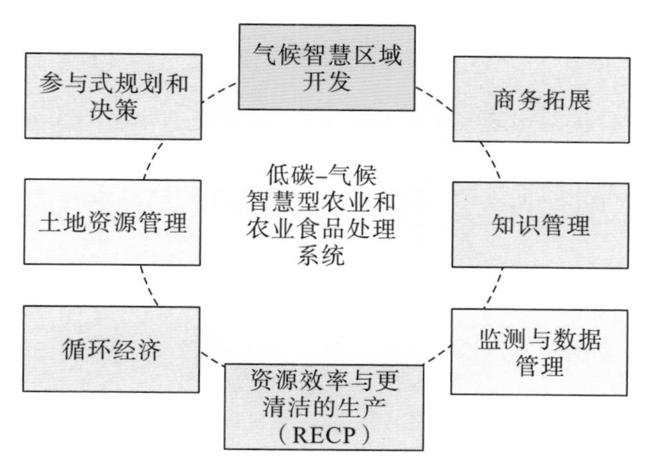

图 6—10　AgroCO_2ncept 项目的综合方法是低碳农业成功和实现气候缓解效果的基石①

① 资料来源：费马丁（Martin Fritsch），索菲（Sofies）国际公司，气候智慧型农业及农业食品加工系统。

（1）国家排放清单将间接排放和与消费相关的排放纳入考量；

（2）开发实践上得到支持的评估多功能农业系统的方法；

（3）全面考虑与农业转型相关的所有社会经济效益；

（4）食品和服务是低碳农业的联合产品，需要将粮食生产系统转变为综合农业生态生产和资源管理系统。

事实上，AgroCO_2ncept 项目从一开始就采用了综合的方法。这是使农业更为强大、更具利润并且不易受气候影响的解决方法。这也是为区域市场提供更高质量和附加值的产品和环境服务的关键。在这些区域市场中，农民较少地依赖外部因素和推翻市场机制。

总之，关于低碳农业，可以不将农业看作气候改变问题的一部分，而是更多地看作解决方案的一部分。为了推进这些方法的解决方案，需要更多的国家和国际一流项目，以向全世界和不同的农业食品系统展示产生气候积极影响和经济收益的可行性。

6.1.4 附录

低碳农业需要一个合适的政策框架：对瑞士能源、气候和农业相关政策的主要内容的概述。

一方面，瑞士目前正处于制定和实施能源、气候和农业领域政策的过程中。另一方面，这一过程仍在进行之中，它代表着重要的政治和社会争论以及决策过程，并涉及瑞士社会中所有利益相关群体和行动者。

图 6－11 概述了构成政策立法框架的能源、气候和农业三大支柱，这是实现向低碳农业的转型必不可少和意义重大的因素。

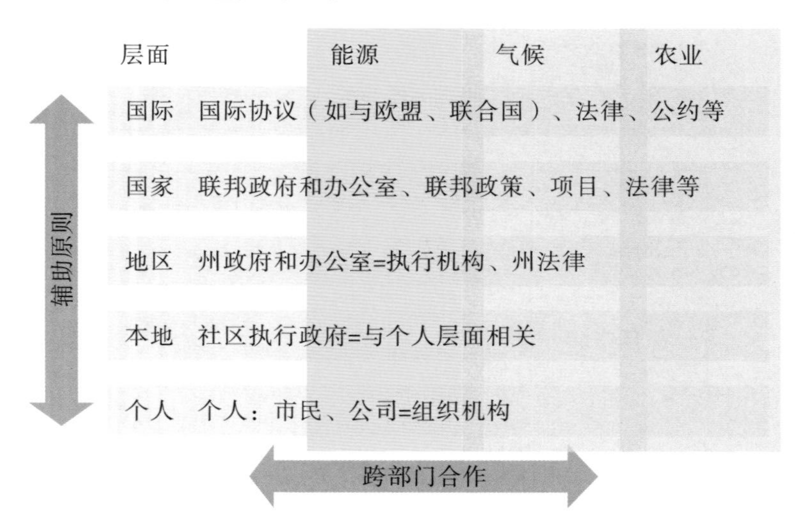

图 6－11 瑞士政策立法框架的能源、气候和农业三大支柱[①]

① 资料来源：费马丁（Martin Fritsch），索菲（Sofies）国际公司，气候智慧型农业及农业食品加工系统。

所谓的“出发点”始终是国家层面的，政策和法律的制定、讨论、签署和实施都是在这一层面进行的。所有这些都与由政府支持或得到政府和议会的正式批准的国家计划或协议相关联，如联合国气候变化框架公约的巴黎协定。接着，根据从属原则，政策和法律垂直转移到州（区域）、社区（地方）和个人层面。横向来看，则是负责的联邦和州行政服务部门实行密切的部门间协调和合作。

图 6－12、6－13、6－14 简要概述了能源、气候和农业三个部门的政策框架的现状。图 6－15 显示了 AgroCO_2ncept 项目在该政策和法律框架中的地位。

层面	能源
国际	如欧盟：双边电力协议
国家	最新：能源战略2050（2017年5月启用）、联邦法律修正案（2018年1月1日）、约束性标准
地区	州法律和项目：2000瓦社区、标识（“能源镇标识”）、补贴和基金项目、能源咨询、信息及咨询项目、可再生能源推广
本地	如建筑和本地供热网络的社区建设法规标准、电力价格政策、“能源镇标识”、落实可再生能源供应系统
个人	可再生能源投资、积极价格政策、市场营销、消费行为和模式改变等

图 6－12　能源部门的瑞士政策立法框架①

层面	气候
国际	如联合国气候变化框架公约、巴黎协定
国家	关于减少二氧化碳排放的联邦法律 状态：2013年1月1日制定，2020年计划全面修订 · 减排目标：2020年计划较1990年水平减排20% · 建筑和载客车辆的技术措施 · 碳汇 · 征收二氧化碳税：燃料税补偿二氧化碳排放
地区/本地	强制性：主要在国家层面。在一些具体任务上，联邦委员会可能会要求州政府或私人机构提供服务；否则很少参与
个人	改变消费行为及模式等

图 6－13　气候部门的瑞士政策立法框架②

① 资料来源：费马丁（Martin Fritsch），索菲（Sofies）国际公司，气候智慧型农业及农业食品加工系统。
② 资料来源：费马丁（Martin Fritsch），索菲（Sofies）国际公司，气候智慧型农业及农业食品加工系统。

层面	农业
国际	如欧盟：双边协议
国家	瑞士农业气候战略（2011）：到2050年减少30%的温室气体排放，包括改变60%的食品模式、增加产量、无约束性、无国家法律
地区	无具体的州法律，与联邦农业办公室共同推广项目：农业清洁科技平台、资源项目“AgroCO$_2$ncept”
本地	社区参与极少
个人	为气候智慧型农业产品提供市场准备

图 6－14 农业部门的瑞士政策立法框架①

层面	能源	气候	AGR农业
国际			
国家			
地区			
本地			
个人			

地位和行动的区域

AGRO CO2 NCEPT
Flaachtal

图 6－15 AgroCO$_2$ ncept 项目在瑞士政策立法框架里的地位②

6.2 瑞士山地经济③

瑞士地处欧洲内陆中部，为德国、法国、意大利、奥地利等国包围，国土面积 4.1 万平方公里，全国地势高耸，地形复杂，山地面积占国土面积达九成以上，分为西北部的汝拉山、南部的阿尔卑斯山和中部瑞士高原三个自然地形区，平均海拔 1350 米，适

① 资料来源：费马丁（Martin Fritsch），索菲（Sofies）国际公司，气候智慧型农业及农业食品加工系统。

② 资料来源：费马丁（Martin Fritsch），索菲（Sofies）国际公司，气候智慧型农业及农业食品加工系统。

③ 整理自张宇、谢春芳：《瑞士“绿色山地经济模式”对贵州发展的启示》，《贵阳市委党校学报》，2013 年第 6 期，第 1～6 页。

合居住的面积约 11680 平方公里，占全国领土总面积 25%左右。

6.2.1 瑞士的基础条件

6.2.1.1 瑞士第一产业的发展条件

瑞士发展农业的自然条件并不优越，全国可耕地面积只占总面积的 28%，牧场占 21%，森林占 25%，其余为丘陵湖泊。其地理条件不宜开展大规模农业生产，19 世纪中叶的产业革命使农业在瑞士国民经济中的地位逐年下降，农业就业人口仅占总人口的 4%左右。人口的分布与其地理状况密不可分，在可从事农牧业的地区人口密度较大，而资源不足以及自然灾害的发生势必导致乡村贫困化。与欧盟国家相比，瑞士农业生产成本高，农产品价格缺乏竞争力，因此瑞士政府对农业提供的扶持资金居经济合作与发展组织（OECD）国家之首。据统计，瑞士农业收入的 75%来自国家对农业的支持，这一比例远超出经济合作与发展组织国家 40%的平均水平。

6.2.1.2 瑞士第二产业的发展条件

瑞士是一个资源劣势的国家，其大山深处除水源、木材和一些盐矿外，几乎无其他矿藏，化石燃料及金属矿等都极度贫乏，如煤、铁、铜等都需从周边地区进口。因此，瑞士的工业发展不仅起步艰难，而且资源密集型的重化工业难以大规模发展。受上述诸多因素的限制，瑞士的工业化历程与其邻国相比显著不同。瑞士工业化初期依赖于一些传统工业，如纺织业、印染业等，但是由于这些传统工业在中世纪时期是分散的、作坊式的，在国外同类产品的冲击下，举步维艰。面对自身资源匮乏、山地交通成本高等劣势，瑞士并没有盲目复制欧洲平原地区发展的重化工业之路，而是把重心放在了当时的新兴工业——食品加工、电子、医药化工、精密制造等上面。这些产业的技术含量高、附加值高、品牌效应明显，时至今日，机械、电子、医药化工产业的出口额超过瑞士出口总额的 50%。

6.2.1.3 瑞士第三产业的发展条件

瑞士第三产业中的三大支柱产业分别为银行业、保险业和旅游业。从 16 世纪开始，瑞士银行业就开展外向型业务。20 世纪 50 年代，瑞士法郎可以自由兑换，再加上严格的“银行保密法”，使得瑞士被认为是世界上存款最保险的国家，因此外国资金大量流入瑞士银行。据统计，瑞士全境约有 394 家银行，4000 多家分行，产值占 GDP 的 10%左右；瑞士是保险种类最多的国家，各类保险费的开支平均占每个家庭总收入近 20%，瑞士的个人保险支出也位居世界前列。银行和保险业的发展使瑞士成为世界上最重要的资本市场之一，最大城市苏黎世是国际金融中心之一，而瑞士法郎则成为世界上最稳定的货币之一。瑞士自然资源和人文资源都非常丰富，它拥有 20%的阿尔卑斯山脉，共有 100 多座 4000 米以上的山峰，相应的旅游基础设施完善，素有“旅游业摇篮”和“世界花园”的美誉。瑞士政府对旅游业高度重视，其联邦旅游联合会和国家旅游局积极谋划瑞士旅游业的发展。据 WTO 统计公报，瑞士的年均旅游收入居于世界前 20 位，接待境外游客的收入占GDP的3.0%左右。

6.2.2 瑞士“绿色山地经济模式”的经验

通过近百年的发展，瑞士不仅克服了地理区位、资源禀赋等经济发展比较劣势的束缚，而且发展成了世界上环境最优美、生活最富裕的国家之一，创造了一个内陆山地国家的发展奇迹。

瑞士“绿色山地经济模式”的成功经验可以归纳为以下几点。

6.2.2.1 准确选择主导产业

对于内陆山地国家来说，瑞士的很多产业能在全球经济中获得一席之地是件很不寻常的事，其竞争优势来源于主导产业的选择。产业结构的发展重心遵循着从第一产业向第二、三产业逐步转移的规律，而主导产业的发展方向也是沿着一定方向循序递进的。根据钱纳里的工业化阶段理论，主导产业的升级是沿着初级产业（食品、皮革、纺织等）→中期产业（又称重化工业阶段，包含钢铁、能源、机械、化工等）→后期产业（高技术工业等）的方向演进的。早年老牌欧洲国家依靠纺织工业和重化工业实现了工业经济的腾飞。产业革命早期的瑞士，其纺织工业一度进入欧洲前列，但在经济危机以及英法工业产品的冲击下，瑞士在选择主导产业上，不得不因地制宜地实施差异化、跨越式的发展战略。因此，瑞士人开始追求工业领域的先进技术水平，塑造质量精良、竞争力很强的工业产品，这些措施使得瑞士的产业结构从劳动密集型产业直接跨越至资本和技术密集型产业阶段。值得注意的是，瑞士的主导产业之间存在着相当紧密的联结。比如，瑞士制药业是由合成染料业深入发展而来，除草剂、杀虫剂产业则是随着制药业的深入发展而来。瑞士的经验表明，合理准确选择主导产业对一个国家或地区经济发展起着至关重要的作用，而选择的关键又在于经济中的主导产业要与本地区的生产要素所内含的技术进步路线相耦合。

6.2.2.2 积极构筑中小企业的产业集群

受主导产业选择的影响，瑞士人喜欢在高度细分、规模相对较小的产业中竞争，并且采用焦点策略——制造质量精良的产品。这种经营模式适合发展以中小企业为主体的产业集群，产业集群的网络化效应反过来又强化了主导产业的竞争优势。虽然瑞士有雀巢、诺华、苏尔寿等全球知名企业，但事实上瑞士经济发展的主体仍然是中小企业。根据2001年瑞士政府所做的企业普查，在瑞士的317700家公司中，企业雇员人数在500人以上的大企业只占0.1%，企业雇员人数在250人以上的公司只有1000多家，而企业雇员人数在250人以下的中小型企业比例高达99.7%，其中员工总数不到50人的公司又占到了97.9%，这类小型公司所雇用的员工总数约为153万人。这些企业都专于开发或生产一项技术或产品，并且绝大多数为大型企业专业化生产提供配套服务。如索罗通州格林肯镇，世界名表“劳力士”“雷达”“梅花”就坐落在该镇。近一个世纪以来，该镇及汝拉山脉附近的市镇形成全欧驰名的“表谷”。众多的小企业分工协作加工机械手表的各式零部件，按照严格的合同关系供货给手表厂进行装配，经严格检验后出口全球，钟表产业集群的不断壮大，使平均每块瑞士手表出口创汇为日本的 1.5 倍。这样的产业集群既促进了大型企业的不断扩张，又促使小企业自身不断提高和发展。

瑞士产业集群分布广泛，远超过瑞典、丹麦和新加坡等国。在瑞士具有竞争优势的主导产业集群中，首位的是医疗保健相关产业（包括制药、助听器、整形器材、医疗器材、相关机械以及保健咨询等产业）。即使不考虑瑞士在海外投资药厂的表现，这些具有竞争力的产业也已占瑞士该产业集群全球出口总量的 7.2%。其次是纺织相关产业，包括纺织、纤维、毛线与布料、服饰、纺织机械以及合成染料等产业。再次是国际性商业服务，包括贸易、银行、保险、后勤事务管理、跨国企业总部服务与人力资源顾问等。最后是高精密镀金属成品、工具、机床、相关仪器设备。

6.2.2.3　注重科技创新与人力资源开发

自然资源的匮乏促使瑞士走上了一条追求高质量、差异化的发展道路。这条道路的内涵性要求就是必须不断创新专业性生产要素并提升其效率，进而使产业的生产力持续提高。因此，瑞士十分重视对科研和人力资源的投资，每年投入的科研费用高达 100 多亿瑞士法郎，约占国民生产总值的 2.7%，其中政府性投入仅占总额的 1/4。其他投入来自企业界，瑞士企业每年投入的科研经费约达 80 亿瑞士法郎。目前，瑞士这个只有八百多万人口的国家已经有 16 位诺贝尔奖得主，其人均诺贝尔奖比例世界最高。

同时，教育制度被瑞士人看作是最重要的生产要素创造机制。瑞士的大学有着较为深厚的研究传统，特别是在化学、物理以及其他多项领域中享有盛名。在许多产业领域，瑞士的大学与企业之间建立了良好的研究合作关系，甚至是课程的设计也会根据国内产业的需求来进行调整。除高等教育以外，瑞士还拥有完备的职业教育体系，颁布了《职业培训法》和《职业进修法》，要求技术工人必须经过专业培训，在职工人要进行业余深造，外籍工人入境前必须经过技术考核。这套制度类似德国的职业技术教育，主要针对没有接受高等教育的年轻人而设计。年轻人一方面进入企业接受实务训练，一方面还有部分时间在当地的职业学校进修。因此，学生既能学到高度技术性的技能，同时也能在个人职业生涯上不断成长。上述教育措施，为瑞士高附加值的工业提供了大量的、高素质的人力资源。

6.2.2.4　坚持生态环境与经济发展的综合平衡

瑞士在发展经济和环境保护方面具有很强的前瞻性，避免了许多西方国家“先污染，后治理”的老路，优美的自然生态环境又为其带来了巨大的旅游观光等生态经济价值。瑞士绿色发展的主要特点有如下方面：第一，建立了有利于生态环境的市场经济体系。生态环境属于典型的公共物品，瑞士努力探索市场经济调节机制，促进私人部门积极参与生态环境保护，如出台生态环境价格体系、开展环境与世界贸易等议题。第二，拥有较为完备的生态环境保护法律法规体系。这得益于瑞士联邦政府对环境保护的高度重视，在 1902 年，瑞士就颁布了《森林法》，之后相继制定了《自然景观保护法》（1966 年）、《水资源保护法》（1971 年）、《捕鱼法》（1973 年）、《步行道路法》（1985 年）、《环境保护法》（1985 年）和《狩猎法》（1986 年）等。严格的国家立法延续至今，使得绿色环保成了瑞士人的社会习惯。第三，对环境保护新技术新工艺的研发投入巨大。瑞士政府及企业对环境保护研发投入了大量的人力、物力、财力，使得瑞士在垃圾处理、废水净化、清洁过滤等环保领域一直处于世界领先水平。第四，建立了为生态保护项目提供融资的专业金融机构。例如，1988 年瑞士多尔纳赫市建立了第一家“生态银行”，专门为环境生态项目提供金融服务。目前瑞士也有多家州银行和私人银行设立了相应的环保项目专项贷款。

6.3 “人造山城”（HillCity）——未来的城市，在同一屋檐下生活和工作

本节内容根据 2014 年春季学期瑞士洛桑联邦理工学院环境科学与工程专业“ENV－596 设计项目”硕士课程的成果整理而成。原文题目为“*Hillcity－Future city，living and working under the same roof*”，在原始报告中概述了“人造山城”（Hillcity）的潜力以及一些具体的挑战和可能的解决办法。该项目由王莲茜、叶宁・司德丁・司兰德（Lianqian Wang、Jenny Steding Selander）以及 EPFL 的内部主管、ENAC 分部的柯里斯汀・卢德文（Christian Ludwig）教授和“空间与色彩物理”（Raum－und farbphysie）的外部主管艾礼・迟亚为（Erich Chiavi）共同完成。最终报告于 2014 年 6 月 6 日完成。

前文已经反复提到瑞士是一个多山的地区，为了解决城市快速发展引起的有限空间问题，同时为人们提供更好的居住环境，Hillcity 根据瑞士的特殊地理环境，提出了一种可能的解决方案：为了实现空间利用最大化，将住宅和办公室建造在山体外部，而停车场、购物中心及其他与外界联系相对不紧密的基础设施则建在山体内部。Hillcity 旨在通过更好的设计和更新的技术，为人们提供经济的、生态的生活。

6.3.1 Hillcity 的解决方案

6.3.1.1 Hillcity 的概念

如今，城市正处于不断扩张之中，现代城市正接近极限。Hillcity 将城市建设与人造山地相结合，通过创新的结构设计和高科技的运用来解决城市化过程中的问题。换句话说，Hillcity 为城市扩张提供了一种新的路径，推动城市化发展，同时也为人们创造了一个回归自然、提高市内生活质量的可能。

Hillcity 这一概念基于“在同一个屋檐下生活和工作”的理念，其关注的三大重点包括：创造更多的空间、营造更生态的生活和建设更紧密的社区。相对于平面空间，人工建造山地的 3D 结构具有更大的居住表面积，再将山区内部空间投入使用，可以更显著地节省空间（见图 6－16）。

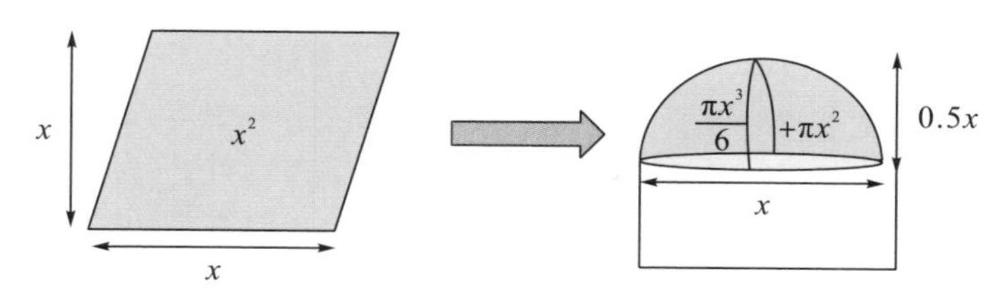

图 6－16 简单的 Hillcity 原理图：由平面提供的空间相对于由半椭圆提供的空间（内部和外部）

如何使得建筑在符合健康标准且功能性得到满足的情况下，实现与外界的隔离呢？那就是将建筑修建在山体内部。现在有很多设施是建造在地下空间内的，比如某些特定行业、循环回收和废物处理设施、停车位、列车站点和公共交通系统等。加大地下空间的开发利用，可以最大限度地减轻噪声污染，缓解废气排放的不良后果。与此类似，还有一些与人类活动联系紧密的基础设施如购物中心、电影院等可以修建在地下或是其他完全与外界隔绝的空间，而不损害人体健康及其自身的功能性。相对而言，有一些基础设施则必须与外界保持联系，特别是从健康的角度考虑，如住房、学校和办公室等。由于这些场所通常需要与外部自然环境相连，因此，Hillcity 设计将它们修建在山体外部（见图 6－17）。

图 6－17 山地设计的可能模型（Chiavi，2014）

另外，将这类型基础设施部分嵌入山体内部也是有可能的。使用大镜子和其他创新设计理念，可以使阳光照射进建筑之中。这样，在山体内部，植被得以生长，再加上运用各种高科技手段，有助于为人类居住创造一个舒适友好的环境，从而避免先前地下空间所潜在的健康隐患问题和其他不利因素。

6.3.1.2 基于不同视角的 Hillcity 关键概念

通过将新技术融入创新山地设计和建筑设计，可以构建新的可持续城市，同时提高城市生活质量。创新的山地设计和建筑设计可为以下几个方面带来益处。

1. 山体形状和功能区布局

合理设计人造山地的形状和样式，就可以尽可能充分利用气候和周围环境所提供的自然能源资源。一方面，采用创新技术研究山上的风向及其气动特性，就有可能获取风能，再将获取的风能应用到山地城市中。另外，也可以通过合理的设计，在不需要风的地方（如餐厅）减小风力。另一方面，根据山体朝向和太阳光的照射路径，可选取安装太阳能电池板及其他新型发电技术的最佳位置。山体朝向也会对人体健康产生影响，因为人们通常希望居住在日照充裕的山体一侧，而工作地点则可以在日照时间较少的一侧。

此外，在进行山体设计和建筑设计时，还会考虑到区域的功能性需求，如可以分别集中布局住宅区域和工作场所/办公室等，从而优化社会功能。因为不管在个人生活还是工作环境中，人们相互之间都倾向于有一种更紧密的联系，倾向于有一个更社会化的社区。而且，若办公区彼此集聚，有利于相互间的信息互换。

2. 基础设施的位置

将住宅和办公室等修建在山体外部，将腾出更多的使用空间，而且每一座建筑都可以拥有自己的花园（即所有的建筑都可以方便地观赏到风景，见图6－18）。

图6－18 Hillcity **模型展示了梯级结构以及基础设施如何嵌入山体内部**（Chiavi，2014）

合理设计基础设施位置，可以为防范极端天气、减少维护费用提供保障。山体内部温差较小，气候更为稳定，因此，将建筑修建在山体内部可以防范极端环境。而且，山体内部的温度更高且相对稳定，这样就有可能实现为基础设施供暖。[①]

从城市规划角度看，Hillcity 的另一个好处是它可以利用产生的废物能源和热能。例如，Hillcity 中海拔最低的山地被规划用于公共交通系统和停车场，这二者的废气排放等会导致空气变暖，从而有助于为房屋供暖。

3. 建筑物内部设计

为了进一步提高生活质量，创造更可持续的生活，室内设计同样重要。Hillcity 的

① 因为山体内部气候更稳定，且通常温度更高，通过使建筑的一部分处于山体内部气候中，可以为基础设施供热。这样做虽然效率不高，但却能降低维护成本。

理念之一是创造一个灵活的室内空间。根据设计，Hillcity 的建筑物内墙可以很容易地移动以重新安排房间的布局。以往固定在墙壁上的水管、电缆和其他类似物品，将被放置在屋顶外部和屋顶内部的夹层空间，以方便内墙进行移动。这样，通过移动建筑物内墙，可以轻松实现建筑物的各种内部布局，从而拥有更多功能性。

4. 人造地下空间

地下空间对于人类发展而言极具吸引力，随着社会的发展，人们自然产生了探索地下空间的好奇心，这种好奇心随着人类发展已经延续了几个世纪。今天，社会面临着城市化的问题，开发城市规划的新方法迫在眉睫。因为地下空间被视为城市规划方案的一部分（Huanqing，2013），这又一次让地下空间变得充满吸引力。然而，目前关于开发地下空间的观点很不一致：一些科学家认为，只要对地下空间加以正确地对待和利用，地下空间将成为最有价值的资产；而另一些人则认为，如果对地下空间可能的副作用没有充分的认知，就不适宜盲目开发，地下空间的挖掘过程造成的地下空洞将是永久性的。

在思考土地稀缺的可能解决方案时，有趣的不是地下本身，而是开发地下空间的可能性。Hillcity 采取的解决方案并不是暂时性的，因为如果处理不当，很可能会造成毁灭性的破坏。相反，Hillcity 提出了一个可持续的解决方案，这也是 Hillcity 理念的主要优势之一，且比其他解决方案更进一步。

6.3.2　Hillcity 的好处

通过建造人工山地，Hillcity 在创造出更多的空间的同时，还不至于损害地下资源。Hillcity 不仅提供了更多的表面空间，也创造了一个人造地下空间（见图 6－19）。Hillcity 提供了一种保护地下资源的新方法，同时使城市规划向第三维空间发展。具体来说，Hillcity 可以为城市发展带来以下好处。

图 6－19　如何建造地下空间的模型，以及人工山内部和外部之间的垂直连接（Chiavi，2014）

6.3.2.1　保护资源

地下蕴藏着多种不可再生资源，除了地下空间，地下还蕴藏有地热能、地质材料和地下水等自然资源。这些自然资源，特别是地下水，都是实现社会有效运转和可持续发展的关键。因此，在勘探地下空间的过程中，应首先保证这些资源不受破坏。与传统地下空间相比，Hillcity在地下资源保护方面考虑得更为周全。此外，已经挖好的地下空间不一定是永久不变的，人们可能有拆除重建的需要。然而，在地下拆除建筑的方式和地面是不同的，而且地下开展重建活动的可行性也非常有限。Hillcity通过在地面上修建人造山地的方式解决了这一难题，即可以在不损害现有自然资源的情况下，改变地形、进行扩建以及拆除。

6.3.2.2 经济效益

修建大型建筑经常遇到的第一个限制是成本问题，由于需要进行挖掘和地面支护（Huanqing，2013），传统地下建筑的成本可能比地上建筑高出5倍（Overney，2013）。因此，Hillcity可能比传统的地下建筑更具经济效益。从长远来看，随着土地价格不断上涨，建造一座人造山地将可能节省更多的成本。而且，在基础设施的维护方面，Hillcity的基础设施的维护成本也相对更低。

6.3.2.3 风险和社会接受度

初步看来，人造山地的建筑似乎和地下建筑一样，在社会公众中属于负面形象，社会接受度较低。然而，事实并非如此。与地上建筑相比，传统地下建筑的天然物理结构存在额外的风险；而Hillcity的人造山地完全是由人力建造，可以避免这些风险和可能的健康问题。

以紧急疏散为例对Hillcity应对传统地下空间潜在风险的机制进行说明。当所有建筑群均建在地下时，人们从视觉上自我定位和定位他物的能力就会受限；再加上与外界隔绝，缺乏对外部情况的判断也会导致人们难以察觉到潜在的危险。另外，当从地下撤离时，人们必须向上移动，这与向下移动相比，人体需要耗费更多体力和时间。更重要的是，假设遇到的是地下毒气泄露的紧急事件，那么毒气也是自然上升的，人们向上撤离的过程中并未远离威胁，反而越离越近（Carmody、Huetoch Sterling，1994）。地下空间的这一切风险在Hillcity中都可以通过合理设计得以避免。首先，Hillcity的建筑群是位于地表的，它的设计考虑到了山体内外的交互作用。因此，人员疏散过程不只是向上移动，也可能是在同一平面的垂直移动，而且大多数情况下，人们是向下移动的。因为，在山体内部，人们总是位于原始地平面上方的，他们可以通过垂直连接到达山体外部。这样的设计下，人们可以很轻松地定位，救援队伍也能快速地发现危险源。通过大窗户和镜子的设计，山体外部的梯形建筑可以和山体内部空间结合起来，而且垂直的通道也将外部建筑间联系得更为紧密。总的来说，这样的人造山地至少在安全性上可以与普通地下停车场相媲美。

另外，人们在考虑进行地下生活时，除了克服人体天性的限制，还会考虑到地下生活对自身健康的影响。与外界隔绝首先面临的挑战是缺乏阳光直射以及通风不良，但同样地，这些挑战对于Hillcity来说不那么重要，因为这些问题可以通过正确的设计和技术很轻易地得到解决。

6.3.3　Hillcity 的可持续性

一个可持续的城市应该包容社会的健康发展，这个社会对环境的影响应该最小化并保证生活其间的每个居民都拥有较高的生活质量。此外，为了提供一个安全的环境，可持续的城市还应该考虑到未来可能出现的问题和挑战。根据联合国人居署的世界城市运动 2014（World Urban Campaign 2014）——“城市，让生活更美好”，此处将介绍几个关键点，对可持续城市概念建立一个共同的基础，并将其应用于 Hillcity。

6.3.3.1　充满活力的城市

Hillcity 不仅要防范自然灾害和极端天气，而且还应该具备创新创造的活力，不断开发新技术，并能够将最新技术与山地城市的创新设计相结合，使之能够适应当前和未来的挑战。

6.3.3.2　安全健康的城市

一个社会结构良好的绿色城市，应提高居民生活水平，增强居民满意度，从而使人们的安全感提高，首先犯罪率要得到一定的控制。而 Hillcity 正可以做到这一点，除此之外，已经证明设计能在控制犯罪率上发挥重要的作用，因此，Hillcity 的创新设计进一步提高了其创建全健康城市环境的潜力。

6.3.3.3　绿色城市

理想的 Hillcity 将是一个独立封闭的系统，食品生产、废物处理设施等组成一个闭合的链条。能源将来自天然可再生资源以及城市居民日常活动所产生的能源，在较小的范围内还会应用节能技术。

6.3.3.4　有计划的城市

在 Hillcity 的概念中，“城市规划”是其中的一个重点，它强调以一个更广阔的视野来规划城市。“城市规划”可以通过不同的方式使能源尽可能发挥全部的效益，如公共交通的废气排放可以用来为个别建筑供暖，就连个人的活动也可以帮助整个社会产生能源。

6.3.4　Hillcity 可能存在的问题与解决方案

与建筑相关的疾病多是由于处于封闭的室内环境导致的。暴露于霉菌、孢子等致敏化学物质以及感染性并发症（如鼻窦炎）中，易引发鼻炎、哮喘和过敏性肺炎等疾病。此外，建筑病综合征（Sick Building Syndrome，SBS）也是一个越来越普遍影响人们健康的问题，其原因不止一个（Redlich，1997）。建筑病综合征通常被发现于新建或改建的建筑物中，也常见于安装有肮脏的地毯、低效的空调系统的旧建筑物中。建筑材料和油漆、绝缘材料、黏合剂等可能产生挥发性有机化合物（VOCs）和其他类似污染物；

高湿度的地毯和天花板也为霉菌和细菌提供了良好的生存环境；灰尘和纤维常秘密地隐藏在石棉、灰尘、建筑和纸屑中。长期居住或工作在这些建筑物内，可能会引发黏膜刺激、神经毒性反应、呼吸道疾病和皮肤病。

影响室内环境的因素主要有温度、湿度、空气交换率、空气流通、通风以及颗粒物、生物和气态污染物等（Yu、Hu，2009）。空调系统可以保持温度，维持和外界交换空气，以及降低室内空气污染物的浓度（Redlich，1997），因此，Hillcity 的设计中包含了空调系统。然而，最近的一项研究表明，与自然通风系统相比，在安装了空调系统的建筑中，人们患建筑病综合征的可能性要高出 30%～200%（Seppanen、Fisk，2002）。此外，如果室外空气本身受到了严重污染（例如建筑物位于工厂附近），或空调系统本身含有微生物等污染物质，则会导致更多污染物通过空调系统进行室内传播。当空调本身残留有污染物，且会对人体健康产生负面影响时，空调系统就失去了去除污染物、改善室内空气质量的意义。

6.3.4.1 解决措施一：控制污染源

（1）在空调系统中加入过滤系统，以防止室外污染物（如灰尘和气味）进入。

（2）将房间与如材料房、厨房、卫生间等污染物浓度较高的区域隔离，加强这些区域的通风系统。

（3）使用无污染或低污染的建筑和装饰材料。

（4）由于细菌和霉菌容易在灰尘和水滴中传播，所以需要定期清洗房间和家具，包括空调组件（如过滤器、热交换器和消声器），并及时更换，以避免污染物的累积。

（5）为减少室内污染物的来源，不鼓励住户进行高强度活动和吸烟等行为。

6.3.4.2 解决措施二：室内空气净化

在 Hillcity，仅仅进行污染源控制是不够的，因为这种方法需要被应用到所有的建筑内，包括污染工厂附近的办公室。因此，不可能简单地隔离产生污染源的房间，在这些房间内部将形成一个不健康的环境。此时，室内空气净化在山区是有必要的。

1. 过滤

过滤器是空调系统的重要组成部分，使臭氧与过滤器上的活性有机化合物发生反应，再以稳定的速率去除臭氧（Hyttinen 等，2003；Beko 等，2005；Zhao、Siegel、Corsi，2007）。然而，空调过滤器的过滤效率在一小时后将从最初的 35%～50%下降到 5%～10%（Hyttinen 等，2003；Beko 等，2005），而且，过滤器的抗菌处理仍处于研究阶段，在其实际应用前，过滤器生产中常需要添加抗菌药物。因此，过滤器不是一个好的选择，因为它有助于微生物本身的生长，导致过滤效率降低，从而降低室内空气质量。

2. 吸附

活性炭沸石、活性铝离子、硅胶、分子筛等室内空气吸附物中，活性炭比表面积大、吸附能力强，是一种被广泛应用的吸附物。但是单个吸附剂不能吸附各种室内空气污染物，只能对其中的一部分污染物有效。

3. 光催化氧化法（PCO）

光催化氧化法的优点是可以在室温下操作，并且能够降解各种各样的污染物。大量的目标污染物被降解为最终产物，如CO_2和水等。然而，对于不同的污染物，光催化氧化法需要采取的最佳波长是不同的。考虑到室内空气污染物的复杂性，光催化氧化法对所有的污染物都没有足够的效率。

4. 负离子法（NAIs）

负离子法采用导电纤维或电晕线作为发射电极，增加负离子浓度，可以净化空气（Yu、Hu，2009）。当与空调系统同时工作时，气流携带氧分子通过空气电离管产生O_2^+和O_2^-。然后，双极离子通过尘埃系统送入被占据的空间，在那里它们可以工作并净化空气。这种改进的空调系统具备许多优点（Plasma Air，2010）：①在活性氧离子的作用下，空气中的颗粒会带电并开始相互黏附，形成更大更重的颗粒，更容易掉到地上或被空气过滤器吸收。②由于离子能穿透细胞分裂区，霉菌和细菌的生长将受到抑制。③空气中的VOCs将被分解成CO_2和H_2O。④平衡静电。⑤中和建筑物综合征。负离子法的目标污染物是多种多样的，但为了提高去除效率，仍需考虑空气湿度和污染物浓度。

6.3.4.3　解决措施三：双极电离技术

双极空气电离技术的灵感来自自然界的闪电，灰尘在雨中被冲散，产生双极离子，闪电产生的臭氧会氧化空气中的VOCs和其他污染物，在雨后带来更多的新鲜空气。双极空气电离技术已在医院、酒店、银行、赌场、机场等领域得到应用，在处理各种室内空气污染物方面效果显著。

6.3.5　Hillcity的选址问题

Hillcity的选址位置将直接影响人们的生活质量，也会影响Hillcity的城市功能。在这一部分中，将从两个方面考虑选择未来建造Hillcity的最佳地点。

（1）针对特定区域的标准。

最重要的是要考虑该区域的具体问题和实际需要，因为不同国家、不同城市面临的问题和挑战各不相同，所以不同的区域，选址的考虑会有所不同。

（2）Hillcity的优化标准。

为了实现建设Hillcity，优化城市效益和功能，Hillcity地址的选择需要满足一定的标准。这一类标准虽然在一定程度上也要取决于当地的具体条件，但是相对第一类标准则更具有一般性。由于Hillcity在形式和功能上具有适应性和灵活性，不同的标准及其重要性程度可能也会因情况而异。

本节将以瑞士洛桑和日内瓦之间的法语区（西瑞士）为例，考察该区域未来Hillcity的选址问题。

6.3.5.1　识别该地区的问题

就瑞士洛桑和日内瓦之间的法语区（西瑞士）这一特定区域而言，最严重的问题应该是住房状况、就业情况、环境状况（噪声污染和空气质量）以及公共交通和安全。

针对日内瓦居民进行的一项调查结果显示，日内瓦的住房状况很紧张，高达82%的人表示完全不满意。调查中绿化、安全感、公共交通、空气质量、噪音水平、找工作难易度、找房子难易度这几个问题是相互关联的：在日内瓦找到工作的可能性很低，这可能导致更多的居民不得不为了工作而长途跋涉。由此产生的一个自然结果是公共交通系统承受了更大的压力，城市周围主要道路的活动频繁，导致噪音水平高，空气质量下降。由于各方面的满意程度相互联系，因此日内瓦居民的生活质量将受到影响。

瑞士国土面积不大，从东到西共350公里。许多居民出行不仅是为了工作需要，也有与朋友家人约会等社会因素，这使得与周边的联系、长途公共交通系统的可达性成了瑞士修建 Hillcity 需要考虑的重要方面之一。

另外，当地气候、全球气候变化的影响以及自然灾害的风险，也是选址时需要考虑的因素。瑞士西部的降水量（尤其在冬季），于20世纪增加了10%～30%（Frei，2007），洪水是瑞士潜在的自然灾害，在过去30年里给瑞士造成了极大的经济损失，也引发了很高的死亡率。另外，过去几年的历史趋势也表明，极端温度和风暴也是瑞士常发的高破坏事件。

6.3.5.2 建立指标体系

根据案例地区的基本情况，结合瑞士基本国情，可以创建指标体系帮助 Hillcity 选址。表6-1中选取了大量的指标，并根据 Hillcity 最注重的四个方面将它们进行分类，这四个方面为城市建设、可持续发展、生活质量和安全，被称为基础指标。其次，与其他一个或多个指标相关的，作为子指标。子指标是否能够发挥其重要作用，将取决于基础指标是否得到满足。例如，如果气候不适宜生产，那么即使有肥沃的土壤也不足以维持当地的粮食供应。

表6-1 四大类指标，其中子指标用箭头表示

类别	选址标准				
城市建设	土壤性质	地上空间 →扩张可能性	保护区（生物多样性、文化等）		
可持续发展	绿色能源发展潜能 →风能 →太阳能	自然资源的可获得性	肥沃土壤、气候	与现有污水处理厂的连接等	环境质量
生活质量	与周边城市的衔接	周边风景			
安全	自然灾害				

6.3.6 关于 Hillcity 的总结

总的来说，Hillcity 具备扩展城市空间这一最重要的优势，同时，可以满足保护地下资源的需要，相对传统地下空间而言，具备更高的经济效益和社会接受度。然而，目前来看，Hillcity 在人居室内环境的健康考虑上仍存在着局限性。和现有技术（控制污染源、室内空气净化）进行比较，双极电离技术对各种目标污染物的处理效率高，能耗低，成本低，因此可能是目前最合适的解决方案。在 Hillcity 的地址选择问题上，结合对市民满足度的调研结果可以创建一个选址标准表，并建立 Hillcity 选址的四大类标准：城市建设、可持续发展、生活质量和安全。

【参考文献】

[1] 白文亭. TOSA全电动公交车：15s快速充电 未来城市交通典范 [J]. 电气时代，2016 (10)：34—35.

[2] 陈斐华. 瑞士交通以人为本 [J]. 保健医苑，2015 (9)：34.

[3] 崔宗建. 奥地利、瑞士道路交通管理印象 [J]. 安全与健康，2006 (8)：38—40.

[4] 戴帅，虞力英. 感受瑞士交通 [J]. 道路交通管理，2013 (6)：66—67.

[5] 范健. 探索可持续发展的公共交通之路——瑞士公共交通发展经验及启示 [J]. 交通节能与环保，2013 (6)：1—5.

[6] 付允，刘怡君，汪云林. 低碳城市的评价方法与支撑体系研究 [J]. 中国人口·资源与环境，2010，20 (8)：44—47.

[7] 谷立静，张建国. 我国绿色建筑发展现状、挑战及政策建议 [J]. 中国能源，2012，34 (12)：19—24.

[8] 郭小艳，郑敏. 瑞士山地旅游交通模式分析及其借鉴意义 [J]. 大科技，2013 (10)：177—178.

[9] 胡卓人. 瑞士苏黎世市郊铁路计划采用双层客车 [J]. 国外铁道车辆，1983 (5)：33.

[10] 贾金生，郝巨涛. 国外水电发展概况及对我国水电发展的启示（四）——瑞士水电发展及启示 [J]. 中国水能及电气化，2010 (6)：3—7，12.

[11] 均. 瑞士的城市公共交通 [J]. 交通与运输，1994 (6)：34.

[12] 金旭. 苏州市城市旅游交通可持续发展研究 [D]. 重庆：重庆交通大学，2013.

[13] 一叶. 瑞士人的低碳情结 [J]. 旅游，2014 (12)：154.

[14] 李洁. 绿色建筑的环境评价 [D]. 武汉：武汉理工大学，2002：5—7.

[15] 李忠东. 瑞士：低碳生活的"楷模"[J]. 广东科技，2011 (17)：48—49.

[16] 李忠林，吴江萍. 基于昆明城市轨道交通规划的思考 [J]. 中国名城，2012 (3)：22—25.

[17] 刘保锋. 海南旅游交通：应向瑞士学什么 [J]. 今日海南，2011 (10)：16—18.

[18] 刘国信. 方便的瑞士旅游交通 [N]. 中国旅游报，2002—08—16.

[19] 刘军. 公交缓解交通压力的途径 [N]. 光明日报，2003—10—13.

[20] 刘少才. 瑞士：自行车成主要交通工具 [J]. 城市公共交通，2016 (5)：69—71.

[21] 刘伟，刘亮，陈超凡，等. 中国低碳城市发展规划与展望 [J]. 现代城市研究，2013 (4)：65—70.

［22］倪秉书．欧洲智能交通系统成功案例（七）——西班牙、瑞典、瑞士［J］．中国交通信息产业，2005（1）：51－54．
［23］潘有成．浅议瑞士城市交通系统规划［J］．浙江建筑，2012（10）：1－4．
［24］曲晓禹．中国低碳城市化发展的路径研究［D］．保定：河北大学，2014．
［25］苏美蓉，陈彬，陈晨，等．中国低碳城市热思考：现状、问题及趋势［J］．中国人口·资源与环境，2012，22（3）：48－55．
［26］盛广耀．中国低碳城市建设的政策分析［J］．生态经济（中文版），2016（2）：39－43．
［27］宋海林，胡绍学．关于生态建筑的几点认识和思考（一）［J］．建筑学报，1999（3）：10－12．
［28］孙悦．瑞士阿尔卑斯山山地建筑设计理念与应用［D］．北京：中央美术学院，2011．
［29］田娜，李亚光，田颖．浅谈国内外生态建筑的发展状况［J］．中南林业科技大学学报（社会科学版），2010（5）：99－102．
［30］王和，杜心全．英国、瑞士道路交通管理给我们的启示［J］．公安学刊（浙江警察学院学报），2009（1）：102－105．
［31］王雪，徐天祥．中国低碳城市热点思考［J］．中国环境管理干部学院学报，2015，25（5）：9－11．
［32］吴健生，许娜，张曦文．中国低碳城市评价与空间格局分析［J］．地理科学进展，2016，35（2）：204－213．
［33］徐文．瑞士：交通网络四通八达［J］．交通与运输，2011（1）：66．
［34］徐艳文．道路交通探瑞士［J］．城市公共交通，2010（3）：51．
［35］徐艳文．苏黎世的城市道路交通［J］．城市公共交通，2016（9）：70－71．
［36］许彦．欧洲城市公共机动化交通的无缝衔接［J］．苏州大学学报（工科版），2012（2）：76－80．
［37］辛章平，张银太．低碳经济与低碳城市［J］．城市发展研究，2008（4）：98－102．
［38］向遥．瑞士交通，精确到秒［J］．人民文摘，2013（9）：50－51．
［39］晓乐．城市的活力来自人而不是汽车——瑞士交通管理散记［J］．汽车与安全，2011（9）：72－74．
［40］袁贺，杨犇．中国低碳城市规划研究进展与实践解析［J］．规划师，2011，27（5）：11－15．
［41］姚润明，李百战，丁勇，等．绿色建筑的发展概述［J］．暖通空调，2006（11）：27－32．
［42］杨青山．日内瓦市大力发展城市轨道交通［J］．人民公交，2011（12）：110－111．
［43］城市交通难题有解没有？瑞士馆里觅良方［J］．中国新通信，2010（16）：32．
［44］瑞士从重处罚交通违章［J］．农业开发与装备，1996（6）：34．
［45］章国美，时昌法．国内外典型绿色建筑评价体系对比研究［J］．建筑经济，2016（8）：76－80．

［46］张世秋．中国低碳化转型的政策选择［J］．绿叶，2009（5）：33－38．
［47］中国能源与碳排放研究课题组．2050中国能源和碳排放报告［M］．北京：科学出版社，2009．
［48］中国科学院可持续发展战略研究组．2009中国可持续发展战略报告［M］．北京：科学出版社，2009．
［49］张鑑．瑞士苏黎世市的城市综合交通——公交优先的理念和实务［J］．江苏城市规划，2005（3）：9－13．
［50］张荣忠．瑞士的交通运输环境［J］．世界环境，2004（5）：58－59．
［51］张宇，谢春芳．瑞士“绿色山地经济模式”对贵州发展的启示［J］．贵阳市委党校学报，2013（6）：1－6．
［52］郑功．瑞士“海陆空”全接触［J］．新商务，2002（12）：44－45．
［53］邹晶．苏黎世：破解城市交通瓶颈的楷模［J］．世界环境，2005（3）：22－28．
［54］Seppänen O，Fisk W J. Association of ventilation system type with SBS symptoms in office workers［J］. Indoor Air，2002，12（2）：98－112．
［55］Yu B F，Hu Z B，Liu M，et al. Review of research on air－conditioning systems and indoor air quality control for human health［J］. International Journal of Refrigeration，2009，32（1）：3－20．
［56］Zhao P，Siegel J A，Corsi R L. Ozone removal by HVAC filters［J］. Atmospheric Environment，2007，41（15）：3151－3160．

【后　　记】

这本书是“中国－瑞士低碳城市项目”的成果之一。2016 年 4 月，中国国家主席习近平与瑞士联邦前主席 Johann Schneider－Ammann（约翰・施耐德－阿曼）的共同见证下，成都市人民政府与瑞士发展与合作署在人民大会堂共同签署了《成都市人民政府与瑞士发展与合作署关于中国－瑞士低碳城市项目合作备忘录》，并明确成都市温江区作为中国－瑞士低碳城市示范项目的实施主体。2018 年 9 月，在瑞士发展与合作署、瑞士驻成都领事馆、成都市发展和改革委员会、成都市人民政府外事侨务办公室和温江区人民政府的支持下，成都市社会科学院和瑞士格尼斯公司在温江举办了“中国－瑞士低碳城市项目成都培训会”，为了更好地学习和推广瑞士低碳发展实践与经验，我应邀与成都市社科院联合编写了一份培训材料——《瑞士低碳城市建设经验及其在中国的应用》。

在中国－瑞士低碳城市项目执行机构成都市社科院和瑞士格尼斯（Generis）股份公司的支持下，培训材料顺利完成。但是在组织材料的时候，我们发现尽管瑞士在低碳城市建设方面具有丰富的可供中国学习的经验，但是相关的可供学习的材料却非常欠缺。已有的中文文献资料或者网络报道多集中于瑞士的交通与旅游，其他方面鲜有提及。这种材料的欠缺很大程度上来自语言的障碍：瑞士的官方语言为德语、法语、意大利语与罗曼什语，几乎所有的官方网站和瑞方宣传资料都是德语，很难为中国人所用。这是非常大的遗憾，因为这个美丽的国家具有太多的可供中国学习和借鉴的理念、管理、技术与经验。我们有了一种强烈的使命感，并决定将培训材料整理成书，让更多人能够更方便地获取瑞士在低碳城市建设方面的信息。

这本书从初具雏形到最终定稿，花了一年多的时间。在这一年多里，多个机构与个人为之做出了很大的贡献。没有成都市发改委、成都市社科院和瑞士格尼斯股份公司的支持，这本书不可能完成。在此需要特别感谢的是格尼斯股份公司首席执行官、中瑞低碳城市瑞士执行机构总负责人 Marco Rhyner 先生及其带领的团队为这本书提供了丰富的素材。Marco Rhyner 先生不辞辛苦，多次来到成都与我商量书稿内容，并邀请相关方面的专家提供素材，还亲自为书撰写了几节内容；格尼斯股份公司中国事务副总裁陈霞抽出宝贵的时间，就书中涉及的信息进行仔细核对；格尼斯股份公司资深项目经理刘清扬协助将所有涉及外语的图片与表格进行了重新制作和翻译校对，并在我们无法确定原资料中文意思的时候提供无私的帮助。

在此，我还要特别感谢四川大学的学生团队，没有他们的帮助，这本书的完成将会需要更多的时间。这其中，李安林和王颖的辛勤工作是本书得以完成的关键，她们协助收集和整理了大量的资料，正是这些资料构成了本书的主要内容；来自建筑与环境学院的黄钰霁、李玥莹和杨斯佳协助撰写了第四章的相关内容；李颖、毕汝岱协助翻译了部分章节；四川大学大学生创新训练计划“成都市低碳城市建设研究：基于瑞士经验借鉴”的团队成员（徐薇、毕汝岱、钟启辉和张正一）协助收集了部分资料，尤其是第一章的部分内容；黄晓颖和徐月协助进行了书稿的最后校对。在此一并感谢。

陈晓兰

2019 年 6 月